«*Autobahnen sind wahre <Pflanzensamenverbreitungsmaschinen>. Durch das jahrzehntelange Streuen von Tausalzen wurden sie zu Wanderstrecken für viele salzliebende Pflanzen, darunter das Dänische Löffelkraut* (Cochlearia danica) *oder der Krähenfuß-Wegerich* (Plantago coronopus)*, die früher nur an der Küste gediehen.*»

«*An den ungewöhnlichsten Orten kann man überraschende Funde machen, wie die Fuchsrote Borstenhirse* (Setaria purrila) *– entdeckt direkt vor einem Toilettenhäuschen an der A 27. Warum? Weil sich dort bevorzugt Nährstoffe und Salze von menschlichem Urin sammeln, die sie liebt.*»

«*Ein Samenspender par excellence ist das Schmalblättrige Weidenröschen* (Epilobium angustifolium)*, einmal geschüttelt, und schon sind Tausende Samen verteilt. Eine absolute Rakete – schlank wie ein Spargel, aber glatt zwei Meter hoch.*»

Jürgen Feder, 1960 in Flensburg geboren, ist Dipl.-Ing. für Landespflege, Flora und Vegetationskunde und zählt zu den bekanntesten Experten für Botanik in Deutschland. Nach dem Abitur absolvierte er eine Ausbildung zum Landschaftsgärtner, bevor er sich dem Studium der Landespflege in Hannover widmete. Lange Zeit war er als selbständiger Landespfleger und Chef-Pflanzenkartierer tätig. Heute lebt er in Bremen.

Mehr über den Autor erfahren Sie unter:
www.juergen-feder.de
www.facebook.com/Extrembotaniker
www.youtube.com/user/juergenfeder

JÜRGEN FEDER

FEDERS FABELHAFTE PFLANZENWELT

Auf Entdeckungstour
mit einem Extrembotaniker

Rowohlt Taschenbuch Verlag

Originalausgabe
Veröffentlicht im Rowohlt Taschenbuch Verlag,
Reinbek bei Hamburg, Mai 2014
Copyright © 2014 by Rowohlt Verlag GmbH,
Reinbek bei Hamburg
Lektorat Regina Carstensen
Fotos der Pflanzen Jürgen Feder
Fotos des Autors Thorsten Wulff
Umschlaggestaltung ZERO Werbeagentur, München
(Foto: © Thorsten Wulff)
Satz Arno Pro PostScript, InDesign,
bei Dörlemann Satz, Lemförde
Druck und Bindung GGP Media GmbH, Pößneck
Printed in Germany
ISBN 978 3 499 61742 3

Inhalt

	Vorwort	9
1	Ja, i bin mit'm Radl da	14
2	Direkt vom Hausflur in die Feldflur	38
3	Wiesen – am besten nicht im ganz grünen Bereich	58
4	Manchmal steckt man ziemlich tief im Sumpf	76
5	Zum Teufel mit dem Moor?	86
6	Horch, vom Walde komm ich her	96
7	Nah am Wasser gebaut	118
8	Über, auf und unter Wasser	130
9	Reif für die Insel	142
10	Der Mittellandkanal – hier kann man ungestört nach rechts und links gucken	158
11	Das alte Berlin – noch unverbaut und mit vielen Gleisflächen	168
12	Die Lüneburger Heide – Mondlandschaft mit Truppenübungen	176
13	Das Wendland – abgelegene Hochburg des Widerstands	190

14 Das Sankt-Jürgensland – Gräben, Kühe, Wind und Wetter 204

15 Die Sächsische Schweiz – Bäume und Blumen für Landschaftsmaler 212

16 Am Kyffhäuser – hier tobt der botanische Bär 222

17 Die Pfalz – viel Wein und manchmal zum Niederknien schön 236

18 Ab in die Alpen und wieder zurück – in vierundzwanzig Stunden 250

19 Fahrn, fahrn, fahrn – auf der Autobahn 264

20 Dorf- und Stadtguerilleros – Ausnahmezustand in der Welt der Pflanzen 278

21 Das Ende eines Tages – diesmal sogar mit einer Leiche 310

Glossar 319

Literatur 323

Dank 324

Register 327

Vorwort

Willst du immer weiter schweifen?
Sieh, das Gute liegt so nah.
Lerne nur das Glück ergreifen,
denn das Glück ist immer da.

JOHANN WOLFGANG VON GOETHE

Falls Sie es noch nicht wissen, ich bin der letzte Mohikaner der Pflanzenwelt, ein Extrembotaniker, und der packt nun aus. Aufregend ist der Dschungel von Deutschland, zumal er gleich vor Ihrer Haustür oder hinter der nächsten Autobahnleitplanke beginnt. Ich will Ihnen die Schönheit wildwachsender Pflanzen zeigen, in meinen Worten und mit von mir selbst aufgenommenen Fotos. Vor allem ist mir aber wichtig, Eigeninitiative zu wecken. Sie und Ihre Kinder sollen Lust bekommen, auf Entdeckungsreise in die Natur zu gehen.

Feders fabelhafte Pflanzenwelt ist kein Handbuch für Einbauküchen, Handys oder Spritzpistolentechnik, sondern führt Sie zu ungewöhnlichen Gewächsen von der dänischen Grenze bis zu den Alpen, von Aachen nach Görlitz. Spannende Pflanzen sind an den unmöglichsten Orten zu finden, ohne dass Sie sich deswegen in ein Flugzeug setzen müssen. Oft reicht ein Fahrrad. Starten Sie mit mir eine Schatzsuche, begegnen Sie botanischen Geistern auf Abwegen.

Sie alle sind wesentlicher Ausdruck und Eindruck unserer Kultur. Ebenso will ich auf die Gefährdung von Pflanzenarten aufmerksam machen und die damit verbundenen Gründe, auf das jahrhundertealte Wechselspiel von Natur, Tier und Mensch. Der letztgenannten Spezies gelingt es nämlich, seine von ihr selbst gestalteten artenreichen Biotope – oft unbewusst – wieder zu zerstören. Ich möchte etwas gegen die Trägheit der Herzen tun. Historisches Erbe soll erhalten werden, denn nur was man kennt, kann man auch schützen!

Das Volk der Botaniker ist ein spezielles, und ich bin wohl einer, der sehr speziell ist. (Weshalb? Das werden Sie schon nach und nach erfahren.) Einst wurden wir als Floristen bezeichnet, waren wir doch diejenigen, die sich um die Flora, die Pflanzenwelt, kümmerten. Unsere Aufgabe war es, Pflanzen zu bestimmen, zu beschreiben, zu zählen, ihre Vorkommen in Karten einzutragen, wir haben herbarisiert (also Blumen getrocknet und gepresst), nach bedeutenden Inhaltsstoffen gefahndet und uns für besondere Arten eingesetzt. Mit der Industrialisierung, der Verstädterung der Landschaften sowie der Entfremdung der Menschen von der Natur entstanden Blumenläden – und Floristen verkauften nun Pflanzen. Sie, die Blumenhändler, brachten uns Botaniker um unsere ursprüngliche Bezeichnung. Wir selbst nennen uns zwar noch Floristen, aber Uneingeweihte (und das sind die meisten) denken bei diesem Wort sofort an das Blumengeschäft um die Ecke. Der Florist dort ist leider viel bekannter als der Florist in Feld, Heide, Wald und Wiese – das soll hier wieder geändert werden.

Natürlich wird der eine oder andere so manch wunderbare Pflanze in diesem Buch vermissen. Doch zum Trost: Bisher hat niemand *alle* wildwachsenden Pflanzenarten in Deutschland (fast 7000 Arten) gesehen, selbst ich (noch) nicht. Auch bei größtem Eifer wird das kaum möglich sein. Auf der Jagd nach dem absoluten Weltrekord jemals von einem Menschen ausfindig gemachter Vogelarten ist erst vor einiger Zeit eine auf diesem Gebiet führende Amerikanerin in den Tod gestürzt (nach der etwa 8500sten Vogelart). Ein ähnliches Schicksal will mir wohl niemand wünschen.

Ausgewählt habe ich also nur die für mich schönsten und seltensten Wildpflanzen (einige Sträucher und Bäume sind darunter), dabei

Vorwort

habe ich mich von persönlichen Erlebnissen mit ihnen leiten lassen. Neben den einheimischen Gewächsen kommen ebenso aus anderen Ländern eingewanderte, nun eingebürgerte Arten zum Zuge. Geordnet habe ich die zunächst nach Lebensräumen (Heide, Moor oder Wald), dann nach Regionen (Harz oder Sächsische Schweiz). So entstehen Bilder jeweiliger Biotoptypen, aber auch realer deutscher Landschaftsräume. Nach der deutschen Bezeichnung der Pflanze folgt in Klammern der wissenschaftliche Name und – wenn gegeben – ihr Gefährdungsgrad, der auf der Roten Liste der Wild-Pflanzen Deutschlands verzeichnet ist: RL 1 = vom Aussterben bedroht, RL 2 = stark gefährdet, RL 3 = gefährdet, RL R = gefährdet aufgrund natürlicher Seltenheit (eine solche Art war in einem Gebiet schon immer sehr rar).

Und jetzt müssen Sie mir nur noch folgen …

Ja, i bin mit'm Radl da

Pflanzenexpeditionen startet man am besten mit dem Fahrrad, gleich nach Verlassen der Haustür. Wer weiß, vielleicht wäre ich nie Botaniker geworden, wenn meine Eltern mir nicht als Kind ein Rad gekauft hätten. An dieses erste Fahrrad erinnere ich mich noch genau: Wir wohnten in Bielefeld, und meine drei Geschwister und ich bekamen 1970, alle am selben Tag, ein solches Zweirad, und zwar ab Werk. Bielefeld war eine Fahrradstadt, gleich mehrere bekannte Radfabriken gab es hier: Adler, Dürkopp, Göricke, Rabeneick, Rixe. Meine spätere Liebe zum Fahrrad hatte allerdings vorher zunächst einen herben Dämpfer erhalten. Kurz vor dem Fahrradkauf saß ich, neun Jahre alt, auf dem Weg zum Freibad bei meinem Vater hinten auf dem Gepäckträger. Auf einem durchrüttelnden Schotterweg geriet mein linker großer Zeh in die Speichen, es floss ziemlich viel Blut, die Kuppe war ab, der Badespaß schon beendet, bevor er überhaupt begann.

Nicht lange danach fuhr die komplette Familie dann mit dem Bus zum Göricke-Werk, und es wurden vier Räder gekauft. Meines war braunrot – eine komische Farbe, die aber den Vorteil hatte, eher schmutz- und rostunauffällig zu sein. Es war ein 26er Rad und kostete 139 Mark. Insgesamt musste mein Vater für alle Räder rund 500 Mark bezahlen, damals sehr viel Geld. Dafür hatte er für uns vier Kinder die Busrückfahrkarte gespart, denn nach Hause wurde selbstverständlich gleich geradelt.

Mein Fahrrad hielt bis 1978; vielleicht hätte ich noch länger etwas davon gehabt, wenn es mir nicht am Freibad gestohlen worden wäre – trotz der Rostfarbe. Mit diesem Rad fuhr ich stundenlang durch die

Wälder, gern begleitet von unserem Hund Purzel, und konnte mich nicht an dem sattsehen, was die Natur mir da präsentierte.

Heute ist das nicht anders. Wenn ich auf dem Sattel sitze, schaue ich meist nicht geradeaus, sondern nach rechts (und seltener auch mal nach links). Vom ständigen Immer-nach-rechts-Gucken sind meine linken Hals- und Nackenmuskeln viel stärker ausgebildet als auf der rechten Seite, dafür bin ich da viel faltiger. Und manchmal tut mir vom körperverdrehten Radeln auch meine rechte Hüftseite weh. Egal, schaue ich von oben auf die verschiedenen Pflanzen, fühle ich mich wie der König der Wald- und Wiesensäume. Von Sonnenaufgang bis Sonnenuntergang durchforste ich die Landschaften nach ihnen, fasse sie an, schmecke sie, rieche an ihnen – freudig, rastlos und tatsächlich bis an die Grenze zum körperlichen Raubbau. Im Lauf der Jahre sind bei diesem Fahrradmarathon sehr viele gefährdete Gewächse von mir verbucht worden, selbst eine Reihe ausgestorbener Arten. Als Fahrradfahrer will ich natürlich auch noch die Welt verbessern und immer mit gutem Beispiel vorangehen.

Bei Tagestouren reicht mir ein Rucksack, in den ich neben Stift und Karten meine Kamera, etwas zu trinken und zu essen sowie eine Regenjacke einpacke. Will ich eine Woche unterwegs sein, lege ich in meinen Fahrradkorb noch eine eingerollte Thermomatte, meinen Schlafsack und einige Nahrungsmittel. In die Gepäcktaschen stopfe ich Ersatzwäsche, Regenjacke, Handtuch, Rosenschere, Minisäge, Luftpumpe sowie einen kleinen Löffel. Der ist enorm wichtig für meine geliebten Joghurtpötte! Rosenschere und Minisäge sind notwendig, um hin und wieder Gehölze zu entfernen, wenn sie gerade bei seltenen Arten zu viel Schatten verursachen.

Bevor ich jedoch aufs Rad steige und überhaupt Tempo aufnehme, sehe ich ganz in der Nähe meines Wohnblocks – längst lebe ich nicht mehr in Biefefeld, sondern in Bremen – den herrlich himmelblau blühenden **Gamander-Ehrenpreis** (*Veronica chamaedrys*). Seine vierteiligen Blüten mit den zwei weißen Staubbeuteln fallen jedoch ganz leicht ab, ein Blumenstrauß mit dieser Art ist also nur ein kurzes Vergnügen. Wir Floristen nennen diese Blüten «hinfällig», ein passender Ausdruck. Im Volksmund wird der Ehrenpreis auch Männertreu genannt. Sogar in den vermoosten, völlig ungedüngten Rasenflächen um den Rowohlt Verlag in Reinbek sah ich im November 2013 Massen «meines geehrten Preises».

Mit ziemlicher Sicherheit begegne ich kurz darauf im Bremer Land, weil gut zu erkennen, dem mannshohen **Großen Odermennig** (*Agrimonia procera*). Bei diesem Rosengewächs muss ich mir nicht einmal den Hals verdrehen, so hoch wächst es hinaus. Das Besondere an seinen gelben Blüten und krautigen Blättern ist, dass sie nach Obst duften, nach Apfelsinen oder Äpfeln. Ein frischer Trieb am Fahrrad oder ein Blatt in der Hosentasche erspart einem den unangenehmen Geruch nasser Schuhe, einnebelnder Socken oder fast stehender Hosen – was nach einer Woche schon mal passieren kann. Zahlreiche Blüten an kerzengeraden Stängeln kommen durch das knallige Gelb so richtig zur Geltung. Nach der Blüte bilden sie klettende Früchte aus, die vor allem im Fell vorbeilaufender Tiere haften bleiben. Auch ich hatte schon mehrfach diese anhänglichen Früchtchen an Socken oder Hosenbeinen.

Auf dieser Weise kann ich ewig vor mich hin strampeln, um festzustellen, was da alles um mich herum blüht. Oft aber war ich auf meinem Fahrrad nicht nur zum Vergnügen unterwegs, sondern im Auftrag der Niedersächsischen Naturschutzbehörde oder des Bremer

Umweltsenats. Meine Aufgabe war es dann, wertvolle Lebensräume und deren Pflanzenarten ausfindig zu machen und in einem Verzeichnis festzuhalten – Kartieren nennt man das in der Fachsprache. Überhaupt, wir Botaniker wollen und müssen die Kenntnisse über unsere heimische Pflanzenwelt verbessern: Wo kommt welche Art in welchen Mengen vor? Breiten sich die Arten aus, oder gehen sie zurück? Ist eine solche Entwicklung nur in bestimmten Regionen oder landesweit zu verzeichnen? Aus diesem Wissen leiten sich auch die Roten Listen ab, die Verzeichnisse bedrohter Arten. Sie sollen helfen, die Artenvielfalt auch für kommende Generationen zu erhalten und – wenn möglich – noch weiter zu fördern.

Zwischen 1987 und 1989 klapperte ich in der Region Hannover insgesamt siebenundsechzig Bahnhöfe mit dem Rad ab, das pflanzliche Ergebnis wollte ich für meine Diplomarbeit festhalten und auswerten. Während einer dieser Touren – es ging von Hannover über Laatzen nach Sarstedt – hielt ich an einer Kreuzung. Zwangsweise, denn die Ampel zeigte Rot. Beiläufig schaute ich nach links, direkt auf den Pflasterstreifen zwischen Radweg und Landesstraße. Ich wusste es in diesem Moment nicht: Sollte ich meinen Augen trauen? Ein exorbitantes **Deutsches Filzkraut** (*Filago vulgaris*, RL 2) stand da, und nicht nur eins, sondern gleich mehr als hundert Individuen, wie ich mit einem gekonnten Blick auszuzählen vermochte. Es war wirklich kaum zu glauben, denn das Deutsche Filzkraut wurde in Niedersachsen zuletzt 1937 gefunden. Die Überprüfung durch Herrn Garve, der damals im Niedersächsischen Landesverwaltungsamt tätig war, bestätigte den sensationellen Fund: Ich hatte das kniehoch wachsende Deutsche Filzkraut wiedergefunden – nach über sechzig Jahren scheinbarer Nichtexistenz! Wegen ihres mausgrauen Äußeren werden Filzkräuter oft auch Schimmelkräuter genannt. Das klingt wenig sympathisch, aber viele sehen sie aufgrund des Grautons nicht – was mein Glück war und noch heute ist.

Um Hannover, genauer gesagt im Leine-, aber ebenso im Wesertal, habe ich oft den **Knolligen Kälberkropf** (*Chaerophyllum bulbosum*) entdeckt, der aufgrund seiner verdickten Wurzel auch Rüben-Kälberkropf heißt. «Entdeckt» ist zu viel gesagt, denn dort ist er eine alltägliche Erscheinung. Mich verblüfft bei ihm, dass er bei einer Wuchshöhe von bis zu zwei Metern einen sehr filigranen Aufbau hat. Er zeichnet sich weiterhin durch rötliche Stängel aus, feine Blattrosetten und gefiederte Blättchen; manchmal sieht die Pflanze aus, als würde sie, etwas aufgeblasen, gleich lostanzen wollen. Giftig ist sie zudem, dennoch habe ich sie in guter Erinnerung.

Weiter in den Auen von Leine und Weser begegneten mir Rosen, natürlich wilde Rosen. Rosen sind schwierig; manche sagen, das wäre ich ebenfalls … Wie auch immer: Oft genug habe ich Rosenexperten dabei beobachtet, wie sie nach abgefallenen oder aufsteigenden Kelchblättern fahndeten oder die Form der Hagebutten eingehend analysierten. (Ist das Loch oben breit oder eng, ist die Hagebutte behaart oder unbehaart?) Doch trotz all ihrer Anstrengungen konnten sie sich nicht einigen, bekamen sich sogar in die Wolle, weil sie eine bestimmte wilde Rose nicht exakt bestimmen konnten. Das ist nun gar nicht mein Ding. Kann ich solche tollen Blütenpflanzen nicht nach ihrer Farbe zuordnen, verliere ich schnell die Lust. Als Augenmensch möchte ich ein Gewächs schon bei seinem Anblick richtig bestimmen. Schlag auf Schlag soll es weitergehen, ein solches Vorpreschen liebe ich. In der Zeit, in der sich die Fachleute die Köpfe heißreden, habe ich nämlich schon zwanzig weitere Arten entdeckt. Oft genug erlebte ich das anlässlich von Kartierertreffen, auf denen sich mehrere Botaniker zur Artenbestimmung versammelten. Da trabte ich dann einfach los und kam häufig mit wahren Blumensträußen neuer Arten zurück, die auf unsere Pflanzenlisten kamen. «Apportieren» nennen wir das, wie bei Hunden, die das Niederwild einsammeln.

Zweifellos ganz eindeutig war in den Auen der Leine aber die **Hunds-Rose** (*Rosa canina*), mit Abstand die häufigste der etwa achtundzwanzig wilden Rosenarten in Deutschland. Bei dieser märchenhaften Heckenschönheit mag ich im Juni ihre oft zahlreichen weißlich rosa gefärbten, nur schwach duftenden Blüten. Gewöhnlich wird sie bis drei Meter hoch, sie wächst aber auch doppelt so hoch hinaus, wenn sie klettern kann. Mit Hunden hat die Hunds-Rose eigentlich nichts zu tun, mal abgesehen von ihren hundsgemeinen Dornen. Diese Rose war und ist bei uns sehr häufig. Und was kann sie noch so außer wachsen und blühen? Ihre Wurzelrinde wurde früher nach dem Biss tollwütiger Hunde (aha!) als Heilmittel eingesetzt. Die kletternde Hunds-Rose erinnert mich immer an eine bestimmte Kletterrose, die mein Vater eingepflanzt hat, um damit unsere Straßenlaterne vor dem Haus zu verschönern. Ihr Sortenname war «New Dawn», und mir dämmert gerade beim Schreiben: Das waren auch meine ersten englischen Worte.

Viele Pflanzenarten, die um 1950 noch recht häufig waren, sind heute verschollen – ich sage lieber verschollen als verschwunden, denn so bleibt die Hoffnung, dass sie nur übersehen wurden. Viel zahlreicher als die ausgestorbenen Arten (die aber wie das Deutsche Filzkraut wiederauferstehen können) sind jedoch die hierzulande neu eingewanderten Pflanzen. Sie sind als blinde Passagiere auf Schiffen

··· 1. KAPITEL ···

zu uns gekommen, auf Lkws oder per Eisenbahn.
Noch vor dem Mauerfall erstaunten mich 1987
bei einer Radeltour durch das thüringische
Eichsfeld imposante Bestände von etwas gelb
Blühendem. Verirrte Rapspflanzen, dachte ich
zuerst, bis ich begriff, dass ich mich getäuscht
hatte. Es handelte sich um das **Orientalische
Zackenschötchen** (*Bunias orientalis*), das aus
Südosteuropa und Vorderasien stammt. Seine Wuchshöhe
ist recht auffällig, 1,5 Meter, und es sichert sich seine Existenz, indem sich zur Fruchtzeit die vielen sparrigen, das heißt zu allen Seiten
winklig abstehenden Stängel auf den Boden legen und so
keiner anderen Pflanze eine Chance geben. Ganz
schön extrovertiert ist dieses Zackenschötchen,
ein goldgelber Drängler und Wüstling.

Ein Immigrant ist auch die seltene **Gelbe
Bartsie** (*Parentucellia viscosa*). Ursprünglich ist dieses bis einen halben Meter hohe
Gewächs mit einer breiten Oberlippe und einer
dreiteiligen Unterlippe in Australien und Amerika beheimatet. Vermutlich gelangte es mit Grassamen nach Europa, und noch heute vagabundiert diese Pflanze, die
von klebrigen Drüsenhaaren umhüllt ist, an immer neuen Stellen.

Ein anderer vom Fahrradsattel aus nicht zu übersehender gelber
Farbtupfer ist der weit verbreitete **Huflattich**
(*Tussilago farfara*). Das vielseitige Gewächs
half früher gegen Durchfall, Fieber oder
Wunden. Wie über Nacht erscheinen
schon im März Blüten, die wie kleine
leuchtende Sonnen aussehen und noch
dazu urgesund riechen. Im April folgen
dann ihre Pusteblumen, um einiges eher

20

als beim verwandten Löwenzahn. Verblühte Blütenstängel hängen zunächst schlapp herab, um sich dann zur Samenreife wieder aufzurichten. Nur so kann der Wind die fallschirmartigen Samen optimal verbreiten. Inzwischen sind diese Triebe dreimal so lang geworden, denn der Huflattich wächst im Gegensatz zu uns Menschen noch in der Alterungsphase kräftig weiter. Er ist, wie der Name andeutet, sogar trittverträglich. Schon als Kind sah ich den Huflattich in einer Schiefergrube bei Halle am Teutoburger Wald, hier suchte ich mit meinen Geschwistern nach Versteinerungen, leider mit mäßigem Erfolg. Und als ich 1981 einen Sommer lang im Osten von Bielefeld mit der Außenanlage einer großen Gesamtschule beschäftigt war – ich hatte gerade eine Ausbildung als Gärtner angefangen –, wuchs auf dem Lehmboden zwar massenhaft Huflattich, aber noch weit und breit kein Baum oder Strauch.

An den Straßen großer Städte, an Flugplätzen, in Häfen, Sandgruben (vorzugsweise mit Bauschutt), auf Bahnhöfen sowie an und auf Mauern ist der **Schmalblättrige Doppelsame** (*Diplotaxis tenuifolia*) gern zu Hause. Letztlich an allen Stellen, wo ich am besten mit dem Fahrrad hinkomme. Weil seine rapsgelben Blüten die Sonne so sehr lieben, ist der Schmalblättrige Doppelsame ein untrüglicher Anzeiger von Wärmeinseln. Die Blätter und Stängel dieser bis ein Meter hohen buschartigen Pflanze riechen nach Schweinebratensoße, sodass ich in ihrer Umgebung regelmäßig Appetit auf eine heiße Brühe oder einen zünftigen Eintopf verspüre. Das geht aber nicht allen so. Paul Ascherson, im 19. Jahrhundert einer der berühmtesten Botaniker, kannte in seinem Hauptrevier Berlin alle Örtlichkeiten. Ähnlich wie ich trieb er sich mit großer Vorliebe auf Müllkippen und in Hafenanlagen herum. Den Schmalblättrigen Doppelsamen mochte er jedoch überhaupt nicht, über ihn schrieb er:

······························· 1. KAPITEL ·······························

«Stinkt widerlich nach Schweinebraten.» Das kann man aus seiner Sicht auch verstehen, denn Ascherson war Jude.

Im Anschluss meiner Ausbildung zum Landschaftsgärtner begann ich im Oktober 1983 ein Studium der Landespflege in Hannover. Kurz zuvor hatte ich meinen Führerschein gemacht und kaufte für 3000 Mark meinem Freund Blocky seinen Citroën Pallas ab, praktisch eine Rostlaube und von Anfang an reparaturanfällig. Während einer Autobahnfahrt von Bielefeld nach Hannover gaben bei starkem Regen plötzlich die Scheibenwischer ihren Geist auf, und ich musste für den Rest der Fahrt auf sie verzichten. Kurze Zeit später lenkte ich, ein schlechter Autofahrer, den Citroën Pallas in der Gegenrichtung, also von Hannover nach Bielefeld, bei einer einspurigen Baustelle in die gerade ausgekofferte Nebenspur. In totaler Schräglage klebte ich an der schotterigen Böschung, ein Hubwagen musste angefordert werden, es war mitten in der Nacht. Bei der sich nebenan befindenden Autobahnpolizei durfte ich am nächsten Tag 170 Mark Bergungskosten «hinterlegen», sehr ärgerlich für einen armen Studenten.

Mit anderen Worten: Am liebsten war es mir, wenn mein Auto stand. Und so war ich weiter mit meinem Rad unterwegs, und wie Ascherson suchte ich dort, wo sich der Hundekot sammelte, wo der Müll liegen blieb, in unordentlichen Hinterhöfen, auf ölverschmierten Gleisflächen, oft gar nicht so weit von meiner Haustür entfernt. Dabei machte ich Bekanntschaft mit der **Strahlenlosen Kamille** (*Matricaria discoidea*), die bereits um 1850 aus östlichen Regionen zu uns einwanderte, mit ziemlicher Sicherheit über Bahnlinien. Heute ist diese Allerweltspflanze, die mich an kleine Diskuswerfer in Gelb-Grün erinnert, überall anzutreffen. Kein Dorf ohne die Strahlenlose Kamille! Kein Umschlagplatz, kein Bahnhof, keine Pflasterstraße, kaum ein Feldweg.

·············· *Ja, i bin mit'm Radl da* ··············

Mit dem Radl sind in Städten wie Bremen übrigens sehr gut Straßenbahndepots zu erreichen. Sie lösen in Botanikern wahre Glücksgefühle aus, ebenso wie Busbahnhöfe und große Parkplätze, etwa vor Fußballstadien oder IKEA & Co. Nicht zu vergessen sind die Markt- und Schützenplätze. Überall dort, wo viele Autos fahren oder halten, kann nämlich der ziemlich ausbreitungswillige **Zweiknotige Krähenfuß** (*Coronopus didymus*) wachsen, den ich erstmals 1987 auf dem Gelände des Straßenbahndepots Glocksee in Hannover sah. Die Reifen der Autos und die Schuhprofile ihrer Benutzer tragen die Samen von Ort zu Ort. Massenhaft war er da verbreitet, den weiten Weg aus Südamerika hatte er längst hinter sich. Handflächengroß wird er – nein, nicht wirklich, denn er legt sich nach dem ersten Aufrichten sofort wieder hin. Dieser sonnenhungrige Vertreter kann sich zwischen Platten- und Pflasterritzen so richtig dünne machen. Sein Markenzeichen sind die wie kleine Flaschenbürsten aufgebauten Fruchtstände. Diese setzen sich aus zahlreichen «Brillen» zusammen, immer zwei Samen gegenüber an einem Stielchenende. Das sieht verdammt niedlich aus! Der Zweiknotige Krähenfuß mit seinen gefiederten Blättern soll angeblich unangenehm riechen, für mich duftet er herrlich nach Küchenkresse.

An Gräben und auf Brachen pikt oft etwas, wenn man zwischendurch vom Rad absteigt und einen kleinen Streifzug zu Fuß unternimmt. Die **Wilde Karde** (*Dipsacus fullonum*) sieht aus wie ein Eierkopf mit Stacheln, manchmal erinnert sie mich an einen robusten Stehgeiger. An ihren Köpfchen erscheinen ab Juli

kleine purpur- bis rosafarbene Blüten. Sehr dekorativ! Das in wannenartig verwachsenen Stängelblättern gesammelte Wasser diente einst als ein Augenmittel (ist aber wohl Aberglaube), die Wurzel sollte gegen Hautschrunden, Lungenschwindsucht und Syphilis helfen. Zum Namen der Wilden Karde: Mit «Kardätschen» war früher das Entfilzen von Textilien gemeint. Der Ausdruck ist ausgestorben, die Pflanze aber nicht.

Immer auf die Kleinen? Ja, auch bei den Pflanzen. Sie werden leicht übersehen (oder man schaut auf sie herab), man tritt auf sie, Autos parken auf ihnen, schlimmstenfalls spuckt man auf sie. Und haben sie sich trotz aller Unbill wieder aufgerafft, greifen genervte oder unwissende Mitbürger zu Messer, Kratzer oder Schraubendreher, um ihnen auf den Knien und über Gartenplatten rutschend den Garaus zu machen. Nein, nicht ich, ich bin ein Freund dieser Niedlinge und achte ganz besonders auf sie, sie sind doch so klein. Ein solcher Winzling, den ich am liebsten sofort der ganzen Welt zeigen würde, ist die **Rote Schuppenmiere** (*Spergularia rubra*). Mit ihren rosarot gefärbten fünfteiligen Blüten ist sie ein Augensternchen, eine sinnliche Mini-Nelke. Und erst die zehn gelben Staubgefäße … Bei ihr könnte ich wirklich ins Schwärmen geraten. Und das geht nicht nur mir so: Jemand schrieb mir per E-Mail, wie viele schöne Schuppenmieren er «in so einem kleinen Haufen Dreck» nach erledigter «Pflege» seiner Terrasse und der Garageneinfahrt vorgefunden hätte. «Mit wie viel Power die da aus den Ritzen sprießen!» Ich antwortete, dass das ja wohl dann auch die letzte (unnötige) Säuberungsaktion gewesen sein sollte.

1987 wurde meine Tochter Janne geboren. Die nahm ich, kaum dass sie laufen konnte, in meiner zwischenzeitlichen Heimat Hannover mit auf meine botanischen Suchaktionen. Auf Güterbahnhöfen tobten wir viel herum, unbedingt wollte sie an diesen Orten Verstecken oder Fangen spielen – und lief gern mal weg. Das wissend und nicht immer gutheißend, ließ ich sie das eine oder andere Mal einfach im Fahrradkindersitz sitzen und klappte nur den Greifständer herunter. Hätte Janne da in ihrem Sitz geschaukelt und wäre umgekippt – daran darf ich gar nicht denken. Doch als wir einmal zusammen über den Boden krochen, entdeckte ich mit ihr die Rote Schuppenmiere.

Weil man nicht ständig auf dem Boden herumkriechen kann, um nach Niedlingen Ausschau zu halten, wird der Blick frei für das hochwachsende **Schmalblättrige Weidenröschen** (*Epilobium angustifolium*), denn die großen Blüten an langen Trauben erfreuen einem schon von weitem. Die Pflanze zählt zu den Nachtkerzengewächsen, aber während die Nachtkerzen geschlossen gelb blühen, haben sich fast alle Weidenröschen auf ein helles bis kräftiges Purpurrot geeinigt. Das Schmalblättrige Weidenröschen konnte sich nach dem Zweiten Weltkrieg in den Städten plötzlich in Massen entfalten und wurde daher Trümmerrose genannt. Auf den künstlichen Steinwüsten konnten sich Abertausende Samen dieser auch im Gebirge häufigen Art für kurze Zeit ungehindert ausbreiten. Auch interessant: Aus der Samenwolle fertigte man früher Dochte an.

Eine noch imposantere Erscheinung ist die **Gewöhnliche Eselsdistel** (*Onopordum acanthium*). Wenn ich sie erblicke, murmele ich: «Du großmäulige Schuttdistel, du angeberischer Dickkopf», denn sie weist mit die größten Blütenköpfe aller Disteln auf. Diese purpurroten Kugeln können 8 Zentimeter breit und 5 Zentimeter hoch sein, und so etwas übersieht nun wirklich niemand! Überall kann die Eselsdistel überleben, sie selbst wird heiß geliebt von Bienen, Hummeln, Schwebfliegen und Tagfaltern. Einst wurde sie als Heilpflanze gegen Geschwüre («Krebsdistel») angesehen, gegen Blut-, Haut- (Krätze, Milchschorf, Kopfgrind) und Geschlechtskrankheiten (Tripper); ihre Wurzeln und jungen Sprossen wurden gegessen.

«So schön und dazu noch so häufig», möchte man zum **Gewöhnlichen Leinkraut** (*Linaria vulgaris*) sagen. Die ziemlich lange im Jahr blühende, bis 80 Zentimeter hohe Pflanze hat gelbe Blüten mit einem orangefarbenen Schlund. Pure Magie. Diese genügsame Art benutzte man früher zum Blondieren der Haare und nannte sie deshalb auch Frauenflachs oder Unser Lieben Frauen Flachs. Das hätte ich mal meiner früheren Ehefrau Barbara sagen sollen, die sich mühevoll mit allerlei Chemie blonde Strähnchen machte. Aber damals wusste ich das noch nicht.

Sie werden es noch feststellen: Ich bin ein großer Klettenfan. Sobald ich unterwegs Kletten sehe, pflücke ich sie ab und drücke sie anderen auf Schultern oder Rücken, nicht ohne die Bemerkung: «Na, mein Freund, wie geht's?» Da kann ich mich kaputtlachen. Gut, vielleicht ist das gar nicht so lustig … Aber egal, denn selbst wenn ich mit dem Rad durch die Gegend rase, erkenne ich die **Große Klette** (*Arctium lappa*). Dazu eine weitere Geschichte: 1983 erhielt ich vom Niedersächsischen Landesverwaltungsamt, genau gesagt von der Abteilung Naturschutz, einen besonderen Kartierauftrag. Im Zuge eines geplanten landesweiten Verbreitungsatlanten für alle Wildpflanzen in Niedersachsen und Bremen sollte in sämtlichen diesbezüglichen Gebieten möglichst gleichmäßig geforscht werden. Nun gibt es artenreiche und damit interessante Landschaften, aber auch weniger spannende Areale. Bei Bennigsen, in der Nähe vom Deister, hatte ich im zweiten Durchgang – Ende April 1993 war ich schon einmal dort gewesen, jetzt war es zweieinhalb Monate später – gerade ein schönes Laubwaldgebiet auskartiert. Funde der rötlich violett blühenden Großen Klette hatten mich froh gestimmt, denn mit fast zwei Meter Höhe ist sie unsere auffälligste Klette überhaupt. Nun waren noch umliegende Äcker, wenige Gräben und Wege sowie ein Abschnitt der Landesstraße 422 dran, als ein längerer Platzregen niederging und ich unter einem Baum mit meinem Fahrrad Schutz suchte.

Als die Sonne sich wieder zeigte und das Regenwasser verdampfte, nahm ich mir diese Landesstraße mit den lückig gesäumten Apfelbäumen und Straßengräben vor. Kurz darauf hörte ich von Norden her einen Pkw mit völlig überhöhter Geschwindigkeit heranbrettern. Gerade hatte ich mein Rad an einem Apfelbaum abgestellt, als das Fahrzeug mit rund 100 km/h (70 waren erlaubt) anrauschte und dabei in einer Kurve auf die linke Fahrbahnseite geriet. Genau dort, wo ich eben noch gestanden hatte, schoss das Auto in den Graben rein – ziemlich spitzwinkelig, sodass es noch rund fünfzig Meter mit großem Krach weiterrutschte, direkt auf mich zu. Zehn Meter vor mir kam der völlig verdreckte Wagen zum Stehen. Aus der Beifahrertür quälte sich eine Frau heraus – sie war zum Glück unversehrt und mit dem Schrecken davongekommen. Schon seltsam, was einem so mit dem Rad passieren kann. Zum Glück bin ich nie übern Deister gegangen!

Im Zuge dieses Kartierungsauftrags bekam ich auch die **Echte Hundszunge** (*Cynoglossum officinale*) zu Gesicht, die wegen ihrer langen rauen Blätter – sie selbst wird bis zu 80 Zentimeter hoch, die Blätter bis zu 15 Zentimeter – so genannt wird. An einem gehölzarmen, von Kaninchenbauten durchlöcherten Südhang bei Bovenden im Kreis Hildesheim wuchsen wenige Exemplare. Braunrote Blüten und die Früchte erinnern an ein Vergissmeinnicht und zogen mich in den Bann. Gleich Kletten bleiben die steinharten Samen der Echten Hundszunge im Fell von Tieren hängen, ebenso gern an Jacken, Hosen und Socken von unvorsichtigen Zweibeinern. Aus Textilien sind sie nur mit Mühe wieder zu entfernen – kein Wunder, dass dieser Mechanismus Vorbild für die Entwicklung von Klettverschlüssen war. Auch aus diesem Grund finde ich die Echte Hundszunge grandios, denn Klettverschlüsse sind einfach klasse – im Gelände ersparen sie mir unnötiges Fummeln an Knöpfen und Reißverschlüssen. Perfekt für jemanden wie mich, der immer gleich losziehen muss.

Nicht minder begeistert mich die **Kaschuben-Wicke** (*Vicia cassubica*, RL 3), sie ist so eine edle Erscheinung. Die dunkelgrünen Blätter, wie kleine Fächer übereinander angeordnet, stehen in schönem Kontrast zu den purpurroten Blütenständen, die wie Schmetterlinge erscheinen. Typisch für sie sind hellbraune Fruchtschoten, die im Längsschnitt an riesige Flöhe erinnern. Zur Geschichte des Namens: Die Kaschuben, ein westslawisches Volk, haben Mitteleuropa von Osten her besiedelt, und genau dort wuchs diese Wickenart besonders häufig. Natürlich ist man dann stolz, wenn man sie auch noch im Umkreis von Cuxhaven oder Stade findet!

Ich kenne niemanden, der die **Wilde Malve** (*Malva sylvestris*) nicht mag. Ihre tellerartigen Blüten sind phänomenal, man kann sie sogar essen, und meist set-

zen sie sich aus langen rosafarbenen Blütenblättern mit drei purpurroten Streifen zusammen. Leider geht die Wilde Malve inzwischen
stark zurück, denn unsere Dörfer werden immer sauberer und hof-
nahes «wildes» Brach- und Weideland verschwindet.

Auf meinen Radexkursionen komme ich fast immer am **Rainfarn** (*Tanacetum vulgare*) vorbei,
eine Leuchte aller Säume (er ist aber auch auf
trockenen Brachen zu finden). Die vielen goldgelben Blüten sehen aus wie mit Stoff bezogene
Knöpfe, eine äußerst hübsche Zierde. Selbst im
farbenärmer werdenden Herbst zeigt er noch
lange Flagge. Das Farnartige bezieht sich auf seine stark zerteilten Blätter. Pflückt man sich einen
schönen Strauß vom Rainfarn, riechen die Hände
danach ziemlich würzig, fast unangenehm scharf. Früher wurde er aus diesem Grund gegen Verstopfung, Spring-
und Spulwürmer, in Russland sogar gegen Wasserscheu eingesetzt. Er
diente statt Hopfen als Bierwürze, und rieb man Fleisch mit Rainfarn
ein, schützte das vor Maden und Schmeißfliegen.

Ein ganz exklusiver Kandidat ist für mich der **Hain-Wachtelweizen** (*Melampyrum nemorosum*), eine in Deutschland auffallend
östlich verbreitete Art. So kommt sie in Ost-Schleswig-Holstein,
Ost-Niedersachsen, Ost-Hessen, Ost-Bayern und natürlich in weiten
Teilen von Ostdeutschland vor. Meine beiden
Söhne Felix und Tim mussten diesen Wun-
der-Wachtelweizen 2004, im Alter von
neun und elf Jahren, über sich ergehen
lassen. «Oh Papa, Mensch, immer deine Pflanzen», maulte Tim, der jüngere.
Also erklärte ich ihnen seine Besonderheiten: «Wisst ihr, er ist ein Halbschmarotzer und entzieht anderen Pflanzen, die

man Wirtspflanzen nennt, etwa Gräsern, Nährstoffe und Wasser. Obwohl sie allein nicht existieren kann, ist diese Art in der Lage, große, oft tausend Pflanzen umfassende Bestände aufzubauen. Seht ihr, die Blüten leuchten in einer Traube goldgelb, und ab Mitte Juni verfärben sich die darüberliegenden Hochblätter zunächst blassblau, danach königsblau bis violett-lila. Das hilft, Bienen anzulocken. Dieses Schauspiel ist einfach grandios!» Und so sahen es dann auch meine Söhne und waren mir gegenüber gnädiger gestimmt.

«Wer in Dorfe oder Stadt eine **Schwarznessel** (*Ballota nigra*) wohnen hat, der sei höflich und bescheiden, dass sie muss nicht weiter weichen.» Frei nach Wilhelm Buschs fünftem Max-und-Moritz-Streich, bei dem die Krabbelviecher im Bett von Onkel Fritz mehr und mehr werden! Zuzeiten des humoristischen Dichters gab's die schmutzig violett blühende Pflanze noch vielerorts zuhauf. Inzwischen suche ich oft vergeblich nach einer Schwarznessel, sie ist nämlich häufig Opfer zu sauberer Dörfer und Städte geworden, in denen auch die letzten Grünreste zugepflastert wurden. Doch es gibt sie noch zu entdecken, denn sie ist geflüchtet. Dort, wo Bauern landwirtschaftliche Abfälle, Schutt oder überschüssigen Boden außerhalb der Siedlungen entsorgen und auch nicht alles überdüngen, hat sie eine Nische gefunden. Keine andere Pflanze auf der Roten Liste für Niedersachsen und Bremen habe ich so häufig der Landesbehörde gemeldet wie die Schwarznessel.

Wieder einmal war ich per Fahrrad unterwegs, auf dem Weg von Rosche nach Uelzen in Ost-Niedersachsen, mit richtig viel Tempo, als ich westlich von Rosche im Fahren die Schwarznesseln in einem Straßengraben zählte, es waren etwa fünfzehn. Dabei geriet ich vom frisch aufgetragenen Asphalt des Radwegs mit Schwung in den Graben und stürzte kopfüber in einen umfangreichen Brennnesselbestand. Mein Gesicht brannte nach dem Aufprall wie Hölle, pustelte kurz darauf weißlich hell auf, und noch eine Stunde später in Uelzen war trotz ständiger Gesichtsmassage meine schlechte Laune nicht verflogen.

Wo die Schwarznessel ist, gibt sich immer wieder auch das **Herzgespann** (*Leonurus cardiaca*, RL 3) die Ehre. Seine weiteren Namen: Löwenschwanz, Katzenschweif oder Gemeiner Wolfstrapp. Schmutzig roter Dorfhäuptling ginge ebenfalls. All diese Bezeichnungen erinnern an die gute alte Zeit in den Dörfern, als Gänse, Hühner, Kühe, Schweine und Ziegen noch frei herumliefen, als wilde Lagerplätze, klapprige Maschinen sowie aus dem Fenster geworfene Küchenabfälle die Szenerie bestimmten. Das selten gewordene Herzgespann verträgt es, abgemäht zu werden, und zwischendurch darf auch ein Trecker darauf parken. Aber nicht zu lange, denn sonst können sich die quirlartigen rosafarbenen Blüten nicht entfalten. Durch den schon erwähnten Sauberkeitswahn in Siedlungsbieten hat diese Art mit am meisten von allen «Dorfpflanzen» gelitten.

Im für Botaniker beschäftigungsarmen Winter notiere ich mir gern, welche Baumarten von den schweren Kugeln der immergrünen **Laubholz-Mistel** (*Viscum album*) befallen sind, meinem persönlichen Evergreen! Das belebt längere Fahrradtouren, vor allem im Winter, wenn nicht viel zu sehen und alles laubfrei ist. Befallen werden von der Mistel vor allem Birken, Weißdorn, Apfelbäume, Linden, Robinien,

············· 1. KAPITEL ·············

Silber-Ahorn und Pappeln, vorzugsweise in den Niederungen von Flüssen oder in alten Parkanlagen. Oft waren es mehr als hundert Misteln je Baum (ich zählte immer genaue Mengen aus). Manchmal fragten mich Menschen, die mir unterwegs begegneten – und ich mich dann auch –, was ich denn da eigentlich so treiben würde.

Dieser Halbschmarotzer entzieht Wirtsbäumen Nährstoffe und Wasser, und trotz meines gegenteiligen fachlichen Rats gelang der Mistel zwischen 1993 und 2003 sogar der Sprung auf die Rote Liste von Niedersachsen und Bremen. Da packte mich dann der Ehrgeiz: Zehn Jahre lang betrieb ich eine intensive Mistelkartierung, aus der sich schließlich ergab, dass die Laubholz-Mistel sich sogar ganz stark ausgebreitet hatte. Aber das hatte ich doch gleich gesagt! Was noch spannend ist: Ist der Juli insgesamt kühler, fehlt die Mistel im Norden oder Nordwesten Deutschlands, oder es gibt einzig sehr wenige Vorposten. So haben wir in Bremen seit Jahrzehnten nur zwei große Bälle in einem Silber-Ahorn, der vor dem Sendesaal von Radio Bremen steht. Eine weitere Mistel auf einer jüngeren Pappel wurde hier durch Fällung vernichtet, denn keine Mistel überlebt ihren Wirt. Es hat bei ihr auch nie an sogenannten Ansalbungen gefehlt – das ist das absichtliche Ausbringen, Ansäen und in diesem Fall das Ankleben von nicht ursprünglichen Pflanzenarten. Bei der Mistel gelingt das sogar hin und wieder, was ich mit Freuden registriere, denn im grünarmen Winter sind Misteln wunderschöne Anblicke.

Misteln können siebzig Jahre alt werden und oft zum Tod der Wirtsbäume führen. Sie blühen bereits ab März, und die weißen, stark klebrigen Beeren werden vor allem von Drosseln (daher etwa die Misteldrossel) verbreitet. Dazu werden die lästigen Beeren am Schnabel auf nicht zu alten Zweige abgestreift. Diese wie skurrile Medizinbälle oder falsche Krähennester aussehenden Misteln haben Menschen schon von alters her beschäftigt. Germanen glaubten, sie seien vom Himmel gefallen, gallische Druiden nutzten sie als Heilmittel und als Zaubertrank, bei vielen anderen Völkern waren sie Sinnbild für ein ewiges (grünes) Leben. Aus dem klebrigen Fruchtfleisch fertigt man leider im Mittelmeerraum die gefürchteten Vogelfang-Leimruten.

Ideal vom Fahrrad aus zu erkennen, da unübersehbar, ist der wuchtige, fast immer 2 Meter hoch werdende **Arznei-Haarstrang** (*Peucedanum officinale*, RL 3). Er hat viele leuchtend gelbe Dolden – bei einer Dolde liegen mehrere Blüten auf ungefähr einer Höhe – und lange gefiederte Blattzipfel, daher der Name Haarstrang. In Kräuterbüchern hatte er eine große Bedeutung, denn der Milchsaft, der beim Anschneiden aus der Wurzel austritt, wie auch das fenchelartige Laub sollen viele Leiden wirksam gelindert haben. So wurde er gegen Kopfschmerzen, Blähungen und Unfruchtbarkeit eingesetzt und galt als appetitanregend, auswurffördernd sowie hustenlindernd. Die robuste Pflanze kann abgemäht werden; abgeweidet wird sie dagegen nie, denn kein Tier frisst sie. Sie schmeckt einfach nicht, und sie bekommen davon Fusseln im Mund. Nach einer Mahd, also dem Mähen von Gras oder Getreide, wachsen fast buschartig neue Blätter, das sieht dann aus wie eine riesige Perücke oder wie gelbgrüner, giftig anmutender Bodennebel. Bislang habe ich so einen nebulösen Arznei-Haarstrang leider nur im Regenschatten des Harzes erblickt.

Bin ich länger als einen Tag unterwegs, stellt sich natürlich die Frage nach der Übernachtung. Anfangs hatte ich noch ein Zelt bei mir, aber das benutzte ich nur ein einziges Mal. All diese knackenden Geräusche um mich herum – wer weiß, wer oder was da gerade kommt oder eben nicht! Das könnte ein Mensch sein, der nichts Gutes im Sinn hat, oder ein Wildschwein, das ebenso nicht gerade freundlich gesinnt ist.

Meine Phantasie ging in jener einzigen Zeltnacht auf jeden Fall so mit mir durch, dass ich am Ende in einem Kornfeld unter freiem Himmel übernachtete. Inzwischen habe ich mich auch schon in eine Treckerspur gelegt, dann wieder an Waldwege, mehrfach unter überdachte Fahrradständer von Schulen, in Bunker auf Truppenübungsplätzen oder wie der Deutschlandwanderer Joey Kelly in die Häuschen von Bushaltestellen.

Alternativ kam ich einmal auf die Idee, einen Hochstand aufzusuchen. Er hat immerhin ein Dach, und man kann hinausschauen, wenn auch nur stehend und im Hellen. Als ich dann aber nachts auf dem Boden des Hochstands lag und einschlafen wollte – nur deshalb war ich ja hinaufgeklettert –, fühlte ich mich ausgeliefert. Was konnte da nicht alles passieren? Das Fahrrad befand sich unten, fliehen war also unmöglich. Stieg da jemand die Leiter hoch? War das der Jäger? Es klang verdächtig danach. Längst hatte ich mit meinem Dasein Hase, Reh oder Wildschwein verjagt. Das würde sicher Theater geben … Aber natürlich kam niemand. Trotzdem, Hochstände vermeide ich seitdem. Mit diesem Knacken in unmittelbarer Umgebung kam ich genauso wenig zurecht wie im Zelt – ich muss die Szenerie sofort überblicken können.

Heute schaue ich schon am Morgen, wo ich abends unterkommen will. Bahn- und Friedhöfe habe ich im Visier, in ländlicheren Regionen werden Letztere nämlich über Nacht nicht abgeschlossen. Kapellen, die keine Bewegungsmelder haben, werden dort von mir bevorzugt. Zu meinem Leidwesen haben jedoch immer mehr von ihnen Bewegungsmelder, dabei kann ich bei Licht nicht einschlafen. Habe ich trotz dieser technischen Errungenschaften die optimale Kapelle gefunden, rolle ich Schlafsack und Thermomatte aus. Mein Rucksack mit Schal oder Handtuch dient mir als Kopfkissen.

Also, das Erschließen und Genießen von Natur sowie das Erkennen und Begreifen von Naturzusammenhängen, das Lesen der Natur anhand der anstehenden Baumarten, Feldfrüchte, Biotoptypen und Dorfstrukturen gelingt am allerbesten mit dem Fahrrad. Jederzeit kann ich absteigen, noch ein Foto machen, auf Karten meinen Standort überprüfen und besondere Funde darauf vermerken. Ich kann mit dem Rad querfeldein in Treckerspuren fahren (etwa um einen Sumpf, Teich oder einen anderen Weg zu erreichen), es durch Bäche und kleine Flüsse tragen, flugs über Baumstämme, Gräben, Schlagbäume und Zäune hieven, sogar längs und auf Bahnschienen bin ich schon verkehrt. Flink wie ein Wiesel erkunde ich die Gegenden, esse beim Fahren, stehe auf den Pedalen, um an hohen Böschungen oder tiefen Gräben noch größer zu werden und besser sehen zu können. Per pedes bin ich zu langsam und mit dem Auto oft viel zu schnell. Das Fahrrad ist einfach unschlagbar, und die tollsten Pflanzenfunde verdanke ich meinen Rädern! Außerdem tue ich beim Radeln gleichzeitig etwas für meine Gesundheit, spare Benzin, verpeste keine Luft und mache keinen Lärm – außer natürlich bei Jubelschreien nach exorbitanten Funden!

Direkt vom Hausflur
in die Feldflur

Ein Acker fasziniert mich, weil so viele schöne Arten darauf wachsen. Früher dachte ich, Ackerpflanzen schützt man, wenn man sie in Ruhe lässt. Warum nur pflügt der Bauer diese Pflanzen um? Das darf er doch nicht! In den achtziger Jahren beobachtete ich einen Landwirt, der beim Wiesemähen zahlreiche Orchideen umnietete. Das erzürnte mich derart, dass ich sogar beim Landesamt in Hannover vorstellig wurde. «Ich möchte mal was melden», sagte ich aufgebracht. «Ein Bauer hat da Orchideen einfach mit seiner Maschine umgepflügt.» Milde lächelnd gab mir mein Gegenüber, mein späterer Mentor Herr Garve, zu verstehen: «Das ist auch gut so. Würde der Mann nicht mähen, würden viele Arten verschwinden, dann verfilzen Äcker und Wiesen, und alles wächst hoch, nur die stärkeren Konkurrenten würden überleben. Äcker sollten nicht zu tief umgepflügt werden, und sicher sollte man Wiesen nicht fünfmal im Jahr mähen, aber ab und zu ist nicht verkehrt, und Orchideen haben schön geschützte Knollen in der Erde.» Da hatte ich was erfahren: Da bekommen Pflanzen was auf die Mütze, und dennoch entsteht gerade dadurch Artenvielfalt!

Und nicht weniger faszinieren mich Ackergräben. Wie sehen die im März aus? Matschig, kahl, trostlos wie eine Mondlandschaft oder ein Schlachtfeld. Wie soll da was blühen? Doch kommt man drei Monate später wieder – sagenhaft, was sich da alles getan hat. Nicht wiederzuerkennen, rund und gesund schauen die Gräben jetzt aus.

Und dann die Kornfelder mit dem knallroten Klatsch-Mohn und den leuchtend blauen Kornblumen! Ein phänomenaler Farbenkon-

trast, erst der blassblaue Weizen, der dann blaugrün wird, dann goldgelb, und dazwischen das Königsblau und Picasso-Rot. Deshalb sind
Standorte auch so interessant. Wie sehr freue ich mich im Juni, wenn
die Kornblume versucht, ein kleines bisschen über das Getreide zu
wachsen. Die will ja nur mit dem Kopf über die Halme gucken: «Hal-
lo, hier bin ich!» Andere Ackerpflanzen wiederum ducken sich, obwohl sie Sonnenanbeter sind. Damit sie genug Sonne erhalten, stehen
sie nicht mitten im Kornfeld, sondern eher am Rand.

Also, rein in die Schuhe und raus auf die Äcker – und diesmal zu
Fuß, dann sieht man die Winzlinge viel genauer. Meine Begegnungen
mit Bauern halten sich in Grenzen – mähen sie, dann sind sie in Eile,
und ich bin sowieso in Eile. Selten fragt mich einer, was ich auf den
Feldern treibe, und ich bin immer froh, wenn man mich in Ruhe lässt,
denn so ein Landwirt kann ganz schön argwöhnisch sein. Wenn der
jemanden auf seinen Feldern sieht, geht er nur vom Schlechtesten
aus: Da will jemand seinen Müll abladen. Als man mir das einmal
unterstellte (ich war auf dem Fahrrad unterwegs), antwortete ich:
«Guter Mann, wenn ich was tun wollte, was Ihnen nicht gefällt, dann
würde ich es nachts machen und nicht jetzt, wo Sie gerade am Pflügen
sind. Ich kippe doch nichts vor Ihrer Nase hin. Und wollte ich was
von Ihrem Feld mitnehmen, dann würde ich mir auch eine andere
Tageszeit aussuchen und nicht mittags um zwölf.» Danach war der
Bauer beruhigt.

Ein anderer hatte mal Angst um seine Kühe, genauer gesagt um
seinen Bullen. Ich könnte ihn reizen. Klar, wenn mich so ein Bulle
sieht, wie ich über seine Weide stapfe, macht er sich bemerkbar: Er
schnauft, grunzt und startet Trockenübungen mit seinen Vorderhu-
fen. Er gibt mir zu verstehen: «Hör mal, hier bin ich der König, nicht
du, verschwinde!» Aber er fängt niemals an zu rennen, dafür ist ein
echter Bulle viel zu faul und schwerfällig.

Eigentlich komme ich mit jedem Bauern zurecht, aber da gab es
schon den einen oder anderen, der ziemlich renitent wurde. Einer

hatte in der Wesermarsch seinen Hof direkt neben einem Naturschutzgebiet, einem kleinen Waldgebiet, das als solches deklariert
wurde, weil dort Reiher nisteten. Eine riesige Brutkolonie. Alles war
dort von den Reihern totgekackt – die Kiefern waren hin, die Birken
waren hin, alles nur noch tote Äste. Und der ewige Lärm. Der Mann
war stocksauer. Zu Recht. Naturschutzgebiete mit Reihern sind heute
überflüssig, denn die Reiher haben sich erholt, es gibt wieder genug
von ihnen. Andere Vögel gehören wohl auf die Rote Liste, etwa Feld-
lerche und Kiebitz. Warten wir noch zehn Jahre, wird es kaum noch
Feldlerchen geben. Und wann sah ich 2013 eigentlich Kiebitze?

Dieser Bauer war nun über den Naturschutz erbost, und als er
mich auf seinem Hof sah, war er noch erboster, hielt er mich doch
für einen Naturschützer, was ja nicht falsch war. Nur interessierten
mich nicht die Reiher. Barsch fragte er mich, was ich denn hier wolle.
Und als er meinen Ausweis sah, der bewies, dass ich für das Land Niedersachsen im Naturschutz arbeitete, zerriss er ihn kurzerhand und
trat noch gegen mein Fahrrad und meine Mappe. Nun war ich auf
180 und hätte am liebsten die Polizei gerufen, hätte ich dabei nicht
Stunden verloren, bis sie eingetroffen und die Angelegenheit geklärt
wäre. Und es machte auch keinen Sinn, mich weiter mit dem Bauern
anzulegen. Ich erfasste den ohnehin nicht schutzwürdigen Wald «aus
der Ferne» (Entfernungsbotanik nennen wir das), denn anhand des
Vogelkots konnte ich schöne Pflanzenarten am Boden ausschließen.
Dann verduftete ich schnell, nicht ohne dem Bau-
ern noch ein paar gepfefferte Koseworte an den
Kopf zu werfen.

Nun aber endlich zu den Ackerpflanzen.
Direkt hinter dem Nordseedeich, in artenarmen Weizenfeldern, erscheint die bis ein
Meter hohe **Roggen-Trespe** (*Bromus se-
calinus*). Zunächst aufrecht wachsend, beugt

Direkt vom Hausflur in die Feldflur

sie sich während der Reifezeit in einem eleganten Bogen, ist aber trotzdem noch über dem Getreide gut erkennbar. Das Gras hat dicke, fast grannenlose Ährchen, die ab Ende Juli rasch zerbröseln. Namen wie Kolbige Trespe, Fette Trespe, Angeber-Trespe oder sauschwere Trespe passen daher ebenso. Die Samen, dem Brot beigemischt, sollen betäubende Wirkung haben und dienten einst zum Blau- und Grünfärben. Übrigens wächst die Roggen-Trespe kaum im Roggen. Wer hatte sich denn das nur wieder ausgedacht? Der Roggen ist doch viel zu hoch für sie! Im niedrigeren Hafer, Weizen oder in Zuckerrübenfeldern – sie reifen auch roggentrespengerecht später im Jahr – trifft man diese gebietsweise gefährdete Ackerbegleitart viel häufiger an!

Jedes Jahr rennt das **Frühlings-Hungerblümchen** (*Erophila verna*) bei mir offene Türen ein, denn hübsch sind die kleinen weißen Blüten und später die eiförmigen braunen Schötchen an braunen Stielen, die wie frisch lackiert aussehen. Unter den vielen Pflanzenarten mit der deutschen Bezeichnung «Frühling» hat es das Frühlings-Hungerblümchen am eiligsten, das kommt meinem Naturell sehr entgegen. Wenn ich sie entdecke, ordne ich meine Listen, besorge mir eine neue Jahreskladde, spitze die Stifte und putze meine Lupe. Viele nennen diese Zeit Frühjahrsputz, ich dagegen habe einfach nur Frühjahrshunger nach den allerersten Botanikfunden des Jahres.

Wenn an Äckern noch kaum etwas blüht, dann blüht im März doch königsblau der **Dreiteilige Ehrenpreis** (*Veronica triphyllos*). Nicht unerwartet – ich

erwarte ihn! Diese Blütenfarbe ist sein verdammtes Glück, denn so kann er sich bei seiner geringen Wuchshöhe ins rechte Licht rücken. Geht es diesem kleinen Ackerportier gut, hat er zahlreiche Blüten. Unglücklicherweise halten die sich aber nie lange – wieder so eine hinfällige Art! Dafür erstaunen die vergleichsweise großen Fruchtkapseln, fast grotesk muten die an. Ich beobachtete diese Pflanze 2013 teils massenhaft an kurz abgemähten Grabenrändern längs der A2 zwischen Berlin und Magdeburg. Und nach einem Auftritt beim SAT.1-Frühstücksfernsehen in Berlin im April 2013 bemerkte ich unmittelbar nach dem Sendeabspann in einem großen Pflanzenkübel vor dem Studio Hunderte blau aufschockende Dreiteil-Ehrenpreise. Den hätte ich gern allen gezeigt!

Einer meiner Ackerfavoriten ist das **Steife Vergissmeinnicht** (*Myosotis stricta*). Ganz unspektakulär wachsen im April zunächst erste niedlich kleine Sprosse mit kletterleiterartig angeordneten Blütchen heran, himmelblau gefärbt. Im Monat Mai streckt sich diese zerbrechlich wirkende Pflanze aber noch, und es werden noch erstaunliche 25 Zentimeter erreicht. Viel mehr geht jedoch nicht.

Ich hatte sie schon erwähnt, und wer kennt diese Pflanze nicht? Ende Mai erscheinen die ersten königsblauen **Kornblumen** (*Centaurea cyanus*), und dann ist auch bald Sommer. Heinos großer Hit hätte eigentlich «Blau, blau, blau blüht die Kornblume» heißen müssen. Als Kind war mir die Kornblume kaum ein Begriff – dabei kennt sie eigentlich jedes Kind –, so selten war sie im Westfälischen um Bielefeld herum Ende der sechziger Jahre zu finden. Die

Direkt vom Hausflur in die Feldflur

einjährigen Kornblumen benötigen nämlich vor allem Sand, Sonne, wenig Wasser und den Pflug des Bauern. Bei uns gab es leider fast nur Lehm, aber mit diesen Kluten konnte man sich dafür immer so herrlich bewerfen. Die Samen der Ackerkräuter müssen alljährlich eingearbeitet werden, möglichst oberflächennah und mit nur geringen Düngergaben. Die Kornblume, die wie ein blauer Orden daherkommt, ist bei uns in Deutschland nicht ganz ursprünglich wie etwa Birke, Eiche, Wegerich- oder Löwenzahn-Arten. Sie ist aus Südosteuropa mit dem Ackerbau ungefähr ab dem Jahr 800 zu uns eingewandert, Botaniker nennen solche Alteinwanderer Archaeophyten. Neueinwanderer kamen erst ab der Entdeckung Amerikas 1492 hinzu. Bei dem Ausdruck «Archaeophyten» muss ich immer an die Arche Noah denken, auf ihr wurden ja auch viele Tierarten vor dem Untergang bewahrt.

Beim blassgelben **Lämmersalat** (*Arnoseris minima*, RL 2) inspiriert mich schon der Name. An blattlosen Stängeln (nackt wie junge Lämmer?) sitzen die kleinen Blüten über schlauchförmig verdickten Blütenböden. Besonders reizend sind die kugeligen Fruchtstände, damit kommt die an den Stängeln blattlose Pflanze schon etwas aufgeblasen daher, wie ein Miniatur-Kugelstoßer. Der Lämmersalat wächst fast nur im lückigen Getreide und hat mit dem Verschwinden der Brachäcker stark abgenommen. Wie aber auch soll dieser Winzling im derzeit fast allgegenwärtigen hohen Mais überleben? 1999 sah ich den Lämmersalat südöstlich von Berlin an nicht wenigen Stellen, vor allem in sandigen Gegenden mit so wohlklingenden Dorfnamen wie Chossowitz, Fünfeichen und Kieselwitz – eine Landschaft hieß sogar Siehdichum (und ob ich das tat!). Und 2012 wurden mir Tausende Pflanzen bei Govelin im Kreis Lüchow-Dannenberg gezeigt. Trotz ihrer geringen Größe fliegen

············· 2. KAPITEL ·············

oder springen einen die Blühpflanzen hier regelrecht an. Vielleicht heißt der Lämmersalat auch Lämmersalat, weil er nur auf kargem Sand wächst, genauso wie die genügsamen Schafe bevorzugt gerade auf solchen Böden weiden. Und weil er bundesweit in kurzer Zeit vielerorts verschwunden ist, muss ich bei ihm immer an den Filmklassiker *Das Schweigen der Lämmersalate* denken – der mit Anthony Hopkins, den kennen Sie doch bestimmt … *Ich* sehe den fast täglich!

Sandäcker sind auch das Revier der bis 80 Zentimeter hohen **Acker-Feuerlilien** (*Lilium bulbiferum* ssp. *croceum*, RL 1). Im Feld sehen sie aus wie brennende Bürsten, denn ihre Merkmale sind weiterhin sehr viele flaschenbürstenartig angeordnete schmale Blätter. Sie wachsen zwischen Gerste, Hafer oder Roggen, das Korn darf jedoch nicht viel höher sein als die Lilien selbst! Erstmals sah ich sie 1990 an Straßenrändern im hannoverschen Stadtgebiet und nördlich von Langenhagen. Ich war sofort Feuer und Flamme und wäre vor Verzückung fast vom Rad gefallen.

Mit der Feuer-Lilie ist eine interessante Geschichte verknüpft: Bauern haben sich einst diese lodernden Fackeln von den Äckern in den eigenen Zier- und Nutzgarten geholt, während sie auf den immer intensiver bewirtschafteten Äckern mehr und mehr verschwanden. Einige Pflanzen gelangten dann aber aus den Gärten über die Wegsäume wieder zurück auf die Felder! In manchen Gegenden ziert die Acker-Feuerlilie das Große Tor alter Bauernhöfe («Groot Door»), etwa in den Niederlanden oder im hannoverschen Wendland (Ost-Niedersachsen). Im Wendland werden auch alljährlich im Frühsommer «die Feuerlilien-Tage von Govelin» durchgeführt, dann blühen auf mehreren Sandäckern Hunderte Exemplare. Interessierte reisen zu

Direkt vom Hausflur in die Feldflur

diesem Ereignis extra mit dem Bus an, sogar aus dem über 100 Kilometer entfernten Hamburg!

Wenn ich über Äcker wandere, schaue ich übrigens nicht alles an, was um mich herum wächst. Ich gucke gezielt. Sehe ich unterwegs einen Tümpel und es ist erst Mai, kann ich ihn getrost ignorieren. Erst zwei Monate später, wenn sich das Gewässer erwärmt hat, ist an seinen Ufern pflanzlich etwas los. Ende Mai kann ich aber auf Feldern schon die sattgelb blühende und an eine Margerite erinnernde **Saat-Wucherblume** (*Chrysanthemum segetum*) antreffen. Ihre großen Blüten erkennt man zwischen Hafer, Gerste, Kartoffeln, Zuckerrüben oder Mais, oft zu Hunderten, ja Tausenden bis in den November hinein. Im öden Mais ist sie häufig der einzige Lichtblick.

Viele haben Angst, auf Spaziergängen Wildpflanzen zu pflücken. Auf den Exkursionen, die ich mache, erlebe ich immer wieder, dass Menschen regelrecht Berührungsängste haben und sich nicht trauen, ein Blatt von einem Baum abzureißen. Dann sage ich: «Dadurch ist noch keine Art ausgestorben. Apotheker und Kräuterhexen haben viel zerstört, ebenso die Bauern, die Straßenbaubehörden und die Menschen, die in ihren Gärten alles steril machen. Auch in alten Pflanzensammlungen sind dutzende Individuen einer einzigen, heute erloschenen Art keine Seltenheit. *Das ist Artenvernichtung*, aber nicht wenn Sie einige Pflanzen abzupfen und mit nach Hause nehmen.» Wer nur drei Pflänzchen von einer Art sieht, lässt sie sowieso meist stehen, zum Pflücken wird man erst animiert, wenn man an einem Ackerrand ganze Herden entdeckt.

Wir kranken heute eher daran, dass oft gar nichts mehr passiert. Die Artenvielfalt war früher viel größer, weil der Mensch keine übertriebene Ehrfurcht vor den Pflanzen hatte. Mit «nichts mehr passieren» meine ich auch, dass in Vorzeiten überall die Kühe und Schafe grasen durften, selbst Schweine liefen im Wald herum. Gerade Schafe sind beim Pflanzenschutz Gold wert. Sie fressen nämlich nicht alles auf, vieles nur an, und durch ihr geringes Eigengewicht zertreten sie nicht alles. Sie können daher an steilen Hängen «arbeiten», wo das partielle Öffnen des Bodens durch Schaf- und Ziegentritt unerlässlich ist. Dadurch konnten sich früher die Pflanzen ausbreiten, denn Schafe weiden nie auf einer Stelle – und es gab auch keine Zäune, die sind eine Erfindung der Moderne. Schafe ziehen immer weiter und schonen so die Gewächse. Zum Glück gibt es noch Hasen, Hamster, Grillen, Käfer und Mäuse, also das ganze Kleingetier, das sich im Feld bewegt. Sie sind nämlich ebenfalls gute Artenverbreiter. Und auf den Maulwurfshügeln, die nicht glatt gezogen werden, habe ich schon mehr Arten entdeckt als auf einer Wiese. Gleich Mini-Gebirgen sind sie wichtige Kleinstbiotope und äußerst wertvolle Sonderstandorte. Insbesondere auf der Südseite, wo die Sonne mit einem Winkel von 90 Grad auf die Erde fällt, wärmt sie mehr als auf ebenerdigen Flächen – dadurch können sich hier auch Sonnenanbeter entfalten.

Leider gibt es auch kaum noch Stoppelfelder. Früher ließ der Bauer seine Getreidefelder nach der Ernte vier oder sechs Wochen stehen, was Kinder dazu nutzten, ihre Drachen steigen zu lassen. Heute werden die abgeernteten Getreidefelder sofort umgepflügt. Doch durch die piksigen Stoppeln kann die Sonne dringen, und manche Arten bringen es dann noch im Herbst zur Blüte oder zur Frucht. Nicht gerade der hoch wachsende Klatsch-Mohn, aber Melden, Mieren oder Kamille hätten eine Chance. Am Teutoburger Wald konnte ich 2013 an einem Acker, der am Rand nicht richtig umgepflügt war, Ende September noch zwanzig Ackerarten ausmachen, einschließlich vier Kamille-Arten.

Und Maisfelder sind wirklich verheerend für eine vielfältige Pflanzenwelt: Mais ist nicht nur eine traditionelle Futterpflanze, sie wird auch immer häufiger als Bioprodukt hofiert. Als nachwachsender Rohstoff findet sie nämlich zur Herstellung von Biokraftstoffen oder Biokunststoffen Verwendung. Aber das ist kein Bio, das ist das Schlimmste, was es in meinen Augen gibt. Das ist Monokultur pur. Da braucht man nur die Jäger zu fragen. Sie bekommen keine Wildschweine vor die Flinte, weil die Tiere nicht mehr aus den Maisfeldern herauskommen. Die sind nämlich schlau, wissen sie doch, dass der dichte Mais von Juli bis November eine gute Deckung bietet. Ich habe das selbst einmal erlebt. Zwanzig Jäger waren vergeblich auf Treibjagd. Sie schickten ihre Hunde in den Mais, die aber nach kurzer Zeit unverrichteter Dinge wieder rauskamen. Wenn ich den Mais auch sonst wenig vergnüglich finde, diese Szene fand ich schon sehr amüsant.

Minze-Arten können sehr kräftig sein, die **Acker-Minze** (*Mentha arvensis*) allerdings ist eher zart besaitet. Die kugeligen, rosabläulichen Blütenköpfchen erscheinen von Juli bis Oktober gern auf feuchteren Äckern etagenartig übereinander in den Blattachseln. Sie verströmt nicht den typischen Pfefferminzgeruch wie die echten Minzen, sondern den seltsamen Duft nach Bergamotte, auch ist sie zum Teemachen ungeeignet.

Ein auffallend potentes Ackerunkraut ist das **Behaarte Franzosenkraut** (*Galinsoga ciliata*), bis zu 300 000 Samen je Pflanze kann es produzieren. Nicht weniger kraftvoll ist das meist völlig unbehaarte Kleinblütige Franzosenkraut; beide Arten stammen aus Südamerika und gelangten wohl zuerst über botanische Gärten nach Mitteleuropa – Erstere um 1850,

Letztere um 1800 durch den Bremer Botaniker Albrecht Wilhelm Roth (1757–1834). Kein Geringerer als Goethe wollte Roth nach Weimar locken. Er sollte dort die botanischen Sammlungen des Geheimrats ordnen und beschriften. Roth sagte Goethe jedoch umgehend ab, was dem Dichterfürsten wohl sonst nicht so schnell widerfuhr. Die Begründung: Er wolle lieber im schönen Bremen bleiben und am hohen Weserufer den Ausblick genießen.

Behaartes und Kleinblütiges Franzosenkraut finden sich oft an und in Äckern mit Hackfrüchten (Kartoffeln, Rüben oder Mais). Das Behaarte Franzosenkraut hat neben fast eirunden behaarten Blättern fünf weiße entzückende Blüten mit gelben Röhren im Inneren. Daher auch der deutsche Name «Knopfkraut», der sich aber nie durchsetzen konnte. Wie es zur Bezeichnung «Franzosenkraut» kam, dafür gibt es zwei Versionen. Variante eins führt den Namen auf die Zeiten politischer oder sogar kriegsführender Feindschaft zwischen Deutschen und Franzosen zurück. Da kam diese ehrabschneidende Bezeichnung gerade recht. Es existierte sogar eine polizeilich verordnete Meldepflicht für das expandierende Mauerblümchen, das als mindestens so gefährlich wie die Franzosen galt. Die zweite, eher zweifelhafte Variante der Namensfindung bezieht sich auf die französische Besetzung der Stadt Osterode im Harz, wo die Art um 1800 erstmals aufgetreten sein soll.

Wenn Bauern oder Gärtner über unbezwingbare Unkräuter jammern, ist das meist auf die zierliche **Acker-Winde** (*Convolvulus arvensis*) gemünzt. Sie hat kleine graugrüne, unten fast wie abgeschnitten aussehende Blätter und oft rötlich weiß gestreifte Blüten. Dazu hübsche flache Trichter, die angenehm nach Schokolade duften. Mehrfach bin ich schon auf Dorffriedhöfen gefragt worden, was

Direkt vom Hausflur in die Feldflur

man gegen diese Acker-Winde tun könne. Ich erwidere dann immer: «Eigentlich nichts, einfach lieben lernen und etwas in Schach halten.» Was will man auch machen, wenn dieses Gewächs bis zu 2 Meter tief wurzelt?

Großen Spaß bereitet mir das Entdecken. Wäre ich 200 Jahre eher geboren, wäre ich vielleicht Polarforscher geworden, hätte höchste Berge bestiegen oder wäre als Erster von Algier nach Accra durch die Sahara gelaufen. Nun bleibt fast nur noch das Entdecken wildwachsender Pflanzen, die sonst kaum einer auf dem Zettel hat. Unscheinbare, flach am Boden liegende Arten, aber auch Pflanzen, die unwegsames oder schwer einsehbares Terrain bevorzugen. Danach befinde ich mich immer auf der Jagd. Die immerhin bis 1,5 Meter hoch werdende **Samtpappel** (*Abutilon theophrasti*) zählt zu den Neueinwanderern (Neophyten). Vermutlich ist sie aus Ostasien zu uns gekommen, erst in den letzten zwanzig Jahren hat sie sich bei uns ausgebreitet. Kaum eine Feldart ist dermaßen an eine Feldfrucht gebunden wie diese Samtpappel, so liegen in Niedersachsen 99 Prozent aller Vorkommen in artenarmen Rübenfeldern. In heißen, niederschlagsreichen Sommern tritt sie mit ihren breiten orangegelben Blüten verstärkt auf. Ab August erscheinen behaarte, am Ende pechschwarze Fruchtkapseln, die wie kleine Sachertorten aussehen.

Auf Rüben-, aber auch auf Weizenfeldern wächst der bis 30 Zentimeter hohe **Gewöhnliche Erdrauch** (*Fumaria officinalis*) mit seinen dunkelroten Blütenspitzen. Fast wie in Blut gedippt sieht er aus! Die völlig kahle Pflanze mit ihren bläulich grünen Stängeln weist am Ende der Vegetationsperiode einen stark gestreckten Fruchtstand mit zahlreichen Nüssen auf – die gestielt, das muss gesagt werden, eine große Ähnlichkeit mit einem Penis aufweisen. Einst wurde der Gewöhnliche Erdrauch gegen vielerlei Krankheiten eingesetzt, etwa bei Blutstockungen, Gallenleiden, Gelbsucht, Hämorrhoiden, Hautkrankheiten, Hypochondrie oder Hysterie. Aktuell tut er Gutes gegen Schuppenflechte.

Hysterie ist ein gutes Stichwort für das **Schwarze Bilsenkraut** (*Hyoscyamus niger*), früher ebenso Teufelsauge, Hühnertod oder Zigeunerkraut genannt. Mehr muss man dazu eigentlich nicht sagen. Dieses netzaderige Giftauge ist auf Rübenäckern zu Hause, einst wurde es in Dorf und Stadt bekämpft. Der Spruch «Ilse, Bilse, keiner willse» geht auf diese einjährige Pflanze zurück. Sie klebt stark und riecht widerlich. Hellgelbe Trichterblüten mit geheimnisvollen schwarz-violetten Punkten in ihren Röhren scheinen bereits warnend auf die tödliche Giftigkeit hinzuweisen. Ich freue mich dennoch immer mächtig, wenn ich diese Pflanze sehe. Wenn die Leute wüssten, was da so wächst, denke ich dann. Einen Roman könnte man darüber schreiben, was alles mit ihr angestellt wurde. Sinnestäuschend und einschläfernd soll ihre Wirkung sein, und im Mittelalter fand sie Verwendung für Liebestränke, Hexensalben und als Bierzusatz (Rauschmittel, gefährlich!). Sogar der Name der Bierstadt Pilsen in Tschechien soll auf das Bilsenkraut zurückgehen.

In Gemeinschaft mit dem Bilsenkraut habe ich schon öfter das **Acker-Gauchheil** (*Anagallis arvensis*) beobachtet. «Die ist ja so niedlich!» – alljährlich geht mir das durch den Kopf, wenn ich ab Juni diesen

Direkt vom Hausflur in die Feldflur

mennigrot blühenden Ackerbewohner sehe. Er wird auch als Rote Miere, Hühnerdarm oder Heil aller Welt bezeichnet. Rotes Acker-äuglein oder Klein-aber-oho fallen mir ebenso noch ein. Die Triebe liegen fast flach dem Boden auf. Ein Gauch ist ein Narr, und wegen seiner narkotischen Kräfte soll der Acker-Gauchheil angeblich Dummheit und sogar Geisteskrankheiten geheilt haben. Närrisch ist an dieser Pflanze weiterhin, dass sie sich im warmen Herbst eigentümlich lang streckt, wie eine Peitsche, und noch bis Ende Oktober ansehnlich blühen kann.

Auf lehmigen Äckern war schon um 1970 der **Klatsch-Mohn** (*Papaver rhoeas*) vielerorts selten geworden, und Maisfelder sind ihm sowieso ein Graus. Wie soll im Mais auch eine nur etwa ein Meter hohe lichthungrige Pflanze überleben? Ganz besonders dann, wenn auf Mais im nächsten Jahr schon wieder Mais folgt ... Für viele ist der Klatsch-Mohn, dieses flammende Ackerinferno, Inbegriff einer wunderschönen Wildblume. Überbleibsel dieser behaarten Pflanze mit den tulpenartigen blutroten Blüten sieht man heute oft nur noch am Straßenrand oder nach Erdarbeiten an Gräben. Dann zeigt sie, was sie eigentlich braucht, nämlich eine lückige Vegetation ohne Verdrängungswettbewerb. Im dichtstehenden Weizen ist für den schlanken Klatsch-Mohn ebenfalls kaum Platz, auch da macht er sich dünne. Erkennbar ist er nicht nur an seiner Farbe, sondern ebenso an seinen cognacglasähnlichen Fruchtkapseln. Wenn volkstümlich vom Klatsch-Mohn die Rede ist, ist oft der gebietsweise häufigere Saat-Mohn gemeint. Beide Mohnarten blühen zeitgleich, doch die Blüten des Saat-Mohns haben ein helleres Rot, und die Kapseln sind fast walzenförmig schlank. Beide Mohn-Arten sind giftig, obwohl man in Irland die Blätter einst als Gemüse aß. Vielleicht kommt daher der Ausdruck «Einen an der Klatsche haben». Und wer jetzt Saat-, Klatsch- und zudem noch den Sand-Mohn (siehe S. 284) auseinanderhalten kann, der hat bereits einige Stufen auf der – nach oben offenen – Pflanzenexpertenskala geschafft.

Den **Unechten Gänsefuß** (*Chenopodium hybridum*) erkenne ich sogar mit verbundenen Augen. Keine andere Pflanze hat einen so eigenartig aromatischen Geruch, wenn man die kugeligen Blüten- oder Fruchtstände zerreibt oder nur etwas stärker mit der Hand streift. Und alles ist echt am Unechten Gänsefuß! Er erreicht Augenhöhe und wächst vor allem um unordentliche Höfe, Misthaufen oder Kompostplätze – und am Rand von Rübenfeldern. Er ist ein wahrer Ackerstratege. Die Blätter ergeben einen vorzüglichen Salat, sollen aber für Schweine giftig sein (weshalb er auch «Sautod» genannt wird).

Beim Wort «Ackerstratege» fällt mir noch etwas zu unseren Bauern ein, insbesondere zu denen an den Auen von Aller, Ems, Hunte, Weser oder Elbe. In diesen Gebieten wird viel Grünland für Äcker umgebrochen, denn die Landwirte wollen näher zum Wasser hin. Überschwemmt auf diesen neuen Flächen ein Frühlingshochwasser das schon bestellte und gedüngte Land, erfasst mich jedes Mal eine gewisse Schadenfreude. Laut fluche ich dann: «Ja, du Bauerntrampel, weißt du denn nicht, dass es eine Todsünde ist, Auenbereiche umzubrechen?» Der Boden erodiert dadurch, der ganze Dünger wird in die Nordsee geschwemmt. Könnte ich darüber bestimmen, ich würde das verbieten. Ich würde die Landkreise verpflichten, Überflutungsbereiche zu «ewigem Grünland» zu erklären. Und weil ich schon einmal dabei bin: Ich würde auch das Zuschütten ihrer Tümpel mit unzähligen Lkw-Ladungen Erde untersagen. Oder dass im November noch gegüllt werden darf – welche Pflanzen wachsen denn noch im

Direkt vom Hausflur in die Feldflur

Spätherbst und «verdauen» diesen flüssigen Müll? Keine einzige! All das wird aber leider immer noch unter «ordnungsgemäßer Landwirtschaft» verstanden. Der Begriff ist ziemlich dehnbar, und meiner Meinung nach müsste er völlig neu definiert werden. Viel naturverträglicher. Die Bauern müssten dafür bezahlt werden, Pufferzonen zu erhalten und ihre Äcker nicht in äußersten Hanglagen hochzuziehen, um mehr Ertrag zu erwirtschaften. Würde man mich an die Spitze des Ministeriums für Ernährung, Landwirtschaft und Verbraucherschutz setzen, dann hätten wir wirklich blühende Landschaften!

Manchmal versuche ich Bauern zu sensibilisieren, wenn ich sehe, dass sie einen seltenen Mauerfarn an ihrer Hofwand haben. Dann sage ich: «Es ist eine Auszeichnung, eine Adelung für Sie, wenn Sie eine Mauer mit einem derartigen Farn haben.» Viele sind dann ganz stolz und wollen den Wuchsort erhalten.

Schade, dass die oft zwischen Getreide und Gräsern karminrot blühende **Knollen-Platterbse** (*Lathyrus tuberosus*) im Nordwesten Deutschlands dermaßen selten ist. Ihr muss ich entgegenfahren. An Autobahnen in Sachsen-Anhalt, Sachsen und Thüringen sowie stellenweise auch in Süddeutschland erkennt man diese Art selbst bei 150 Sachen. Platterbsen sind in der Lage, Stickstoff aus der Luft in ihren Wurzeln und Knollen einzulagern. So wird ein Ackerboden natürlich gedüngt, und clevere Landwirte nutzen das für Zwischeneinsaaten.

Ein richtiger Augenfänger ist auch der tief königsblau blühende, bis 50 Zentimeter hohe **Acker-Rittersporn** (*Consolida regalis*), vor allem wenn er in großen

······················· 2. KAPITEL ·······························

Mengen im reifenden Getreide aufläuft. Das giftige Gewächs variiert stark in der Wuchshöhe, Markenzeichen ist ein langer, gebogener, blauweißer Sporn hinten an der Blüte (Name!). Sehr filigran sind die zipfelig zerteilten frischgrünen Blätter.

Ein wirklich komischer Kauz, dachte ich bei meiner ersten Begegnung mit der nächsten Pflanze, 2001 auf der Wernershöhe südlich von Hildesheim. Hans Guck-in-die-Luft kann man sich bei ihr nicht erlauben, denn ungemein unscheinbar kommt die kleine **Acker-Haftdolde** (*Caucalis platycarpos*, RL 3) daher. Winzig sind die weißen Doldenblüten, die igelartigen Fruchtstände sind mit zahlreichen rückwärtsgebogenen Borsten behaftet und werden im Fell von Tieren oder durch die Textilien von Botanikern verbreitet. Eine reisefreudige Haftdolde brachte ich einmal nach einem Fotoshooting vom Sandberg bei Hoiersdorf im Kreis Helmstedt bis nach Bremen mit – unbemerkt am Pulloverärmel.

1987 und danach nie wieder entdeckte ich in einem Weizenfeld im thüringischen Eichsfeld bei Dingelstedt das bis 30 Zentimeter hohe blaugraue **Rispige Lieschgras** (*Phleum paniculatum*, RL 2). Heimliches oder Schüchternes Ackerlieschgras würde viel besser passen. Diesen und einige weitere bemerkenswerte Funde meldete ich damals dem zuständigen Landesamt nach Halle. Und bekam freudige Antwort aus der DDR! Professor Weinert aus Halle an der Saale sammelte nämlich bemerkenswerte Pflanzenfunde in Thüringen und Sachsen-Anhalt. Die von mir erfassten Daten sind sogar in den

54

Direkt vom Hausflur in die Feldflur

sogenannten Ostdeutschland-Pflanzenatlas von 1996 eingeflossen. Mein Name steht als einer von wenigen Wessis vorne in der Meldeliste!

Eine wahre Wonne sind dichte Bestände vom **Acker-Wachtelweizen** (*Melampyrum arvense*). Als Halbschmarotzer mit einer Wuchshöhe zwischen 10 und 50 Zentimetern entzieht er vor allem Gräsern Nährstoffe und Wasser, um seine purpurroten und gelben Blüten sowie seine ebenfalls purpurroten Hochblätter (Blätter, die in Form und Farbe von den sonstigen Blättern abweichen) aufzubauen. Dadurch schaut er aus wie ein fiederfransiger Feuerkopf – in der Masse ergibt das ein fulminantes Flammenmeer. Als man von Ackerbau und Viehzucht noch nicht so viel verstand, kam er häufiger vor; seinen Rückgang «verdankt» er vor allem einem dichten Getreidestand, Düngungen und Tiefpflügen.

Hin und wieder pflücke ich ein paar Getreideähren und zerbrösele sie in meiner Tasche. Die Körner esse ich, so habe ich etwas zwischen den Zähnen. Gerade wenn der Mund trocken ist und ich nichts mehr zu trinken habe, kommt auf diese Weise ein wenig Spucke auf. Das mache ich mit Hafer und Roggen, auch mit Weizenkörnern und sage mir: «Lieber erst einmal einen Korn.» Der Weizen hat die dicksten Körner, und wenn ich dreißig oder vierzig davon eingeworfen habe, werde ich zwar nicht satt, aber es ist durchaus eine Notration.

Oft stellte ich fest, dass Bauern viele Ackerarten nicht kennen, sie verwechseln Melde und Beifuß oder Klatsch- und Saat-Mohn. Und wenn einer beim Nachbarn Kornblumen auf dem Feld sieht, sagt er: «Das ist aber ein schlechter Acker, der hat ihn nicht im Griff.» Ein Landwirt meinte das einmal bei höchstens fünfzig Kornblumen. Viele denken, ein guter Acker kann nur ein klinisch toter Acker sein, also ohne die auffallenden Ackerblumen. Ich erwidere dann immer: «Mein Gott, warum freut ihr euch nicht an den schönen Arten, an diesen Farbflecken in euren Feldern, schon von Berufs wegen solltet ihr die dulden.» Oft erklärte ich Landwirten, dass Vielfalt wichtig ist. Hab ich mir dabei schon den Mund fusselig geredet!

Wiesen – am besten nicht im ganz grünen Bereich

Bunte Wiesen waren vor etwa fünfzig Jahren, als das Vieh noch zum Futter getrieben wurde, weit verbreitet. Heute findet man sie in vielen Gegenden nur noch streifenartig an Gräben, Straßen und Wegen. Das Futter gelangt nun schon länger zum Vieh in den Stall, oder besser, in die Massentierställe. Aber manchmal hat man Glück, vor allem in Naturschutzgebieten, Fluss- und Bachauen, im Bergland oder in Regionen, wo nicht alles dem Mais- und Weinanbau, den Güllesteppen und der Massentierhaltung unterworfen ist.

Zu Wiesentouren schwinge ich mich ebenfalls gern aufs Rad, steige aber auch hin und wieder in mein Auto (die olle Rostlaube von 1983/1984 existiert schon lange nicht mehr), um in entferntere Gegenden zu gelangen. So bin ich schon weit herumgekommen, war schon in Rom (bei Parchim/Mecklenburg-Vorpommern), in Moskau (bei Friedeburg/Kreis Wittmund), in Jerusalem (Kreis Verden), in Egypten und Oppeln (Landkreis Cuxhaven), in Kamerun (davon gibt es gleich zwei Dörfer im Landkreis Lüchow-Dannenberg), in Oberholzklau und Unterholzklau (bei Siegen/Nordrhein-West- falen), sogar in Oberneger und Unterneger (nahe vom Biggestausee bei Olpe).

In meinen Wagen kann ich eine Menge hineinstopfen. Ich glau- be, im Moment habe ich da so vier Paar Gummistiefel – kein Paar ohne Löcher –, zwei Rollen Toilettenpapier, ein aufblasbares Kopf- kissen, eine Hundedecke, zwei Regenschirme, eine Regenjacke, di- verse unpassende Socken, Astkneifer, Spaten und eine Rosenschere

Wiesen – am besten nicht im ganz grünen Bereich

für Arbeitseinsätze sowie – ganz wichtig – meinen Wagenheber. Den brauche ich für die immer wiederkehrenden Reifenwechsel nach unfreiwilligen Bordsteinkollisionen. Und ich kann in dem Auto jetzt sicher übernachten. Leider entstehen da über Nacht so einige Dämpfe, sodass ich selbst bei Minusgraden hinten rechts das Fenster auflassen muss. Das ist dann sehr unangenehm, mehr als drei, vier Stunden schlafe ich in dem Auto nie. Vor allem im Spätherbst und im zeitigen Frühjahr sind die Nächte so sehr lang, denn im Dunkeln sehe ich ja auch noch nichts. Im Morgengrauen lasse ich den Škoda Fabia aber an Ort und Stelle stehen und renne per pedes über die Wiesen – um erst einmal richtig warm zu werden.

Der **Sardische Hahnenfuß** (*Ranunculus sardous*, RL 3) ist gebietsweise ausgestorben. Nur noch in der Pfalz, im Rhein-Main-Gebiet, in Ostfriesland, um Cuxhaven, in Schleswig-Holstein und in Teilen von Ostdeutschland ist die Pflanze etwas häufiger. Bevorzugt kommt er auf intensiv beweidetem, lehmigem Grünland mit Tränk- und Melkstellen vor, auch hofnah an Viehtriebswegen und Straßenrändern. Ab und zu wagt er sich um kleine Weidetümpel. Dieser blassgelb blühende Hahnenfuß mit den straff herabgeschlagenen Kelchblättern löst ab Mitte Juni die anderen und viel häufigeren Hahnenfußarten ab (Scharfer, Knolliger oder Kriechender Hahnenfuß). Leuchtet es daher im Juli oder August hellgelb auf Rinder- und Pferdeweiden, kann es sich nur um diese gefährdete Art handeln. Einmal, als ich die Pflanze 2001 im klimatisch rauen Ostfriesland fand und schon wieder dem nächsten Ziel, dem nächsten Fund entgegenrannte, ging das leider ziemlich übel aus. Ich sprang über einen Graben, und plumps, lag ich auf dem Bauch.

Ein niedriger Stacheldrahtzaun, von Gras überwachsen und deshalb unsichtbar, hatte mich zu Fall gebracht. In den nächsten Tagen zierte ein Verband aus Paketband und Tempotaschentüchern mein Schienbein, mit dem ich die anhaltend blutende Fleischwunde notdürftig verschlossen hatte.

Artenärmere Weiden können auch für andere Arten interessant sein, ganz oben auf meiner Wiesen-Hitliste wächst dort das **Mäuseschwänzchen** (*Myosurus minimus*) – Aussehen, Entwicklungsgeschichte und seine gebietsweise große Seltenheit sind schon ziemlich spannend. Im Februar sieht man zunächst nur winzige Rosetten aus dunkelgrünen Blättern, die kaum einer erkennt. Aus diesen Rosetten entwickeln sich die Mäuseschwänzchen, die als Blüte nur gelbliche Staubgefäße enthalten. Im Mai strecken sie sich und können eine Höhe von schwindelerregenden 10 bis 15 Zentimetern erreichen. Sie sehen nun fast schuppenartig aus, denn die Früchte reifen heran. Das geschieht am besten, wenn noch keine Kühe auf der Weide sind, sonst würden diese die Früchte zertreten. Danach müssen sie aber erscheinen, unbedingt! Die reifen Samen müssen nämlich mit Rinderkot in den Boden eingetreten werden. Erst im Herbst – die einjährigen Mäuseschwänzchen sind längst vergangen –, wenn wieder Ruhe auf den Weiden einkehrt, kann dieser geniale Zyklus aufs Neue beginnen. Wohl 90 Prozent aller Vorkommen lassen sich auf Rinderweiden finden, außerdem noch an Straßen- und Wegrändern (mit Viehauftriebs-Tritt) sowie in abgelassenen Fischteichen. Mehrfach habe ich sie sogar auf Friedhöfen beobachtet. Das Mäuseschwänzchen ist ein Archaeophyt, ein Alteinwanderer, er hat also schon vor der Entdeckung Amerikas den Weg zu uns gefunden. Aber erst mit dem Einschlagen der Wälder und dem Entstehen erster Wiesen und Teiche hatte er die Möglichkeit, bei uns richtig heimisch zu werden.

Auf so einer Kuhweide wollte mich 2013 am Bremer Stadtrand ein Fotograf spontan mit einer Kuh ablichten. Als Motiv schien uns eine Tränkstelle mit drei Kühen attraktiv, und da weit und breit kein Bauer zu sehen war, konnten wir auch niemanden um Erlaubnis fragen. Mit reizenden Worten versuchte ich eine Kuh anzulocken, die ihrerseits mit klatschend abgehenden Kuhfladen antwortete. Eine vorbeiradelnde Frau keifte vom Deich, was wir denn da täten und ob wir den Bauern gefragt hätten. Der Fotograf log und sagte: «Ja.»

Gerade waren wir fertig mit den Fotos, da stand der herbeigepetzte Bauer auch schon vor uns, samt dickem Traktor. Er lamentierte wegen etwaiger Bullen (es gab gar keinen), wegen etwaiger Kuhgafferei («Die sollen Gras fressen und nicht rumstehen») und wegen saurer Milch (wohlgemerkt im Euter). Dass an der zaunnahen Tränke nur drei von etwa fünfzig Kühen standen, dass ich mich freundlich vorstellte, ihm sogar meine Hand reichte, besänftigte ihn nicht. Als dann auch noch mein Kameramann etwas von «Die Nazizeit ist auch in Bremen schon vorbei» und «Viel schlimmer sind die EU-Subventionen für solche Bauern wie Sie» von sich gab, eskalierte die Situation. Der Bauer drohte, die Polizei zu rufen, und jeder fotografierte jetzt den anderen, der Bauer auch unser Kfz-Zeichen. Daraufhin verkrümelten wir uns doch lieber – möglicherweise sucht die Polizei noch heute nach uns, einen Bescheid gab es jedenfalls nie. So können Bauern sein, trotz schönen Wetters, praller Kuheuter, fetter Wiesen und fetter Subventionen. Welch schöne Blühpflanzen ich da in Händen hielt? Das interessierte ihn nicht die Bohne – schade!

Bremen erreicht sie gerade noch, die vor etwa 220 Jahren aus Holland in Nordwestdeutschland eingewanderte **Englische Kratzdistel** (*Cirsium dissectum*, RL 2). Am liebsten wächst sie zusammen

····················· 3. KAPITEL ·····················

mit anderen Wiesenpflanzen wie Fieberklee, Orchideen oder Wasser-Greiskraut. Entwässerung, Düngung und Weidetritt bringt sie buchstäblich zu Fall. Die Blütenköpfe sind purpurrot an langen, blattarmen Stängeln. Ein Gedicht bei massenhaftem Auftreten! Und weil das immer seltener ist und es in absehbarer Zeit wohl kaum noch solche Kratzdistel-Wiesen geben wird, ist sie – obwohl «nur» Einwandererpflanze – schon lange auf unseren Roten Listen verzeichnet. Zum Schutz dieser Pflanze ist wie für viele andere eine kontinuierliche Nutzung wie gelegentliches Beweiden oder Mähen vonnöten. Einfach nur Naturschutzgebiete ausweisen und dann die Hände in den Schoß legen, das bringt nichts.

Ein echtes Unikum ist die **Gewöhnliche Schachblume** (*Fritillaria meleagris*, RL 2), wegen ihrer hell- bis braunrot gefelderten Blüten auch Schachbrettblume genannt. Die sehen wie nickende Glocken aus, die von sehr feinen Stängeln vermeintlich kaum gehalten werden können, sind jedoch ziemlich robust. Auf dem Asseler Sand (Kreis Stade), auf der Juliusplate (Kreis Wesermarsch) und im Junkernfeld bei Stelle/Elbe (Kreis Harburg) wachsen jeweils über 10 000 Individuen – einmalige Bilder. Die Schachblume ist in Deutschland nach neuesten Erkenntnissen doch keine einheimische Art, sondern gelangte erst um 1750 in hiesige Siedlungen. Von dort aus hat sich dieses botanische Highlight vor allem auf die Unterläufe von Norddeutschlands Flüssen spezialisiert. Nicht weit unter der Erde liegen ihre rundlichen Zwiebeln, die als Kiebitzeier bezeichnet wurden, ein Hinweis auf die frühe verbreitete Verwendung sowohl der Schachblumenzwiebeln als auch der Vogeleier des momentan sehr stark gefährdeten Kiebitzes.

62

Wiesen – am besten nicht im ganz grünen Bereich

Kaum eine Feuchtwiesenpflanze ist nach 1945 so stark zurück-
gegangen wie das gefährdete **Breitblättrige Knabenkraut**
(*Dactylorhiza majalis*, RL 3), eine zauberhafte Wiesenprinzessin
in Purpurrot. Die Leuchtkraft dieser Orchideenart ist enorm, mein
Herz geht jedes Mal auf, wenn ich sie sehe. Im Tal des Sprötzer Bachs
westlich von Buchholz in der Nordheide sah ich 1990 meine ersten
Knabenkräuter, in diesem Bachtal lagen mehrere Orchideenwiesen
hintereinander. Sie alle ging ich ab, nachdem ich mein
Fahrrad unabgeschlossen geparkt hatte. Grund
war die «Erfassung der für den Naturschutz
wertvollen Bereiche». Über die Entdeckung
der Orchideenwiesen war ich so aufgeregt,
dass ich die Zeit vergaß und erst früh-
abends mein Fahrrad mit allen Akten und
bisherigen Kartierergebnissen wieder abholen wollte. Aber, o Schreck, es war weg!
Jemand hatte mein Rad anscheinend mit-
genommen. Geklaut! Aufgelöst irrte ich im
angrenzenden Dorf Trelde umher. Was sollte
ich nur machen? Ein nettes Ehepaar hatte mich
von der Terrasse seines Hauses aus beobachtet und
sprach mich schließlich an. Nachdem es von meinem Schicksal erfahren hatte, bot der Mann an, mit seinem Auto in der Umgebung nach
meinem Fahrrad zu suchen. Eine halbe Stunde waren wir erfolglos
durch die Gegend gekurvt, als er desillusioniert bachabwärts wieder
zurück nach Hause fahren wollte. Da entdeckten wir in einer Kurve
nördlich des Sprötzer Bachs am Dorfrand ein voll bepacktes Rad.
MEIN RAD! Unberührt stand es etwa 300 Meter weiter als erinnert
bachabwärts angelehnt an einem Weidezaun. Ich hatte glatt vergessen, dass ich zwischenzeitlich doch noch eine Wiese weitergefahren
war! Zum Glück zweifelte dieser freundliche Herr nicht an meinem
Geisteszustand, er lud mich sogar auf seine Gartenterrasse zum Ap-

felsaft ein. Vielleicht wegen des guten Ausgangs: Mein Fahrrad habe ich auch in den folgenden Jahren so gut wie nie abgeschlossen. Bruder Leichtfuß hatte viel Dusel – jedenfalls wurde mir mein Fahrrad draußen in der Natur tatsächlich nie gestohlen.

Um Knabenkräuter stehen immer andere wertvolle Pflanzenarten, die Prinzessin ist nämlich sehr gesellig, darunter gern Knöterucharten. Viele von ihnen haben schlangenartig gestreckte Blütenstände, aber der schlangenartigste unter den Knöterichen ist der **Schlangen-Knöterich** (*Bistorta officinalis*), der wie eine rosarote Zuckerstange aussieht. Das ist atemberaubend, wenn er in Massen auftritt. Jedoch ist er schwach giftig, Kühe und Pferde fressen ihn deshalb nicht.

Aber Wiesen sind ja nicht immer frisch (das sagen wir zu mittleren Feuchtegraden) oder feucht, es gibt natürlich auch trockene Wiesen.

Von den fast 180 Habichtskräutern in Deutschland bildet das häufige, nur 30 Zentimeter hoch werdende **Kleine Habichtskraut** (*Hieracium pilosella*) eine gelbe Märchendecke. Bei starker Trockenheit und Sonneneinstrahlung wendet es die unterseits weißfilzigen Blätter nach oben zur Sonne, um diese Einflüsse abzumildern. Über mehrere Jahre habe ich als Gärtner auf fußballfeldgroßen Ansaatäckern wochenlang verblühte Köpfe in alte Kartoffelsäcke gestopft. Die gewonnenen Samen wurden dann den Vegetationsmatten zugesetzt, mit denen man Flachdächer begrünte, allerdings bei dieser Art ohne Erfolg. Die Natur lässt sich zum Glück nicht foppen, und dieses Habichtskraut wurzelt in tieferen (Erd-)Schichten. Öfter werde ich traurig oder gar wütend, wenn ich übereifrige Gartenbesitzer da-

Wiesen – am besten nicht im ganz grünen Bereich

bei beobachte, wie sie ihren sowieso schon so kurzen Zierrasen mit massenhaft gelben Habichtskrautblüten gedankenlos abmähen und die durch die Luft wirbelnden Köpfchen einfach übersehen. «Seht ihr denn nicht das Schöne dieser Rasen und Böschungen, so etwas kann man gar nicht pflanzen!», murmele ich jedes Mal vor mich hin – und manchmal sage ich es auch ganz direkt.

Der ebenfalls gelb blühende **Knollige Hahnenfuß** (*Ranunculus bulbosus*) erinnert mich an den Anfang meiner botanischen Zeitreise. 1987 bis 1988 untersuchte ich erstmals Böschungen, Deiche, Friedhofsrasen, Straßen- und Wegränder, und zwar im Aller-Leine-Tal, an der Elbe, im hannoverschen Stadtgebiet und in umliegenden Dörfern. Dabei konnte ich beobachten, wie der Knollige Hahnenfuß seine kräftigen, manchmal mit schwarzer Fleckenzeichnung versehenen Blätter ausbreitete und sich robust über Gräser und vor allem über die Moospolster schob. Diese Pflanze ist wahrlich ausdauernd, und als sie dann doch 1992 auf die Rote Liste von Niedersachsen und Bremen kam, wurde ich richtig heiß, sie zu finden, wie ein Hund, den man auf abseitige Fährten setzt. Die Pflanze ist giftig, das erkennt aber jedes Pferd und jedes Rind, drum fressen sie drum herum und stärken damit den Knolligen Hahnenfuß. Der auf diese Weise geschwächten Konkurrenz 'ne Nase zu zeigen, fand ich äußerst interessant. Wieder ein klasse Beispiel für das beständige Wechselspiel zwischen Pflanzenart, Nutzungsart und den Standortbedingungen.

Manchmal hat man Glück und gerät nach diesem Hahnenfuß an den inzwischen viel selteneren **Teufelsabbiss**

(*Succisa pratensis*). Seine Wurzel hat es in sich! Aus einer fast rübenartigen Verdickung nach unten wächst sie plötzlich ins Nichts. Da hat sie bestimmt der Teufel abgebissen, zumindest musste er hierbei seine Hände mit im Spiel gehabt haben. Es wird nämlich vermutet, dass der Diabolus den Menschen die guten Wurzeleigenschaften der Pflanze (sie soll gegen Wassersucht und Würmer helfen und der Wundbehandlung dienlich sein) neidete und in seiner Wut kurzen Prozess machte. Das Tolle bei diesem Gewächs ist aber der oberirdische Teil. Die kugeligen dunkelblauen bis lilafarbenen Blütenköpfe sind schon vor dem Aufblühen zusammen mit den sternförmig abstehenden Kelchblättern eine Augenweide. Zärtlich nenne ich den Teufelsabbiss daher auch «mein Moorwiesen-Bläuling, mein Blaukugeliger Grabenrandzauber». Vor allem im Herbst, zur Zeit der Nebelschwaden und Spinnweben, ist das inzwischen gefährdete Gewächs auf Magerwiesen oft die einzige verbliebene Blütenpflanze.

«Am Bahndamm steht ein Sauerampfer, er sah nur Züge und keine Dampfer» – dieser Spruch passt wahrlich zum attraktiven **Straußblütigen Ampfer** (*Rumex thyrsiflorus*), er ist ein richtiger rostbrauner Schlägertyp. Bis in einen milden November hinein steht er noch wie eine Eins auf Straußampfer-Margeriten-Wiesen und verrostet auffallend langsam. Ich mag diese bis 1,2 Meter hohe Pflanze besonders, denn sie signalisiert mir den Osten (Deutschlands), wo sie vor allem beheimatet ist, und die Richtung, wo die Sonne aufgeht und somit der Tag wie auch Mutter Natur ihren Zyklus beginnen. Übrigens: Der Straußblütige Ampfer erobert inzwischen sogar die Autobahnränder.

Wiesen – am besten nicht im ganz grünen Bereich

Ampfer und der **Große Wiesenknopf** (*Sanguisorba officinalis*) mögen sich, doch unabhängig davon ist der Wiesenknopf die Lieblingspflanze meiner Freundin Steffi. Wie er sich mehrfach verzweigt und mit Dutzenden dunkelbraunen bis roten Blütenköpfen im Wind wiegt! Fast wie große Blutstropfen. Ist Steffi mit mir auf dem Fahrrad unterwegs und sieht den Wiesenknopf, muss sie immer anhalten und Fotos von ihm machen, obwohl sie schon längst mehr als genug Aufnahmen von ihm hat. Der Große Wiesenknopf ist ein Rosengewächs und wird vom Wind bestäubt, eine große Ausnahme bei dieser Pflanzenfamilie (meist sind es ja die Bienen). In Niedersachsen und Bremen steht sie auf der Roten Liste, weil die Gräben zu oft gemäht werden und wertvolles Feuchtgrünland entwässert und/oder zu stark gedüngt wird. Sehr dekorativ sind die unpaarigen Fiederblätter, die unterseitig graugrün schimmern.

Im Sommer 1997 bearbeitete ich wertvolle Biotope in den Landkreisen Ammerland und Cloppenburg um das Barßeler Tief bei Barßel (West-Niedersachsen). Hier gab es noch an ziemlich vielen Stellen den Großen Wiesenknopf. Im Jahr darauf kontrollierte ich noch einmal das Gebiet. Dafür war ich mit dem Auto unterwegs, zusammen mit Herrn Peters, einem Vorgesetzten der Landes-Naturschutzbehörde. An einem Kontrollpunkt deponierte ich nach getaner Arbeit all meine Unterlagen auf dem Autodach, zog meine verdreckten Stiefel aus und stieg rasch ein. Herr Peters saß am Steuer und gab Gas. Als wir die nächste Überprüfungsstelle nach ungefähr einer halben Stunde erreicht hatten, bemerkten wir: Alle Mappen und Kartierbögen waren verschwunden. Siedend heiß schwante mir, was geschehen war. Sofort ging es ganz fix retour. Längs der Hauptstraße lagen dann sämtliche Unterlagen über Hunderte Meter verteilt auf dem Asphalt oder im Graben. Herr Peters machte mir keine Vorwürfe, auch er war nur erleichtert. Nachdem wir mühsam alles wieder einsortiert hatten, stellte ich zufrieden fest: Kein Blatt war abhandengekommen. Auf dem Autodach stelle ich seitdem dennoch nichts mehr ab, nicht mal für ein paar Sekunden.

Die kleine **Floh-Segge** (*Carex pulicaris*, RL 2) ist in vielen Bundesländern vom Aussterben bedroht. Aus diesem Grund sah ich erst 2001 meine ersten Floh-Seggen, bei Diepenau im Kreis Nienburg, liebevoll wurden sie von mir gestreichelt. Später machte ich erneut Bekanntschaft mit diesem Leichtgewicht, auf Feuchtwiesen, und zwar gern in alten Fahrspuren. Dadurch wird die Vegetationsdecke und der meist lehmige Boden etwas entblößt, und die herunterfallenden Samen haben die Chance auf Keimung (dabei bohren sie sich sogar regelrecht in die Erde ein). Solche Diamanten müssen also gemäht oder beweidet werden, sonst gehen sie buchstäblich unter. Die leicht zu übersehende Floh-Segge kann man am ehesten zur Fruchtzeit im Juni entdecken. Dann spreizen sich die hell- bis dunkelbraunen Früchte waagerecht vom oberen Stängel ab, eben wie abspringende Flöhe.

Das anmutige **Mittlere Zittergras** (*Briza media*) scheint ein Frauenversteher zu sein, jedenfalls wird das zierliche Rispengras mit seinen herzförmigen, herunterhängenden Ährchen von all meinen bisherigen langjährigen Herzensdamen geliebt. Wer nicht gern draußen ist und Fahrrad fährt, nicht gern läuft und schwimmt, es nicht mag, mit mir Pflanzen anzugucken und auch mal einem Tier zu lauschen, wird als Frau kaum länger von mir wahrgenommen. Aber das nur mal nebenbei. Das Mittlere Zittergras ist im Norden und Nordwesten Deutschlands verdammt selten geworden, denn es flieht den Dünger. Nur auf kurzwüchsigen, schön besonnten Wiesen mit Orchideen und seltenen Sauergräsern findet man das Gras. Früher wurde es häufig Flittergras oder einfach Flittern genannt, sicher wegen der zarten Gestalt.

Mannomann, was hat die **Färber-Scharte** (*Serratula tinctoria*, RL 3) für eindrucksvolle Knospen. Nicht nur die kornblumenartigen, aber purpurroten Blüten, sondern ebenso die prägnanten Knospen sind voll abgefahren! Das zaubern die auffallend eng anliegenden Hüllblätter herbei, randlich weißlich gesäumt und oben purpurfarben zugespitzt. Blätter, Knospen und auch die Blüte erinnern an Disteln, wobei die Färber-Scharte aber völlig unbewehrt ist, also keine Dornen hat. Einst war die Färber-Scharte begehrt, um Textilien gelb zu färben.

Bei meinem ersten Fundort vom **Heil-Ziest** (*Betonica officinalis*) dachte ich zuerst an blutbefleckte Blumenbeete. An einem wunderbaren Waldsaum im Kreis Peine (Niedersachsen) bei Klein Lafferde wuchsen Hunderte stimmungsvoll und farbenfroh zusammen mit Glockenblumen und Tüpfel-Johanniskraut. Wenn der Heil-Ziest von Juni bis August in prächtigen purpurroten Scheinähren blüht, gibt es keinen Zweifel an dieser Art. Hinreißend sind die auffallend gekerbten zungenförmigen Blätter, die langgestielt als bodennahe Rosette angelegt werden. Und immer herrscht Gebrumm um die Blüten, vor allem bei großen Beständen. Und was der Heil-Ziest alles kann – sein Name ist Programm! Er half als Brechmittel, zur Blutreinigung und Nervenstärkung, gegen Gicht und Katarrh. Er ist also ein Medizinmann unter den wildwachsenden Pflanzen.

Schon früh als Student fiel mir in Hannover der **Mittlere Wegerich** (*Plantago media*) auf dem Rasen des Georgengartens gegenüber unserer Fakultät auf. In einer Pause ging ich zu Fuß durch den Landschaftspark und war gleich hin und weg. Er ist der Wegerich mit den sicherlich schönsten Blüten. Sie sehen aus wie kleine Silberlämpchen mit blasslila bis weißen Staubfäden und duften wunderbar. Sie scheinen zu sagen: «An mir kommt keiner vorbei!», und sie trotzen sogar den Mähwerkzeugen der Bauern und Gartenämter (die Blütenstände richten sich danach einfach wieder auf) sowie gierigen Mäulern von Rind und Pferd (werden schlichtweg verschmäht).

Eigentlich war ich jahrelang kein eingefleischter Orchideenfreund, was sicher daran lag, dass ich in größeren Städten Norddeutschlands lebte und diese in ihrer Umgebung nur wenige davon zu bieten hatten. Dann erweiterte sich mein «Operationsgebiet», und die ersten Höhenzüge südlich von Hannover kamen hinzu und damit auch einige sehr schöne Orchideen. Einmal ging es mit dem Bus vom Georgengarten aus in den Westerwald. Ein Highlight dieser Wochenexkursion in das mitteldeutsche Gebirge war die **Mücken-Händelwurz** (*Gymnadenia conopsea*), eine Wiesenorchidee. 1984 gerieten wir erstmals aneinander. Bis zu hundert rosafarbene Einzelblüten zählte ich am schlank-gestreckten Blütenstand gleich einer kleinen Flöte. Prägnant ist der lange rosa- bis lilafarbene Sporn hinten an der Blüte, der sich gebogen durch den

Wiesen – am besten nicht im ganz grünen Bereich

Blütenstand «quält». Bei dieser Art kann man sich auch sehr gut in «Mumienbotanik» üben. Es ist ja einfach, Blumen im blühenden oder fruchtenden Zustand zu erkennen. Was aber, wenn alles ausgeblichen ist? In diesem Fall behalten die vertrockneten Blüten der Mücken-Händelwurz noch eine geraume Zeit den Sporn und sind deshalb gut auszumachen. Charakteristisch ist zudem der intensive Geruch nach Flieder, schon wenige Blüten verströmen ihn. Die Orchidee galt früher als wertvolle Heilpflanze gegen Nervenkrankheiten (Epilepsie, Manie), und Schatzgräber buddelten die dicke Wurzelknolle auf der Suche nach dem großen Glück aus.

Die seltene **Hundswurz** (*Anacamptis pyramidalis*, RL 2) lernte ich erst 2011 im Raum Göttingen kennen. Sie ist eine der schönsten Orchideen mit ihrer purpurroten Blütenfarbe. Eine echte Wisenleuchte! Manchmal blühen über fünfzig Einzelblüten gleichzeitig, da wird einem ganz warm ums Herz. Auf artenreichen Magerwiesen wird man aber trotzdem schnell abgelenkt, denn oft wachsen da noch viele andere Herrlichkeiten.

Solche Höhepunkte sind zum Beispiel Klappertöpfe. Klappertöpfe sind einfach klasse, besonders der knallgelb blühende **Zottige Klappertopf** (*Rhinanthus alectorolophus*). Er ist ein Halbschmarotzer; zwar kann er eigenes Blattgrün, Blüten und Früchte aufbauen, muss aber dazu anderen Pflanzen deren Nährstoffe und Wasser entziehen. Diese Klappertöpfe graben ihren Wirten also buchstäblich das Wasser ab, besonders Gräsern, die als mögliche Konkurrenten auf diese Weise noch zusätzlich geschwächt werden. Sind die Früchte reif, klappern sie bei Wind hörbar gegen die Kelche. Die Pflanze besitzt auch eine lilafarbene «Nase», einen sogenannten Oberlippenzahn.

Als ich 1989 die **Silberdistel** (*Carlina acaulis* ssp. *simplex*) erstmals zu Gesicht bekam, am Mittellandkanal bei Höver (Hannover), traute ich meinen Augen nicht. Diese Gebirgspflanze so weit im Norden? Sie wurde dort offensichtlich ausgesät und breitet sich seitdem prächtig aus. Das sah ich trotzdem nicht gern, denn uns Botanikern geht es ja um die Sicherung der ursprünglichen Vorkommnisse, und wenn jeder alles Mögliche aussät, verlieren die anderen Bestände an Wert! 2001 entdeckte ich noch Silberdisteln im Landkreis Hameln auf einem von Schafen beweideten Hang. Schafe fressen diese räderartigen Disteln nicht, sie sind viel zu schmerzhaft, doch ihre Mitkonkurrenten werden abgegrast – die Distel ist auf diese Weise im Vorteil. Die geschützte Pflanze mit den vielen silbrigen inneren Hüllblättchen (Schauwirkung für langrüsselige Bienen!) wird häufig Wetterdistel genannt, denn schon bei leichtem Regen schließen sich die Köpfe sofort.

So was von sagenhaft ist auch die **Wollköpfige Distel** (*Cirsium eriophorum*). Selbst Schafe und Ziegen lassen sich durch die gelblichen langen Dornen der exorbitanten Grundblätter schocken und verschmähen sie. Glanzstück sind im Spätfrühjahr bis Hochsommer die halbkugeligen bis kugeligen Knospen. Zwischen zahlreichen Dornen liegt dicht ein fast schneeweißer Filz, eine Erscheinung zum Zungeschnalzen. Aus ihnen quellen dann die violetten Kronblätter zutage. Da ja nur noch mit Mühe Schafe aufzutreiben sind, weil die Schafhaltung in Deutschland wie in der gesamten EU zurückgeht, leidet diese Distel vor allem unter Vergrasung und Verbuschung der oft steilen Standorte. Die Samen müssen nämlich auf entblößte und besonnte Böden fallen, nur so kann diese Art ihren Dickschädel entwickeln.

Die schneeweiß blühende, bis 1 Meter hohe **Hirschwurz** (*Peucedanum cervaria*) steht dagegen auf recht sicherem Boden – eine Hirschwurz bewegt sich nicht so leicht im Wind. Nicht einmal in steilen Hanglagen, wo auch sie sich auf weidende Schafe freut. Die mögen sie nämlich nicht, dafür viele andere – und dann lacht sie sich eins. Mit ihren vielen Dolden sieht sie fast wie eine vereiste Winterschönheit aus.

Vor allem feuchte bis nasse Wiesen und solche in steilem Gelände sind mir am liebsten, denn hier braucht man sein Näschen zur gezielten Suche nach besonderen Arten. Viele erkunden nur die nassesten Stellen, dort ist es aber oft am artenärmsten. Vielmehr sollte man an den Rändern, vor den randlichen Gebüschen, auf Buckeln und in kleinen Rinnen forschen. Auch die Kleinstrukturen sind zu beachten: Gehölzinseln, fast unsichtbare Fahrspuren, nicht zu vergessen Melkstellen, Hochstände und Lagerplätze. Meine Sportlichkeit kommt mir hier sehr entgegen, und in ausgeklügelten Zick-Zack-Märschen erkunde ich die Hänge, da kann kaum jemand mithalten. Besonders meine Freundin Steffi hat es mit mir wirklich nicht leicht. Oft sehen wir nur am Anfang die schönen Arten noch gemeinsam, dann habe ich sie schon abgehängt … Sie muss alles immer ganz genau untersuchen, an Blüten und Blättern reiben und riechen, und beim Fotografieren soll doch bitte schön am liebsten ein fetter Käfer oder ein toller Schmetterling auf der Blüte sitzen. Und im Herbst natürlich ansehnliche Spinnen. Das halte ich manchmal schwer aus, aber auf Rufweite, manchmal «Brüllweite», sind wir eigentlich immer im Kontakt. Na klar, und dann wandere ich ihr wieder entgegen und zeige ihr alle Prachtstücke solch bergiger Wiesen. Was *ich* entdeckt habe, das muss *sie* doch auch gesehen haben. Und kommt es doch mal ganz dicke, bleibt sie einfach im Auto sitzen und lässt ihre Beine auf der Konsole ausruhen oder aus dem Auto baumeln.

Manchmal steckt man ziemlich tief im Sumpf

Noch Mitte des 19. Jahrhunderts gab es viele ausgedehnte Sümpfe, doch wie die Hochmoore galten sie als lebensfeindlich, und aus diesem Grund musste man sie unter allen Umständen in den Griff bekommen. Gut zwei Meter tiefe Gräben, besser gleich ganze Kanäle wurden daraufhin geschaffen, weiterhin zahllose begradigte Bäche und Flüsse. Stolz verkünden an Brücken angebrachte Jahreszahlen diesen Irrsinn (viele aus den späten fünfziger und sechziger Jahren). Heute jedoch müssen die gleichen Bauern, die für das Eindämmen der Sümpfe eintraten, ihre Kartoffel-, Mais- oder Zuckerrübenfelder bewässern. Das ist in meinen Augen so etwas von behämmert, und ich ärgere mich dann immer über das viel zu billige Grundwasser für die Landwirte.

Mit Rechen und Schute rückte man der schönen **Sumpfdotterblume** (*Caltha palustris*) einst zu Leibe. Sie war eine allgegenwärtige Pflanze in Sümpfen und feuchten Wiesen. Aber aufgrund von Grünlandumbruch ist sie in vielen Gegenden Deutschlands oft nur noch mit Mühe zu finden. Wer Glück hat und im Frühjahr eine Feuchtwiese mit Tausenden Sumpfdotterblumen entdeckt, erlebt einen visuellen Höhepunkt. Die großen gelben Blüten fallen einfach auf und stehen in lebhaftem Kontrast zu den rundlichen, derben und dunkelgrünen Blättern. Vor langer Zeit wurde mit den dottergelben Blüten die Butter gefärbt (Butterblume). Die leicht

Manchmal steckt man ziemlich tief im Sumpf

giftige Pflanze wird von Pferden und Rindern jedoch verschmäht, sie riechen die Giftigkeit. Bei Regen bleiben die Blüten geöffnet und laufen mit Wasser voll, eine Anpassung an nasse Biotope.

Dazu fällt mir ein besonderes tierisches Erlebnis ein: Im Mai 1990 musste ich zum Kartieren in ein sumpfiges Gebiet im Bereich der Oberen Wümme (Kreis Harburg), der pfützenreiche, geschwungene Weg führte durch einen Wald. Es war früher Vormittag, die Sonne schien, und ich war mit dem Rad unterwegs, das sogar ich durch diesen Morast schieben musste. Vor einer Biegung hörte ich plötzlich lautes Geraschel. Dann sausten auf einmal acht bis zehn Frischlinge zu beiden Wegseiten in Richtung Pampa. Die Mutter, Bache genannt, lag mitten auf dem Weg und schlief, sie gab keinen Mucks von sich. Fünfzehn Minuten beobachtete ich still die Szenerie, außer den zaghaft zurückkehrenden und erneut davonstiebenden Frischlingen tat sich jedoch nichts. Was sollte ich jetzt tun? Wildschweine, zumal mit Nachwuchs, können richtig ungemütlich werden. Es war also nicht angebracht, die Bache höflich zu wecken, aber langsam wollte ich weiter. Als ich mich schließlich an den putzigen Frischlingen sattgesehen hatte, klatschte ich dreimal kräftig in die Hände. Wie angeschossen sprintete die Wildsau in den Wald, zum Glück links von mir, die Kleinen hinterher. Das war noch einmal gutgegangen.

Anscheinend bin ich ein Orchideenfan … Landläufig verkörpern sie Anmut, Mystik, Schönheit, bunte Wiesen, aber auch Seltenheit. Oder sie sind ganz neu in Deutschland, so wie das **Übersehene Knabenkraut** (*Dactylorhiza praetermissa*, RL 2). Es gelangte aus den Niederlanden zunächst nach Nordrhein-Westfalen und von dort aus nach Niedersachsen. Anfangs fiel den Botanikern zu dieser Orchidee kein richtiger deutscher Name ein, und da sie sie erst kurz kannten (und meinten, sie verkannt zu haben), nannten sie das Gewächs Übersehenes Knabenkraut. Man kann ja viele Gewächse übersehen, aber beileibe doch nicht dieses Knabenkraut! So ein leuchtendes Purpurrot haben nur wenige Pflanzen, zumal diese Orchidee fast nie allein auftritt. In Lingen (Emsland) soll es – das habe ich wenigstens gelesen – sogar ein begrüntes Flachdach mit über tausend Knabenkräutern geben, das wäre ja der Hammer! Und das ganz ohne Sumpfwiese, mehr kann man von einem eingebürgerten Neuankömmling nicht erwarten.

Eine floristische Tieflandkostbarkeit ist die **Sumpf-Stendelwurz** (*Epipactis palustris*, RL 3). Wenn andere Orchideen sich allmählich verziehen, betritt im Juli diese Ständelwurz die Bühne. Manchmal zu Tausenden, alle mit weiß, gelb und braun gefärbten Blüten. Ich selbst sah von der in Niedersachsen stark gefährdeten Pflanze noch nie so viele wie an einem alten Erzklärteich (ein Absetzteich von Klärrückständen nach dem Erzwaschen) in den Dammer Bergen bei Vechta und auf alten Spülfeldern im Norden von Wilhelmshaven. Bei Letzterem kletterte ich frech wie Rotz über hohe Zäune, um auf dem eigentlich scharf bewachten Raffineriegelände und den Marineflächen auf Pirsch zu gehen. Ich fand es besser, erst gar nicht zu fragen. Mit Sicherheit hätte man es mir verboten, das Gelände zu betreten. Und dann hätte ich dieses Verbot ignorieren müssen. Leider ist eine große Fläche inzwischen gesetzeswidrig zerstört, einfach wegplaniert worden. Mit den offenen Sandböden, Tümpeln, großen Kriechweidengebüschen und dazwischen weidenden Pferden erinnerte mich diese Traumlandschaft an die französische Region Camargue (wo ich allerdings noch nie war). So eine Sahnefläche hätte man unbedingt für nachwachsende Genera-

Manchmal steckt man ziemlich tief im Sumpf

tionen erhalten müssen – eine Camargue am Nordseedeich!

Ähnlich gefährdet wie die Sumpf-Stendelwurz ist auch die **Sumpf-Wolfsmilch** (*Euphorbia palustris*, RL 3). Sie wächst an Uferröhrichten, auf Nasswiesen, unter Schwarzpappel- und Weidenbeständen. Bei Laßrönne in der Nähe von Hamburg sah ich 1990 erstmals diese kräftig-bullige, auffallend gelb blühende Wolfsmilch. Wird die Wolfsmilch während der Blütezeit abgemäht oder kommt durch heranwachsendes Weidengebüsch zu viel Schatten auf, verschwindet sie ziemlich rasch. Achtlos in Gräben verklappter Gehölzschnitt oder ungehemmt sich in die Landschaft fressende Obstplantagen wie um Hamburg lassen sie ebenso ersticken. Das hat diese Art überhaupt nicht verdient, denn in Russland half sie einst gegen Zahnschmerzen und Wechselfieber, bei uns unter anderem gegen Warzen. Eine alte Dame, die nah bei Hitzacker an der Elbe (Niedersachsen) wohnte, beteuerte 2012 mir gegenüber energisch, der Saft der Pflanze helfe auch gegen Altersflecken. Davon hatte sie selbst zwar eine ganze Menge, sonst war sie jedoch richtig gut drauf.

Vom grandiosen **Fieberklee** (*Menyanthes trifoliata*, RL 3) bekommt man kein Fieber, man fiebert ihm höchstens entgegen. Auffallend sind seine monströsen dreiteiligen grünen «Kleeblätter». Vor allem an flachen Ufern, wenn er mittels starker Ausläufer versucht, Land zu gewinnen, gibt er ein schönes Naturschauspiel ab. Noch sensationeller sind die schneeweißen, in einer aufrechten Traube stehenden Blüten, die bereits Anfang

······································ 4. KAPITEL ·······························

Mai blühen – dann sieht er so wunderbar barthaarig aus wie ein un-
rasierter Sumpfschönling. Beschattung, Entwässerung, Nutzungsauf-
gabe und Nährstoffeintrag bereiten diesem geselligen Enziangewächs
leider zunehmend den Garaus.

Bis 2003 war das im Mai rot blühende
Sumpf-Läusekraut (*Pedicularis palustris*,
RL 2) in Niedersachsen und Bremen vom
Aussterben bedroht. Dann haben wir
Pflanzenschützer alle bekannten Bestän-
de gezielt aufgesucht und sie beobachtet.
Das waren nur wenige, doch es hat etwas
gebracht, führte es zu einer Herabstufung
auf «nur» noch stark gefährdet. Ande-
ren Aktivisten im Naturschutz geht es aber
darum, Wiesen wieder unter Wasser zu sehen.
Diese «Missetäter» (oft von den Vogelfreunden fern-
gesteuert) überstauen dann trotz Wissen um die Besonderheit des
Sumpf-Läusekrauts weite Auenbereiche. So geschehen am Aper Tief,
hier sah ich die Art erstmals 1996, gleich mit rund tausend Stück.
Wegen jener Überstauung war das Läusekraut dort aber von einem
Moment zum anderen verschwunden, gleichsam in Schönheit ge-
storben. Angesichts dieses Unwissens bei Naturschutzbehörden und
sonstigen Verantwortlichen kann ich fuchsteufelswild werden. Wie
kann man nur alles mit Wasser volllaufen lassen ohne Kenntnisse
über die oft sehr komplizierten Ansprüche einer jeden Pflanzenart?
So wie im plötzlich gekappten Nadelforst Bärlappe und im Misch-
wald Wintergrün in der Sonne verbrennen, im Moor der Sonnentau
ertrinkt, so verfaulen im Wasser die Wurzeln vom Sumpf-Läusekraut!
Na ja, Wurzeln? Hat die Pflanze eigentlich nicht! Sie zählt nämlich
zu den Halbschmarotzern und zapft Gräser an, um ihnen Wasser
und Nährstoffe zu stiebitzen. Dann baut sie sich seelenruhig zu einer
Pflanze mit diesen vielen phantastisch roten Rachen auf.

Manchmal steckt man ziemlich tief im Sumpf

Sieht man die skurrile **Gewöhnliche Natternzunge** (*Ophioglossum vulgatum*, RL 2) zum ersten Mal, kann man sich zunächst keinen Reim auf sie machen. Sie sieht aus wie ein seltsamer Lanzen- oder Speerwerfer, ist aber ein Farn. Applaus an dieser Stelle für den, der das als Erster erkannt hat, was vermutlich um 1750 der Professor Carl von Linné aus Schweden war. Es ist eine Wonne, wenn Hunderte dieser oben etwas abgeplatteten Lanzen auftreten. Der Farn ist dermaßen empfindlich gegen Konkurrenten, dass seine Umgebung ab und zu überschwemmt, gemäht, betreten oder abgefressen werden muss. Bevorzugt werden auch Truppenübungsplätze, dort, wo Panzergranaten einschlagen und ab und zu den Boden öffnen. Viele Jahre suchte ich nach meinen ersten Natternzungen – vergeblich. Erst 1997 erlöste mich ein kleiner Bestand im Kreis Rotenburg (bei Bremervörde), in der Nähe eines kleinen Nests namens Engeo. Da war ich stolz wie Oskar, vor allem weil ich wusste, wie oft schon andere daran vorbeigegangen waren.

Kaum eine Pflanze ist schöner als das **Sumpf-Johanniskraut** (*Hypericum elodes*, RL 2). Das liegt an den massenhaft gelben Blüten dieser teppichartig ausgebreiteten Art und den drüsigrot gefransten Kelchblättern. Sie hat mich noch mehr für die Botanik begeistert, als ich es ohnehin schon war. Gezeigt hatte sie mir erstmals ein befreundeter Student 1988 im Naturschutzgebiet «Schnakenpohl» bei Lübbecke in Nordrhein-Westfalen. Über den Freund habe ich echt gestaunt: Er bearbeitete

··············· 4. KAPITEL ···············

nämlich bereits während des Studiums erste Kartieraufträge, dabei hatte er von Pflanzenarten viel weniger Ahnung als ich. Nur beim Sumpf-Johanniskraut war er mir voraus ... Im Schnakenpohl wimmelte es nur so von Mücken an Torfschlammufern, die im Grunde kaum zu betreten waren. Das störte aber keinen von uns ob dieser wunderschönen und hierzulande vollständig geschützten Pflanze. Sie darf man also nicht einmal abpflücken! Früher hat man sie zum Rot- und Gelbfärben genutzt, eine medizinische Wirkung wird ihr entgegen den übrigen zehn Johanniskräutern in Deutschland aber nicht nachgesagt.

Dieses Grün – es ist einfach nur wunderschön! Wenn von Ende April bis Juni in nassen Sümpfen, unter Weidengebüsch oder in Erlen- und Birkenbruchwäldern der **Sumpffarn** (*Thelypteris palustris*, RL 3) seine filigranen Wedel entrollt, leuchtet der gesamte Lebensraum hell. Erstmals hatte ich diese «Erscheinung» 1985 im hannoverschen Wendland erlebt, im Postbruch bei Gartow, seitdem erfüllt er mich immer wieder mit Freude. Und als Farnfan zählt er natürlich zu meinen absoluten Favoriten.

Vor allem in heißen Sommern rauben einem unwegsame und luftfeuchte Sümpfe oft viel Kraft, auch sind sie nicht besonders artenreich. Aber die häufig stattlichen Krautpflanzen mit vielen Blüten im Kontakt zu Weidengebüschen entschädigen mich dann in meinen meist längst vollgelaufenen Gummistiefeln. Manches Mal ist mir schon unbemerkt eine dicke Nacktschnecke in den Stiefel gefallen, und beim Säubern und Auswringen der Socken ist das besonders ärgerlich neben allerlei hartnäckigen Grassamen. Darum ziehe ich nicht selten gleich alles aus – na ja, die Unter- oder Sporthose bleibt

82

Manchmal steckt man ziemlich tief im Sumpf

an. In diesem Minimaloutfit kann viel weniger passieren, auch gelange ich so wirklich überallhin. Einmal bin ich derart am Steinhuder Meer durch nasse, eigentlich undurchdringbare Weidengebüsche gerobbt. Ziel war die 20 Zentimeter hohe Weichwurz (*Hammarbya paludosa*), eine Orchidee, die ich dann aber doch nicht fand …

Zum Teufel mit dem Moor?

Die extrem lebensfeindlichen Hochmoore waren einst des Teufels. Bei Bremen gibt es sogar das Teufelsmoor, ein Gebiet riesigen Ausmaßes, in Niedersachsen heißen die Moore Wolfmeer, Esterweger Dose, Grundloses Moor, Heilsmoor, Lichtenmoor, Poggenpohlsmoor, Provinzialmoor, Springmoor, Streitmoor oder sogar Ekelmoor. Das Große Moor gibt es in Norddeutschland sogar an vielen Stellen. Allen haftet der Ruf des Gruseligen an, hier musste einst der Satan wohnen und noch andere abstruse Gestalten. Es schien unbedingt notwendig, diese Gebiete zu entwässern, von den Rändern her in Weideland umzuwandeln und Bohlenwege sowie entlang breiter Dammwege erste Siedlungen anzulegen (die sogenannten Moorhufendörfer). Den Ems-Jade-Kanal hat man beispielsweise bewusst so angelegt, dass er durch die ganzen Moore führt, von hier aus hatte man dann weiter entwässert und den abgestochenen Torf in die Städte geschifft. Heute sind die deutschen Hochmoore bis auf wenige Prozent ihrer ursprünglichen Größe zusammengeschmolzen und mit ihnen die Lebensräume der sehr speziell auf diese nassen, nährstoffarmen und sauren Bedingungen angepassten Tier- und Pflanzenarten.

Um nicht missverstanden zu werden: Diese unendlichen Moorlandschaften sind auch für mich nicht immer Freudenfeste. Moore stehen auf meiner Hitliste der Biotope eher im Mittelfeld, im unteren Mittelfeld, um genau zu sein. Sie sind mir zu weitläufig, oft schlecht erschlossen, düster, lebensfeindlich und dazu noch artenarm. Meist gibt es nur zwei, drei Wege durch ein Moor, und die sind heute nicht

Zum Teufel mit dem Moor?

selten zugewachsen. Da kann ich dann stundenlang durch die Gegend laufen und keine zehn Arten justieren. Und wenn zudem noch riesige Torfabbaumaschinen anrollen, Mondlandschaften hinterlassen oder der Naturschutz einfach nur Wasser in diese reinlaufen lässt, wendet sich der Naturfreund mit Grausen ab.

Moorarten sind bis auf einige Ausnahmen reine Sommerarten; im Frühling, ja bis in den Juli hinein ist es dort ziemlich trostlos. Erst wenn die Mückenplage beginnt, kann man im Moor aufschlagen – ein Moor braucht richtig viel Anlaufzeit, besser Aufheizzeit. Es ist dort nämlich noch lange kalt, selbst im Mai findet man tiefe Senken, die eine Eisschicht haben. Ein Moor erwärmt sich unglaublich langsam – und kühlt relativ schnell ab. Kalte Heimat sozusagen! Natürlich freue ich mich, wenn ich den Sonnentau finde, aber den überhaupt auszumachen, dazu braucht man Ausdauer. Auch muss ich im Moor mein Fahrrad oft tragen, von einem Dammweg zum nächsten, und das mitsamt vollen Gepäcktaschen. Und nachdem es im Moor geblüht hat, zeichnen einen diese klebrigen Spinnweben aus – im Gesicht, in den Haaren und an den Klamotten. Im Moorwald habe ich im Spätsommer und im Herbst daher immer einen Stock in der Hand und schlage mir den Weg spinnenwebenfrei. Spinnen mag ich wirklich sehr, aber nicht diese Netze. Die sind eklig. Und wie oft bin ich im Moor eingesackt und hatte trotz fester Stiefel nasse Socken und Hosen. Dann muss man alles auswringen und läuft sich die Füße wund. Und es müffelt schon mal, denn Socken zum Wechseln sind unnötiger Ballast.

Natürlich gibt es Ausnahmen: Die kleinen Mörchen in den abgelegenen Kiefernforsten der Heidegebiete liebe ich sehr. Hier bekommt man alle Moorarten wie auf einem Tablett serviert, hier kann man sich auch viel besser fortbewegen, versinkt weniger tief und verirrt sich nicht. Und dann diese skurrilen Namen: Bullenkuhle, Keienvenn, Kleines Bullenmeer, Pastorendiek oder Swatte Poele – da muss man doch einfach hin.

······························ 5. KAPITEL ·······························

Als ich meinte, im Mai ist in den Mooren noch nix los, war das eine leichte Übertreibung. Das **Scheiden-Wollgras** (*Eriophorum vaginatum*) hat sich dann schon angeschickt, mit zahlreichen weißpuscheligen Ähren in der Sonne zu glänzen. Es ist ein eindrucksvolles Bild, wenn massenhaft «Oma-Haare» im Wind wiegen und das Grün umliegender Birken und Weiden noch in der Embryonalphase steckt. Trotz meiner Verhaltenheit gegenüber Mooren, die Wollgräser sind wirklich schön, und das sagt auch Steffi. Sie muss es wissen, denn sie beschäftigt sich wirklich nur mit den schönen Dingen des Lebens … Apropos Wollgräser: Im Jahr 2000 führte ich die Grundschulklasse, in die mein Sohn Felix ging, in ein kleines Hochmoor nördlich von Bremen. Den Jungen und Mädchen wollte ich einen richtigen Schwingrasen zeigen, ganz gefahrlos, so richtig zum Draufherumhüpfen. Wir waren aber noch gar nicht richtig an ihn herangetreten, als einige mutige Jungs und ich eine Kreuzotter entdeckten. Träge lag sie in der Sonne mit ihrer zickzackförmigen Rückenzeichnung. Sofort bat ich um Ruhe, um sie eingehend studieren zu können. Das war leider nicht möglich, andere Schüler drängten nach, und der Moorboden kam in Bewegung. Keine dreißig Sekunden lag sie da, dann war die giftige, aber letztlich doch harmlose Schlange weg. Auf den Schwingrasen wollten anschließend nur noch ganz wenige, wie fortgeblasen war der Mut.

Für den unbeteiligten Betrachter ist die sehr seltene **Blumenbinse** (*Scheuchzeria palustris*, RL 2) nur «binsen- und simsenartiges Gelumpe», eine eher in sich gekehrte Art. Aber nur für den Laien! Schön ist die Pflanze zwar wirklich nicht, nur eben ganz schön selten. Die straff aufrechten Blätter verraten diese Art kaum, erst die gelb-grünlichen Blüten mit hellbraunen Farbtönen im Mai helfen etwas weiter. Sie sind sternförmig ausgebreitet und etwa 1,5 Zentimeter breit. Besser zu erkennen sind ab Juni die braunen Fruchtstände. In Niedersachsen zählte ich 2011 noch acht Vorkommen, vor allem westlich der Weser. In einem Schlatt in Emsland, in einem stehenden Gewässer, fand ich sogar über 50 000 Pflanzen. Da kommt geballte Freude auf – und das im Land der ewigen Begüllung, Entwässerung und Moorzerstörung.

Das höchste der Gefühle im Moor ist der **Rundblättrige Sonnentau** (*Drosera rotundifolia*, RL 3). Wenn er da zu Tausenden auf dem nassen Torfmoos hockt und weiß leuchtet, darunter die grünroten Blätter, entschädigt das jede auf sich genommene Strapaze. Rasch stellt sich Euphorie ein. Dieser Fliegenfänger hat zahlreiche aparte Drüsententakel, in denen sich Fliegen oder Mücken verfangen sollen. Dann krümmen sich die Tentakel ein, und Sekrete zersetzen die Beute. Die Tentakelköpfe nehmen die verdaute Nahrung auf und scheiden nicht verwertbare Reste wieder aus. Der schon erwähnte Bremer Botaniker Albrecht Wilhelm Roth (er korrigierte sogar den berühmten schwedischen Professor Carl von Linné) beschrieb erstmals den Fang- und Verdauungsmechanismus beim Rundblättrigen Sonnentau. Er war mithin ein Mann mit besonderem Scharfsinn, ich bin da also in allerbester Gesellschaft. Ihm zu Ehren ist in Bremen-Vegesack eine Straße am hohen Weserufer benannt. Von meinem Wohnhaus bin ich zu Fuß in zehn Minuten dort.

Werden Heideböden feucht bis ganz nass, zeigt sich die schöne **Glockenheide** (*Erica tetralix*), im Hochmoor blüht oft nur sie rosenfarben. Hält man sich in nassen Mooren auf, muss man sich nur an dieser Pflanze orientieren, hier kann man nämlich nie einbrechen. Ist sie jedoch nicht in Sicht, ist meist höchste Vorsicht geboten. Flachwasserzonen und die wassergetränkten Schwingrasen können dann ganz schnell zu unfreiwilligen Moorbädern werden. Das musste ich 1991 in einem Moor bei Sittensen (Kreis Rotenburg) erfahren. Ein Moorbad ist zwar sehr gesund, aber der Wasserstand mit Torfmoosen ging mir immerhin bis an die Brust. Zum Glück war der Untergrund sandig und damit fest. Ich erwischte noch ein paar Pfeifengrasbulte und gelangte so wieder an Land. Dort wrang ich meine Sachen aus, aber den Kartiertag konnte ich bereits um 17 Uhr beenden. Für Oktober war das nicht so schlimm, nur musste ich noch etwa fünfzehn Kilometer gegen den Wind in meine Pension nach Groß Meckelsen radeln. Doch ich hatte überlebt – und bekam nicht einmal eine Erkältung!

Ein weiteres Glanzlicht im Moor ist zweifellos die **Moor-Ährenlilie** (*Narthecium ossifragum*, RL 3). Diese Lilie ist fast zu schön, um wahr zu sein, und wurde 2011 zur Blume des Jahres gewählt. Sie wird auch Beinbrech genannt, wohl weil ihre Standorte – Feuchtheiden, Moore sowie Moorwiesen – so schlecht begehbar sind, dass sich Weidevieh hier die Beine brechen kann. Die goldgelben Blüten bestechen vor allem durch die orange- bis ziegelroten Staubbeutel. Als sie mir 1990 im Landkreis Harburg zum ersten Mal ins Auge fiel, konnte ich mich kaum von ihr trennen. Die Moor-Ährenlilie ist ebenfalls ideal, um mal wieder «Mumienbotanik» zu betreiben. Sie vertrocknet zwar, doch wie andere Pflanzen in Mooren vergeht sie nur sehr langsam. Aus

········· *Zum Teufel mit dem Moor?* ·········

diesem Grund kann man zur Blütezeit von Ende
Juni bis Anfang August sogar noch schlecht ver-
weste Stängel, manchmal sogar die Blätter des
Vorjahrs identifizieren.

Stark gefährdet ist im Moor das **Braune
Schnabelried** (*Rhynchospora fusca*, RL 2).
Dabei fällt dieses Sauergras kaum auf, denn die
Pflanzen, von denen es umgeben ist, sind ebenfalls
gräserartig. Kommen aber Blumenbinse, Glockenheide,
Lungen-Enzian, Moor-Ährenlilie, Moosbeere, Rosmarinheide und
Sonnentauarten hinzu, befindet man sich in einem der
schönsten, urtümlichsten und gefährdetsten Land-
schaftstypen Deutschlands überhaupt.

Den ebenfalls sehr seltenen **Lungen-Enzian** (*Gentiana pneumonanthe*, RL 3) sah
ich erstmals im Alter von dreißig Jahren im
Hochmoor bei Schierhorn im Kreis Harburg. Er hat blaue, aufrechte, glockenartige
Blüten, die erst ab Anfang August erscheinen. Himmelblauer Moorenzian oder «Nur
ich trage Blau im Hochmoor» könnte man ihn
auch nennen. Richtig gejubelt habe ich, als ich ihn
erblickte, denn es war überhaupt mein allererster Enzian. Ich habe
mich am Ende richtig von ihm verabschiedet und ihm dafür gedankt,
dass wir uns endlich getroffen hatten.

Als eingefleischter Farnfan verachte ich natürlich
auch den **Königsfarn** (*Osmunda regalis*, RL 3)
nicht. Allerdings muss man beim Anblick
«seiner Majestät» eher an einen kräftigen
Schlägertypen denken. Dennoch: Seine imposanten grünen Wedel mit klaren Blatträndern
(nicht so gesägt wie bei vielen anderen Farnen)

haben es mir angetan. Prächtig ist ebenso sein Wuchsbeginn im zeitigen April, wie er da so schön die Blätter ausrollt, einfach zum Staunen. Sofort kann man das Gesicht einer Schleiereule oder den Kopf einer erregten Kobra erkennen.

Bei der extrem seltenen **Flutenden Moorbinse** (*Isolepis fluitans*, RL 2) ist schon der Name interessant. Flutende Moorbinse? Darunter kann man sich eigentlich nix vorstellen. Was flutet denn im Moor? Da gibt es Schwingrasen, Moorsümpfe, nach Entwässerung auch schon mal Wald, und klar: Wasserflächen. Aber wer einmal in Mooren mit Wasserflächen war, der hat im Wasser außer Torfmoosen selten etwas Flutendes gesehen. Die Flutende Moorbinse flutet, das stimmt schon, aber nicht in den besonders sauren Hochmoorgewässern. Etwas mehr Nährstoffe dürfen es dann doch sein, darum hat sie sich alte Sandgruben, aufgelassene Fischteiche und klare Bachoberläufe ausgesucht. Im Übergangsbereich vom Land zum Wasser ist sie besonders stark, Moorkrake wäre der sinnvollere Ausdruck für sie. Diese Binse überrascht gern, denn mal verschwindet sie plötzlich, mal taucht sie unverhofft wieder auf. Als ich 2013 nördlich von Bremen im Naturschutzgebiet «Heidhofer Teiche» war, ging ich davon aus, dass mir dort alle Arten bestens bekannt wären. Dachte ich. Bis ich am Ufer eines größeren Stauteichs die Flutende Moorbinse ausfindig machte, gleich auf Tausenden Quadratmetern. Vor fünf Jahren war dort noch nirgends die Moorkrake zu erkennen gewesen. Das macht die Botanik so schön: Mit gar nichts rechnen und immer Neues entdecken!

Vergessen will ich keineswegs die winterkahle **Rauschbeere** (*Vaccinium uliginosum*), ein eher östlich und südlich verbreiteter Zwergstrauch. Auffällig sind die eiförmigen Blätter in Grün-Blau.

Zum Teufel mit dem Moor?

Die Stängel sind braun und rund, die weißlichen Blüten glockig. Sie blühen von Mai bis Juli, und ihre Früchte kommen schwarzblau daher. Sie sind etwas größer als die der Heidelbeere, aber meist nicht so zahlreich. Die Rauschbeere wurde früher zum Färben und Gerben genutzt und zur Herstellung von Branntwein (Tunkelbeere). Sogar Weidetiere sollen sich an den gärenden Früchten gelabt haben, nicht ohne zu torkeln. Geradezu irre finde ich, dass die Rauschbeere wie der Wacholder in den Hochlagen der Alpen platt wie eine Flunder ist. So kann tauender und vereister Schnee besser abrutschen, und die Sträucher stehen beziehungsweise liegen trotzdem wie eine Eins.

Bei genauer Betrachtung sind die Hochmoore ja doch nicht so schlecht, aber beim Erzählen bleiben am ehesten die Mühseligkeiten und Unfälle präsent. Zur Rauschbeere fällt mir noch eine Anekdote ein: Im November 2013 war ich ein weiteres Mal im Wendland, gemeinsam mit Botanikern aus Berlin und Celle, Jürgen Klawitter und Hannes Langbehn. Hannes, der schon ganz Europa gesehen hat, empfing mich in Pevestorf an der Elbe mit den Worten: «Wir haben eine Überraschung für dich, die Rauschbeere bei Laase, sogar über tausend Pflanzen!» – «Donnerschlag», erwiderte ich, «das gibt es doch gar nicht, das ist ja unerhört!» Diese Art fehlte mir nämlich noch auf meiner Wendlandliste, dabei kannte ich diese Gegend so genau. Deswegen fügte ich, langsam skeptisch geworden, hinzu: «Komisch, ich weiß da nur von massenhaft Kriech-Weide.»

Wir drei begaben uns sofort nach Laase; inzwischen schon ganz aus der Fassung vermutete ich den Rauschbeeren-Wuchsort noch dahinter, in den bewaldeten Dünen. Nur so machte es Sinn für mich. Aber als sie mir dann stolz ihren «prächtigen» Fund präsentierten, zeigte sich: Hannes wie auch Jürgen hatte nur beiläufig hingeschaut. Das, was sie für Rauschbeere gehalten hatten, war tatsächlich «mein» Kriech-Weiden-Bestand. Leider war es mit der Rauschbeere im Wendland also nichts. Hannes, der Experte aus Celle (in seinem Landkreis ist die Rauschbeere richtig häufig), musste zurückrudern. Er sagte voller Humor: «Du weißt, dass ich ja immer recht habe, aber dieses Mal muss ich meinen Irrtum ehrlich eingestehen, auch wenn mir das sehr schwerfällt.» Und so ergeht es jedem von uns mal im Eifer des Gefechts! Es hat sogar schon größere Aufsätze in der Fachliteratur gegeben, in denen «Finder» über irrtümliche Arten berichteten. Und von Hannes habe ich dermaßen viel gelernt, vor allem habe ich ihm mein heutiges Fachwissen zu verdanken. Sie können sich jetzt vorstellen, dass dann abends bei Schnitzel, Bier und Wein der Flachs so richtig blühte ...

Horch, vom Walde
komm ich her

Wälder mochte ich anfangs nicht so besonders, aber wirklich nur zu Beginn. Ohne Karte drohte ich mich dort leicht zu verlaufen, und mein Näschen für die Standorte der besonderen Waldarten war noch ziemlich unterentwickelt. Mit der Zeit gewannen aber Laubwälder mit dem ersten Buchen- oder Eschengrün zunehmend an Reiz. Und erst die Laubfärbung im Herbst! Alles wird gelb, braun, rot – eine wahre Farborgie. Natürlich interessiert mich am Wald aber mehr, was dort außer Bäumen noch wächst. Leider haben wir bei allen Baumarten Monokulturen, in reinen Fichten- oder Buchenforsten gedeiht fast nichts. Diese Wälder kann ich gleich ausschließen, die sind uninteressant. Oder man sieht in ihnen nur ein paar Heidel- oder Preiselbeeren. So sehr ich deren Früchte mag, so trostlos kommt diese artenarme Krautschicht daher. Der Wald der Moderne, also des 20. und 21. Jahrhunderts, ist der eher trostlose Hallenwald – ein Wald, der nur noch aus einer Schicht hoch aufgeschossener Bäume besteht, der Wald für IKEA-Schränke, die man früher gar nicht brauchte.

Unter Eschen, Erlen, Eichen oder Hainbuchen findet man jedoch Spannendes, da zwischen den Bäumen Licht auf den Boden fällt. Ein besonders lichter Wald ist der Birkenwald – es gibt keinen Birkenwald, unter dem nichts wächst, und wenn es Flechten, Moose und Pilze sind. In größere Wälder fahre ich gelegentlich mit dem Auto hinein. Auch da bin ich mal wieder dreist und setze mich über ein Verbot hinweg. Und weil ich im Auto ja immer eine Säge dabeihabe, ist es sogar schon vorgekommen, dass ich einen Schlagbaum, der mich

Horch, vom Walde komm ich her

in diesem Wald einzuschließen drohte, kurzerhand durchgesägt habe. Genauer gesagt ganz am Stangenrand, sodass ich ihn fast unmerklich wieder in die Gabel zurücklegen konnte. Man sah nichts, aber der Förster wird es sicher irgendwann bemerkt haben …

Neben der Säge wünsche ich mir auch manches Mal eine Forke, um dichtes Geäst, das seltene Arten zudeckt, wegzuharken. So benutze ich Füße und Hände, um das Gestrüpp besser zu verteilen. Ständig sehe ich achtlos in die Wälder geschmissenes Gartenlaub oder Schnittgut. Wenn die Leute es wenigstens auseinandertreten würden! Aber nein, sie knallen es einfach hin und hauen danach ab. Auch achtlos zurückgelassenen Hausmüll schmeiße ich hin und wieder woanders hin, etwa auf ein Feld zum Unterpflügen. Ich kann es überhaupt nicht mit ansehen, wenn etwa schöne Moosflächen erstickt werden. Moospolster sind für mich das Höchste im Wald. Schon als Kind legte ich mich auf Moospolster und guckte in die Wipfel der Bäume hinein. Lag ich dann zehn Minuten einfach still da, war ich hinterher vollkommen entspannt – und das funktioniert noch heute. Manchmal umarme ich auch einen Baum und mache ein Foto eng am Holzstamm hoch hinauf in die Äste. Die Sicht wird dadurch verzerrt, und man denkt, ich würde mich unter einem Mammutbaum von hundert Meter Höhe befinden, dabei war es eine Fichte von gerade mal dreißig Metern.

Klar, dass ich die Zeit um Weihnachten eigentlich weniger mag, draußen ist botanisch nämlich nichts mehr los. Na gut, danach sind erste Spitzen von Krokus, Schneeglöckchen, Schneestolz, Winterling & Co. zu beobachten, aber das reißt den eifrigen Pflanzenfreund nicht vom Hocker. Doch bereits im milden Februar kann man die ersten frischgrünen Triebe vom **Wald-Gelbstern** (*Gagea lutea*) entdecken. Er sieht aus wie unscheinbarer Waldschnittlauch und wächst in Wäldern, aber auch auf Friedhof-, Kirchhof- und Parkrasen rasch zu großen hellgrünen Teppichen zusammen. Das klärt sich ab April auf, wenn sich zierliche hellgelbe Blüten zeigen, oft in großen Mengen. Sie treten quirlartig neben einigen Hochblättern zutage. Der Wald-Gelbstern profitiert von drei Dingen: guten Lichtverhältnissen unter dem noch fehlenden Blätterdach der Bäume, teils frostigen Temperaturen und der erhöhten Bodenfeuchte des Vorfrühlings. Die Kenntnisse über die Verbreitung unserer Gelbsterne in Nordwestdeutschland habe ich erheblich verbessert. Irgendwie werde ich nicht müde, mich immer wieder für die gleichen Arten zu begeistern. Jahr für Jahr. Viele verstehen das nicht, aber Hauptsache ist ja, dass ich das, dass ich mich verstehe ...

Einige Arten sind zum Glück schon Anfang April zu sehen, weil sie Licht brauchen und die für Schatten sorgenden Blätter gar nicht mögen. Eine solche Lichtart ist das **Busch-Windröschen** (*Anemone nemorosa*), alle Jahre wieder erwarte ich diese Frühlings-wald-Sonnenblume sehnsüchtig. Nach langen Wintern bedeckt ein Meer aus weißen Blüten den ganzen Waldboden – wir nennen so etwas Aspekt, ein Frühjahrsaspekt im Laubwald. Auf meiner ersten studentischen Exkursion im April 1984 – sie führte in den Stadtwald Eilenriede in Hannover – wurde uns das Windröschen in riesigen Mengen gezeigt. Blöd war nur, dass es auf dem Windröschen-areal danach aussah wie auf einem Schlachtfeld. Alles zertreten! So etwas erlebte ich danach mehrfach. Selbst Botaniker plätten die Pflanzen, als wenn es sich um Papiertaschentücher handelt. Muss das denn sein? Achtung, Ehrfurcht und Sinnlichkeit fehlen überraschend vielen Menschen. Mich bewegt schon lange, wie man diese wichti-

Horch, vom Walde komm ich her

gen Einstellungen den Menschen näherbringen könnte. Ob dieses Buch dabei helfen kann?

Wo Windröschen sind, wachsen oft **Hainbuchen** (*Carpinus betulus*) darüber. Mit bis zu 20 Metern Höhe ist die Hainbuche nicht gerade ein Baumriese, aber vor allem im Winter fällt sie durch ihre glatte, aufgrund des krummen und oft mehrstämmigen Wuchses auch verdrehte Rinde auf. Dieses Phänomen hat zum Ausdruck «hanebüchen» geführt, gemeint ist dieser verrückte und weit von der Norm liegende knorrige Wuchs. Das Holz ist deshalb nicht als Möbel- oder Bauholz zu verwenden. Obwohl sehr hart – neben dem Holz des Speierlings das härteste Holz aller heimischen Bäume –, diente das Hainbuchenholz nur für Klavierhämmer, Schachfiguren, Schmuckkästen und natürlich als sehr gutes Brennholz. Die Hainbuche ist nicht mit den Buchen, sondern mit den Birken verwandt. Sie blüht aber bereits im April und läutet so den Frühling endgültig ein. Bei ihr imponiert mir neben der sehr schnellen Zersetzung des Laubes immer wieder diese Wuchskraft. Wie viel Wasser und Nährstoffe muss diese Art dem Boden entziehen, um dermaßen reichlich zu blühen und vor allem im Herbst zu fruchten. An vergleichsweise dünnen Zweigen sitzen Tausende von Früchten, und sie biegen sich dabei noch nicht einmal stark herab.

Am Teutoburger Wald gibt es bei Bielefeld einen Berg ganz in Blau, sozusagen in Leberblümchen-Blau, denn hier wächst das **Leberblümchen** (*Hepatica nobilis*) in Hülle und Fülle! Dieser Jakobsberg befindet sich nahe dem Städtchen Halle, wo das deutsche Wimbledon liegt, jedenfalls wird in diesem Ort auf grünem Rasen das Vorbereitungstennisturnier für die Insel ausgetragen. Der Welt-Tennisspieler Roger Federer hat hier eines seiner drei Wohnzimmer. Er ist mein absoluter Lieblingssportler, seit vielen Jahren – nicht nur wegen seines Nachnamens.

In den frühen siebziger Jahren war es Tradition, mit der ganzen Familie zum Jakobsberg zu pilgern, immer zu Anfang des Monats April, zur Blütezeit des nur um 10 Zentimeter hohen Leberblümchens, das sich auch durch weiße Staubgefäße und weißliche Zeichnungen in der Blütenmitte hervortut. Vor allem in der wärmenden Frühlingssonne zeigen sich die sehr schönen Kränze aus sechs Blütenblättern über ansonsten noch unbewachsenem Laubwaldboden. Das Leberblümchen ist gleichsam ein Waldfrühaufsteher. Es ist eine östliche, eine sogenannte kontinentale Art, sie fehlt in Nordwest-, West- und Südwestdeutschland. Der Jakobsberg ist also ein regelrechter Vorposten und daher besonders wertvoll! Viele Heimatvertriebene aus dem Osten kannten diese Pflanze und gruben sie nach dem Zweiten Weltkrieg für ihre Gärten aus. Das ist seit langem verboten, aber noch immer sieht man unweit von Dörfern Spuren von Ausgrabungen. Schade, denn in Gärten hält sie sich nicht lange, es fehlt der hohe Kalkgehalt im Boden. 2013 wurde das Leberblümchen zur Blume des Jahres proklamiert, früher wurde es als Heilmittel bei Leberkrankheiten eingesetzt.

Zwischen Teutoburger Wald im Südwesten und dem Wiehengebirge im Norden existiert eine flachwellige Landschaft mit lehmigen Böden, das Ravensberger Hügelland. Bielefeld ist das Zentrum. Die Landschaften sind hier von vielen Bauerndörfern, kleineren und größeren Städten (Detmold, Herford, Lage, Lemgo, Melle) und zahlreich verstreuten Einzelhöfen zersiedelt. Die Bewohner der kleinen Einzelhöfe (Kotten) nannte man früher wenig schmeichelhaft Kötter. Einen dieser Jungen habe ich mal böse «Kottendackel» genannt, da hat er mich verhauen. Später wurde er aber mein Freund, und er war lange Zeit der schnellste Läufer meiner Fußballmannschaft. Wir alle nannten ihn auch einfach nur den «Läufer».

Horch, vom Walde komm ich her

Etwa 300 Meter von unserem Haus am Ortsrand entfernt verläuft der zwei bis drei Meter breite Hasbach mit steilen Ufern, der hin und wieder von kleinen Erlenwäldchen gesäumt wird. Diesem Bach und einem der Erlenwäldchen verdanke ich fünf weitere Kindheitsereignisse. Erstens – der Bach machte an einer Stelle eine scharfe Biegung, die bei Hochwasser zusätzlich von einem Rinnsal umflossen wurde. Jene Stelle tauften Freunde kurz nach unserem Zuzug in besagte Wohnsiedlung Drei-Feder-Insel. Zweitens – im Herbst 1972 gab es in ganz Deutschland einen fürchterlichen Orkan, alle alten Pappeln im Erlenwald knickten wie Streichhölzer um. Noch Jahre später konnte man auf ihnen wunderbar balancieren und gefahrlos den Bach überqueren. Drittens – mein Bruder Michael (ein Jahr jünger), mein Freund Jörg aus Berlin (ein Jahr älter) und ich hatten uns direkt über dem Hasbach eine Baumbutze aus Ästen gebaut. An einem lauschigen Spätsommertag lag ich in dieser Bude – und fiel heraus. Plötzlich, einfach so, voll in den Bach hinein. Dabei zerriss ich mir an einem Zweigstumpf meine nagelneue Badehose. Laut schreiend lief ich durch ein Maisfeld nach Hause, die Maispflanzen wie ein Slalomskifahrer die Stangen zur Seite boxend. Viertens – an dem Erlenwälchen gab es einen großen Meierteich, der stets voll von fetten Karpfen war. Eines Tages im Sommer beschloss ich, vom flachen Ufer aus (meine Badehose war inzwischen eine andere) im trüben Wasser zu fischen. Mit der flachen Hand wollte ich mir so einen fetten, trägen Fisch angeln und einfach an Land werfen. Das gelang auch auf Anhieb, aber ich erschrak. «Mein» Karpfen entwickelte nämlich eine solche Kraft und klatschte mit seinen Flossen derart stark auf den lehmigen Untergrund, dass ich ihn überhaupt nicht halten konnte. Er schaffte es zurück ins Wasser, und ich hatte mich bei der ganzen Aktion völlig eingesaut. Nach einem Karpfen habe ich übrigens nie wieder gegriffen, aber auch das Angeln mit einer Rute blieb mir (entgegen vielen anderen Jungs) völlig fremd. Und fünftens – die vielen hellgelb blühenden **Hohen Schlüsselblumen** (*Primula elatior*) litten im Bachwald. Nicht durch unser gelegentliches Abpflücken, sondern durch den Einmarsch vieler Brennnesseln. Zerbröselnde Pappeln wie etwa nach dem erwähnten Orkan und plötzlich mehr Licht sind für Schlüsselblumen lebensbedrohlich. In vielen Gegenden Nordwestdeutschlands zähle ich daher bis heute ihre Bestände bis auf die allerletzte Pflanze aus.

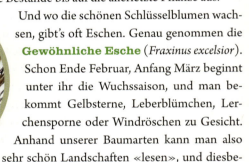

Und wo die schönen Schlüsselblumen wachsen, gibt's oft Eschen. Genau genommen die **Gewöhnliche Esche** (*Fraxinus excelsior*). Schon Ende Februar, Anfang März beginnt unter ihr die Wuchssaison, und man bekommt Gelbsterne, Leberblümchen, Lerchensporne oder Windröschen zu Gesicht. Anhand unserer Baumarten kann man also sehr schön Landschaften «lesen», und diesbezüglich ist unter Eschen fast immer etwas los. Früh im Jahr sind sie gut an ihren pechschwarzen Knospen zu erkennen, an der glatten grauen Rinde und später an lange haftenden Früchten weiblicher Altbäume. Eschen bringen viel Jungwuchs hervor, weil sie ihren eigenen Wuchsraum nur wenig selbst beschatten, und in Dörfern und Städten sind sie neuerdings stark im Kommen – man spricht bereits von einer «Vereschung der Städte». Die Esche wird bis zu 40 Meter hoch und 150 Jahre alt und liefert(e) zähes Holz für Möbel, Küchengeräte (Bretter, Kochlöffel) und Flöten. In der nordischen Mythologie ist sie der wichtigste Baum, der Weltbaum, aus ihr wurden die ersten Menschen geschaffen.

Sehr früh im Jahr ist auch das **Erdbeer-Fingerkraut** (*Potentilla sterilis*) dran. Warum es ein Fingerkraut und keine Erdbeerart ist, weiß

Horch, vom Walde komm ich her

ich bis heute nicht, da muss sich jemand unter der Lupe oder dem Mikroskop die Augen verdreht haben. Sicher ist, dass es sich um ein Rosengewächs handelt. Die niedliche Wald-Erdbeere kennen viele, das aparte und mit 15 Zentimetern genauso große Erdbeer-Fingerkraut dagegen die wenigsten. Dieses Waldsensibelchen kann man im norddeutschen Tiefland glatt vergessen, so spärlich ist hier sein Vorkommen. Anders sieht es im Hügelland mit Laubwäldern aus. Markenzeichen sind winzige weiße Blüten zwischen blau-grünen Blättchen (diese sehen an der Spitze wie abgeschnitten aus). Oberirdische Ausläufer bewurzeln sich, manchmal kommt das Erdbeer-Fingerkraut richtig gestelzt daher, man meint dann, es sei gar nicht im Boden verwachsen. Wie viele Ausläuferarten muss es wegen seiner bärenstarken Wurzeln auch keine Früchte (mit Samen) ausbilden und bleibt daher steril, wie sein lateinischer Name verrät.

Kaum eine Art weist in Deutschland so markante Verbreitungsgrenzen auf wie die **Haselwurz** (*Asarum europaeum*). Weil sie mäßig feuchten sowie kalkreichen Boden artenreicher Laubwälder liebt, tritt sie nur im mittleren und südlichen Deutschland in Erscheinung. Sie ist gern dort, wo auch die Haselnuss (*Corylus avellana*) wächst (deshalb ihr Name!). Umwerfend sind die ledrig-glänzenden nierenförmigen Blätter, die oft massenhaft auf ihr zusagenden Standorten den Boden bedecken. Nur mit Mühe sind darunter im April die braunen glockenförmigen Blüten zu finden. Weil die hochgiftige, scharf nach Pfeffer riechende und noch schärfer schmeckende immergrüne Pflanze so entzückend aussieht, haben Pflanzen- oder besser Garten- und Parkfreunde sie an vielen Stellen auch eingeführt, etwa in Berlin, Hamburg und Hannover (übrigens mit nur mäßigem Erfolg, denn sie kümmert schnell).

Auf ganze andere Art prachtvoll ist das **Purpur-Knabenkraut** (*Orchis purpurea*, RL 3). Die 70 Zentimeter hohe Pflanze war Orchidee des Jahres 2013. Wie eine weiß-rosa Fackel leuchtet diese im Mai blühende Orchidee in feuchten, lichten Laubwäldern aus Erlen, Eschen, Eichen und auch schon mal aus Rot-Buchen. Weitere Worte sind überflüssig. Wie gesagt, sie ist einfach nur prachtvoll mit ihren bis zu neunzig Einzelblüten.

In artenreichen Laubwäldern ist der wintergrüne **Wald-Sanikel** (*Sanicula europaea*) leicht zu übersehen. Während die ledrigen Blätter mehr oder weniger flach dem Boden aufliegen, steigen die kleinen Döldchen der weißen Blüten im Mai bis zu 50 Zentimeter in die Höhe. Die Blätter werden im April neu angelegt und sind zunächst salatartig gekräuselt. Wetten, dass Sie es nie schaffen werden, Blüten *und* Blätter dieser Art gleichzeitig scharf zu fotografieren? Geht nicht! Den Wald-Sanikel findet man oft an Waldwegen, bevorzugt habe ich ihm in Niedersachsen nachgestellt. Die Früchte sind hakig bestachelt und können sich so im Fell der Waldtiere ausbreiten. Früher war die Pflanze ein Allheilmittel, weshalb man sie auch Heilkraut oder Heil aller Schäden nannte. Weltweit gibt es siebenunddreißig *Sanicula*-Arten, aber nur eine in Europa.

Einmal radelte ich auf meinem Fahrrad durch einen Wald, und als ich abstieg, um aus meiner Satteltasche eine Trinkflasche zu holen,

Horch, vom Walde komm ich her

war ich umstellt von zwei, drei grün berockten Jägern, bewaffnet und umgeben von herumwuselnden Hunden. Ich hatte wohl ihr Treiben gestört, und ihren Gesichtern sah man an, dass sie stocksauer waren. «Der Wald gehört allen», sagte ich trotzig und schwang mich wieder aufs Rad. Dass ich vor ihnen keine Angst hatte, brachte die Jäger aber nur noch mehr auf – ich kann mich noch an einige Beleidigungen erinnern, die dann fielen. Ich war übrigens gerade auf dem Weg zu einem von nur noch zwei Arnikavorkommen im Bremer Florengebiet – da hält mich keine Jägermeute auf!

Der **Gelbe Fingerhut** (*Digitalis lutea*) hat lange, röhrenartige Blüten, die vertikal wie an einer Perlenschnur am Stängel aufgereiht sind, und erinnert an eine schwefelgelbe Giftglocke. Sooo schön sieht das aus! Die zahlreichen Blätter, die wie kleine Lanzen aussehen, sind kahl und randlich fein gesägt. Als Art der (höheren) Gebirgslagen fehlt er in ganz Ostdeutschland, auch Niedersachsen wird nicht mehr erreicht. Oder doch? Ich jedenfalls habe diesen Fingerhut erstmals 2013 im Leinebergland bei Alfeld (Kreis Hildesheim) gesehen, insgesamt fünf schöne Blühpflanzen an einem Waldsaum. Die muss jemand im Schwarzwald oder im Pfälzer Wald ausgegraben und hier im niedersächsischen Sackwald ausgebracht haben. Aber wie gesagt, An- und Umpflanzungen sind im Naturschutz streng verpönt. Auch wenn das niemand kontrolliert, niemand kontrollieren kann, so gibt es diesen Ehrenkodex, der aber immer wieder gedankenlos missachtet wird (vor allem von notorischen Orchideenliebhabern).

Die **Pfirsichblättrige Glockenblume** (*Campanula persicifolia*) wächst mit ihren großen lilablauen Blütenglocken meistens in

Laubwäldern (vor allem in steilen Hanglagen mit Rot-Buche, Eiche, Feld-Ahorn, Speierling und Els-beere), aber immer häufiger auch in Gärten. Sie muss dann manchmal unter der Last der vielen Blüten gestützt werden. Am schöns-ten wirkt sie aber als Waldsolist.

Den **Stinkenden Storchschnabel** (*Geranium robertianum*) hat im Wald wohl jeder schon mal gesehen, zunehmend kommt er auch als äußerst lästiges Unkraut in Sied-lungen vor. Und im Bahnschotter drängt sich diese hellrot blühende Pflanze förmlich auf. Ganze Sprossteile können sich sogar bei zu starker Hitze knallrot verfärben. Der eigen-artige, manchen Menschen unangenehm erscheinende Geruch hat diesem Storchschnabel zur deutschen Bezeichnung verholfen. Der schwedische Botanikprofessor von Linné wollte übrigens mit «*rober-tianum*» seinen französischen Gegenspieler Robert ärgern und ver-ewigte ihn dann mit diesem Stinker. Er erinnert mich auch an meine Ausbildung zum Landschaftsgärtner in Bielefeld. Mein allererster Einsatzort war der große Waldfriedhof in Schildesche, wir führten dort Erweiterungsarbeiten aus. Dazu wurden von den Friedhofsgärt-nern überflüssige Grabreihen geräumt und eingeebnet. In einer Mit-tagspause beobachtete ich drei von ihnen, wie sie mit ausgegrabenen Totenköpfen auf einem Hauptweg eine Zeitlang Fußball spielten. Da beschlichen mich bereits erste Zweifel am Geisteszustand so mancher Gärtner. Übrigens zählt der Stinkende Storch-schnabel neben dem Wald-Sauerklee (*Oxalis acetosella*) zu unseren schattenverträglichsten Krautpflanzen überhaupt.

Als ich vierzig wurde, erhielt ich einen wunder-baren Kartierauftrag: die Begutachtung aller im Re-gierungsbezirk Hannover existierenden **Frauen-**

Horch, vom Walde komm ich her

schuh-Bestände (*Cypripedium calceolus*, RL 3). Dazu sichtete ich im Vorfeld sämtliche amtlichen Informationen über die 50 Zentimeter hoch wachsende Orchidee, trug die Wuchsorte in Karten ein und kontaktierte in der Nähe ansässige Gewährspersonen. Vor Ort wurden neben Fotos und der genauen Ermittlung der Bestandsgrößen auch alle Begleitarten festgehalten. Das nennt man Monitoring, und ich lernte dabei neben niedersächsischem Neuland nicht minder interessante «Eingeborene» kennen. Es ist nicht ungewöhnlich, dass es Leute gibt, die sich von den vielen Pflanzenarten nur die Orchideen herauspicken, wir nennen das «Sie machen in Orchideen». Über sie wissen sie dann aber auch wirklich alles, sie schlafen sozusagen neben ihnen. Solch einen Menschen hatte ich bei meinem Auftrag einmal am Wickel, und er imponierte mir sehr. Über Jahre hinweg wusste er die von ihm am jeweiligen Wuchsort jeweils ermittelten Bestandsgrößen auswendig aufzusagen. Und gleichsam wie im Traum steuerten wir «seine» Stellen an – im fast trockenen Kalk-Buchenwald, an unübersichtlichen Waldwegen oder auf Magerwiesen. Dabei führte er stets unmittelbare Artenschutzmaßnahmen durch. Manchmal zäunte er die Exemplare ein (gegen Wildverbiss) oder entfernte konkurrierende Pflanzenarten (oft ganze Gebüsche). Sein besonderer Trick auf Magerweiden: Altes Buchenlaub verteilte er dicht und ringförmig um jeden Frauenschuh. Dabei erklärte er äußerst freudig, die grasige Konkurrenz würde unterdrückt (durch Lichtmangel) und die guten Inhaltsstoffe der Buchenblätter unmittelbar den Orchideen zur Verfügung stehen. Das kann man in keinem (Lehr-)Buch nachlesen. Aber andere schöne Pflanzenarten ließ er sich von mir nicht zeigen!

Eine weitere Spezies Mensch, über die ich mich immer wieder ärgere, sind Förster, die aus Unwissen sonnendurchflutete Waldweg- und Waldgrabenränder vernichten. In einem Wald nördlich von Verden bei Bremen wurden so zwei Wegsäume mit über hundert Exemplaren vom **Berg-Johannis-kraut** (*Hypericum montanum*) flächig mit vor allem durch Laubfall verdrängendem Gingko bepflanzt. Eine völlig unnötige Aufforstung! Was hat eine Baumart aus Ostasien im deutschen Wald zu suchen? Immerhin handelte es sich beim Berg-Johanniskraut um das totale Verschwinden einer in diesem Gebiet stark gefährdeten Wald- und Lehmheideart. Sehr ansehnlich sind die blassgelben Blüten und die eiförmig zugespitzten Blätter an hübsch bläulich bereiften Stängeln. Eine richtige «Bombe» sind vor allem die zahlreichen schwarzen und gestielten Drüsen an den fünf Kelchblättern.

Der Feind der **Türkenbund-Lilie** (*Lilium martagon*) sind nicht Förster, sondern Rehe, die sie gern abfressen, weshalb eigentlich der Name Geköpfte Waldlilie angebrachter wäre. Die purpur-roten hochgeschlagenen Blütenblätter be-sitzen zur Blütenmitte hin Hunderte schwarzer Punkte, die ihnen ein fast gefährliches Aussehen verleihen. Unten am Stängel befinden sich im Quirl angeordnete Blätter, nach oben folgen dann nur noch wenige zungenförmige Blätter. Diese Pflanze ist seit langem geschützt. Aber die Rehe halten sich nicht daran, Menschen allerdings auch nicht. 2001 habe ich jemandem in den Sieben Bergen (Kreis Hildesheim) dabei erwischt, wie er in einem Erdbeerkorb etwa zehn Pflanzen aus dem Wald trug. Ich sagte ihm gehörig die Meinung. Anschließend musste der Frevler unter meinen wachsamen Augen alle Lilien wieder einpflanzen. Und da ich nicht überall Biwak ma-chen kann, hoffe ich, dass er an diese Stelle nie wieder zurückkehrte.

Horch, vom Walde komm ich her

Eine der am meisten verbreiteten Brombeerarten Deutschlands ist die robuste **Träufelspitzen-Brombeere** (*Rubus pedemontanus*). Die Blätter sind samtig behaart und besitzen eine sehr auffallende Träufelspitze (deswegen der Name). Im Herbst, vor allem nach ersten Frösten, verfärben sich die Blätter rasch schiefer- bis lilafarben und verleihen der bodennahen Vegetation einen düsteren Glanz. Im Winter sacken diese Bestände dann in sich zusammen, die Blätter werden aber erst im Frühjahr erneuert (im Winter rollen sie sich randlich ein). In Deutschland gibt es etwa 360 verschiedene Brombeeren, sie alle hat jedoch noch niemand gesehen. Übrigens zeigen sämtliche Brombeerarten Apomixis – das bedeutet eine Samenerzeugung ohne Befruchtung. So kann man sich auch fortpflanzen.

Einmal nahm ich an einer Exkursion mit einem international geachteten Brombeerexperten, Professor Weber, teil. Unzählige Brombeeren hat er beschrieben, und ich war ziemlich gespannt, als ich ihm begegnete und wir mit einigen anderen Teilnehmern in einen brombeerreichen Wald fuhren. Am Ende des Tages jedoch war ich ziemlich enttäuscht, denn er konnte uns höchstens sechs, sieben Brombeerarten definitv zeigen, weil mögliche weitere noch nicht gefruchtet hatten und er sie nicht genau benennen konnte. Ich hatte damit gerechnet, mindestens zwanzig, dreißig Arten kennenzulernen! Zur Bestimmung ging der Herr Weber mit einer Rosenschere zu einem Strauch, schnitt ein Stück aus der Mitte heraus, hielt es zum Beispiel mir vor die Nase und sagte: «Herr Feder, hier haben wir jetzt auf einer Länge von 10 Zentimetern fünf hohe und zehn kleine Stacheln.» Beim nächsten Teil gab es keine hohen Stacheln, sondern nur kleine, ein anderes hatte gar keine Stacheln. Er zählte also die

Sprossenachsen aus, und danach unterschied er die Arten. «Für Sie werden Brombeeren kein Problem mehr sein», fuhr er fort und sollte sich gewaltig irren. Denn diese Vorschussbrombeeren zeigen bei mir bis heute kaum Wirkung.

Zwischendurch spürte ich allerdings, dass auch der Professor bei der Bestimmung schwamm. So meinte er einmal: «Die Blüten sind kein sicheres Merkmal für eine bestimmte Brombeere.» Trickste er vielleicht, oder erfasste er sie tatsächlich nicht anhand der Blüte? Nichtblühende im Wald erkannte er aber auch nicht! Na, was denn nun? Ein paar Jahre später fuhr ich extra einmal anlässlich eines Brombeervortrags von Professor Weber mit dem Zug von Bremen nach Osnabrück. Doch da ich der einzige Gast war, fiel der Vortrag aus. Spätestens da wurde meine Ahnung, dass Brombeeren ein sehr schwieriges Thema sind, zur Gewissheit.

Es kommt immer mal wieder vor, dass ein Wissenschaftler eine Art in einem Nachbarwald gesehen hat und felsenfest behauptet, in diesem müsste es sich um eine identische Art handeln, würde es doch der gleiche Waldtyp sein, würde es sich doch um die gleiche Gegend handeln. Ich wäre da sehr vorsichtig. Ich schreibe nur das auf, was ich sehe, und das in jedem einzelnen Quadrat neu. Es gehört sich nicht, von möglichen Vergleichbarkeiten auszugehen, denn selbst bei fast ähnlichen Bedingungen kann es nebenan schon wieder ganz anders aussehen.

Beim **Rühr-mich-nicht-an** (*Impatiens noli-tangere*) springen einem ab Spätsommer die Samen nur so um die Ohren, per Schleudermechanismus können die fast drei Meter weit fliegen. Wenn in Laubwäldern im Hochsommer fast nichts mehr los ist, zeigt sich diese Art in Hochform. Zahlreiche gold-

Horch, vom Walde komm ich her

gelbe Blüten weisen im Schlund vereinzelt rote Flecken auf, sie scheinen überdimensional groß zu sein. An dünnen Stängeln hängt eine Tuba neben der nächsten fast bleiern herab. Obwohl sehr anspruchsvoll – sie mag es feucht, nicht zu trocken, nicht zu nass –, breitet sich diese gern von Hummeln besuchte Art aus, aber nur allmählich.

Hierzulande gibt es zwölf Schachtelhalmarten, ein mickriger Rest ehemals ausgedehnter Schachtelhalmwälder. Einst, im frühgeschichtlichen Karbonzeitalter, waren sie Grundlage der großen Steinkohlevorkommen. Das war vor etwa 333 Millionen Jahren. Auf jeder Naturkunde-Exkursion mit Kindern zwischen fünf und zehn Jahren sind Demonstrationen mit Schachtelhalmen ein absolutes Muss. Denn das Verschachtelte der Halme muss gleich ausprobiert werden, und so sind sie eine geraume Zeit damit beschäftigt, einen oder gleich mehrere von ihnen in alle Einzelteile zu zerlegen. Dafür eignet sich am besten der meist allgegenwärtige Acker-Schachtelhalm. Den viel selteneren **Riesen-Schachtelhalm** (*Equisetum telmateia*) dagegen, immerhin fast 2 Meter hoch, kannte ich früher nur von einer Stelle an einem sogenannten Siek. Ein Siek ist im Bielefelder Raum eine von einem Bach über Jahrtausende ausgeschwemmte, wannenartige Talsituation. An solch einem quelligen Siek fielen mir diese überdimensionierten Flaschenbürsten auf, eine floristische Sensation. Bei dem gigantischen Riesen-Schachtelhalm wundere ich mich jedes Mal, dass so einer noch immer Teil unserer Flora ist, und dann bin ich ganz in meiner Welt. Wenn ich Leute wirklich zum Staunen bringen möchte, dann zeige ich ihnen die Riesen-Schachtelhalme im Bremer Gebiet. Dazu geht es nicht etwa ins Museum, sondern in die Laubwälder im Landkreis Cuxhaven oder in den Heidekreis. Und auch Steffi staunte nicht schlecht, denn im

······························· 6. KAPITEL ·······························

Herbst 2013 wurde sie erstmals von einem Schachtelhalm überragt – übrigens trotz 1,63 Meter Höhe sehr zu ihrer Freude.

Eher bedrückend und düster wirken Erlen-Eschen- und Eichen-Hainbuchenwälder bei einem Massenauftreten vom **Winter-Schachtelhalm** (*Equisetum hyemale*), denn er sieht ganz anders aus als der Riesen-Schachtelhalm (unter Buchen muss man den Winter-Schachtelhalm tatsächlich suchen, denn hier ist er selten). Mit schwarz-weiß abgesetzten ringförmigen Halmabschnitten bestimmt dieses unnachgiebige Gewächs das Bild. Und zwar meist allein, selbst die starken Brennnesseln kapitulieren in seiner Nähe. 1988 in der hannoverschen Eilenriede und südöstlich von Hannover in der Gaim nahe der A 7 habe ich die Art erstmals gesehen. Früher wurde sie wegen der in ihr enthaltenen Kieselsäure zum Polieren weicher Metallgefäße verwendet. Daher nannte man das Gewächs auch häufig Zinnkraut, wobei man den Namen dann ebenso auf andere Schachtelhalme übertrug.

Der apart weiß blühende **Europäische Siebenstern** (*Trientalis europaea*) ist ein Primelgewächs und aus diesem Grund in öden, dunklen Kiefern- und Fichtenforsten ein wahrer Lichtblick. Von Mai bis Juni erscheinen die Blüten, doch die Blütezeit ist leider auffallend kurz. Bereits Anfang Juli muss man schon sehr nach diesen oft geselligen Kiefernwaldaufhellern suchen.

Manchmal lasse ich für die Botanik sogar meine Hose herunter. Folgende Pflanze sah ich bisher nur an vier Stellen, und alle fielen

Horch, vom Walde komm ich her

mir zufälligerweise beim Pinkeln auf: Gemeint ist die **Teufelsklaue** (*Huperzia
selago*), ein moosartiges Etwas. Zwei
davon entdeckte ich auf diese unge-
wöhnliche Weise 1998 im Harz bei
Braunlage (Niedersachsen), einen weiteren Bestand unterhalb vom Brocken
(Sachsen-Anhalt), zuletzt ein riesiges
Vorkommen 2013 im Nationalpark Böhmische Schweiz, bei Herrnskretschen im
Klammtal der Kamenice, einem Nebenfluss der
Elbe. Die Teufelsklaue ist giftig und vollkommen geschützt. Einst diente diese wichtige Heilpflanze als Abführmittel, sie
wurde aber auch gegen Augenentzündungen eingesetzt (in Schott-
land), abgekocht gegen häusliche Ungeziefer (Schweden) und als
Betäubungsmittel (Deutschland).

   An Laubwaldhängen öffnen sich erst ab der zweiten
Julihälfte die weithin gelb leuchtenden Blüten
vom **Fuchs-Greiskraut** (*Senecio ovatus*).
Dann hat es freie Bahn, denn kaum etwas
blüht noch im Wald. Vier bis fünf schmale
Blütenblätter stehen bei diesem Gewächs
in einem schönen Kontrast zu fast blutrot
überlaufenen Stängeln. Die weit verbreitete Gebirgspflanze wandert allmählich nach
Norden, und diesen Expansionsdrang hat sie
mit den meisten der Greiskräuter gemein. Das
Fuchs-Geiskraut ist giftig, was zahlreiche Insekten,
insbesondere Tagfalter, nicht im Geringsten stört. Der Name Fuchs-
Greiskraut ist mir schleierhaft, es sieht keinem Fuchs ähnlich, riecht
auch nicht nach Fuchs und hat noch nicht einmal Bandwürmer. Ein
gewisser Herr Fuchs stand hier wohl als Namenspatron Pate.

Bei der **Heidelbeere** (*Vaccinium myrtillus*) mit ihren appetitlich aussehenden dunkelblauen Früchten werde ich sofort an meine Kindheit erinnert. Meine Eltern unternahmen mit uns Kindern an Sommerwochenenden oft ausgedehnte Wanderungen, meine fünf Jahre jüngere Schwester musste dabei anfangs noch in der Karre über Stock und Stein geschoben werden. Häufiges Ziel war der Teutoburger Wald, denn dieser Gebirgszug um Bielefeld wies viele Stellen mit ausgedehnten Heidelbeervorkommen auf. Mehrfach wurde gerastet, dann ging es in die Blaubeeren. Labsal in Mini-Oasen, in kurzer Zeit waren unsere Lippen und Zungen sowie die drei Greiffinger blaulila verfärbt. Nicht selten auch die kurzen Hosen, weil man sich zwischendurch mal auf einen Busch setzte. Abends mussten wir vier unverzüglich auf den großen Esstisch klettern, splitternackt, denn dort befand sich die beste Lampe. Mein Vater suchte uns dann eifrig nach Zecken ab, er fand immer welche. Mich mögen die Zecken besonders, Anfang der neunziger Jahre hatte ich manchmal zwischen zwanzig und vierzig dieser Parasiten an mir haften. Absoluter Rekord waren vierundfünfzig Zecken an einem Tag bei Kartierungen um den Brunsberg in der Nordheide (Kreis Harburg). Nach Fuchsbandwürmern fragte damals jedoch noch niemand, *wir* hätten sie haben müssen.

Ein sehr hübscher Neubürger ist die aus Nordamerika stammende **Grasblättrige Goldrute** (*Solidago graminifolia*), ursprünglich wohl eingeführt als gelb blühende Zierpflanze. Im Gegensatz zu anderen Goldruten fällt sie kaum auf. Das liegt am zierlichen Habitus, den kleinen Blütenständen und ihrer geringeren Höhe. Sehr schön sind die recht kleinen Blüten und die grasartigen Blätter an auffallend dünnen Stängeln. Die zwei Vorkommen ganz in der Nähe meiner Bremer Wohnung suche ich regelmäßig auf und halte dann aufkommende Gehölze mit meiner Rosenschere fern.

Im Laubwald treffe ich auch häufig Piepmätze wie Baumfalken, Kleiber, Kolkraben, Mönchsgrasmücken, Spechte, Waldlaubsänger, Zilpzalpe und Meisen aller Art an. Ich habe ja vielleicht auch 'ne Meise, aber Steffi meint gerade beim Schreiben dieser Zeilen: «Nein, du doch nicht …!» Rehe und Hasen begegnen mir auch oft. Eigentlich heißen die ja Feldhasen, aber die meisten Hasen sehe ich im Wald, bestimmt weil der ihnen Deckung gibt und es dort zeitweise trockener ist als auf dem Feld. Ich mag es, ihnen zuzusehen, wenn sie sich gegenseitig jagen. So viel Lebensfreude! Besonders wenn die warme Herbstsonne scheint und sie sozusagen noch einmal in Stimmung sind, versuchen sie sich ein bisschen anzubaggern und veranstalten Scheingefechte. Einmal habe ich etwa eine halbe Stunde lang vier Hasen in der Dämmerung beobachtet, sie hatten überhaupt keine Angst vor mir und kamen bis auf fünf Meter an mich heran. Kein Wunder, sie hatten mich auch nicht gesehen, ich saß nämlich im Auto.

Nah am Wasser gebaut

anz ohne Wasser geht es auch für trockenheitsliebende Pflanzen nicht. Viele Arten benötigen jedoch sogar ungemein viel Wasser, andere wachsen gern mal eine Zeitlang im Wasser, bis es nach einer Weile auch für sie dort ungemütlich wird. Wechselnde Wasserstände an unterschiedlich stark im Jahr sprudelnden Quellen, an Ufern oder im Bereich wieder abziehender Hochwässer – das sind extreme Bedingungen, die mir schon häufig das Wasser in die Sicherheitsschuhe oder Gummistiefel laufen ließen und die modderige Pampe gleich mit. Auch tänzelnde Bewegungen nur in Halbschuhen, etwa von Baumwurzelhals zu Baumwurzelhals, ein Balancieren über umgestürzte Stämme oder von Farnbult zu Farnbult, waren letztlich selten von Erfolg gekrönt, jedenfalls dann, wenn es darum ging, ja bloß trockene Socken zu behalten. Von solchen Stellen handeln die nächsten schönen Arten.

Das **Wechselblättrige Milzkraut** (*Chrysosplenium alternifolium*) war mir schon als Kind ein Begriff. Etwa 500 Meter von unserem Wohnhaus am Westrand von Bielefeld entfernt gibt es einen nassen Laubwald mit zwei Quellbächen, wo diese schöne Pflanze noch heute wächst. Genial sind die goldgelben Hochblätter, denn Blütenblätter weist das Kraut nicht auf. Sie leuchten im Vorfrühling weithin sichtbar, die Schaublüten locken Fliegen und Käfer an. Die winzigen Samen werden bei diesem Vorgaukler von herabfallenden Regentropfen und vom Bachwasser verbreitet. Besonders schön sind im Winter die Blätter. Da sie lange grün bleiben, erkennt man bei Raureif die zahlreichen gefrorenen Haare auf der Blattoberfläche.

Nun geht es wieder raus aus dem Wald und rein in die Flussaue, denn ganz woanders regiert das **Gottes-Gnadenkraut** (*Gratiola officinalis*, RL 2), eine sogenannte Stromtalpflanze. Sommerwärme, gelegentliche Überschwemmungen und damit einhergehende Nährstoffe erhält es nur hier. Aus diesem Grund sind unverbaute, naturnahe Auen von Donau, Elbe, Havel, Oder, Rhein oder auch von Aller und Spree besonders wertvoll, hier können sogar gleichsam weißliche Kissen gebildet werden. Die trichterartigen Blüten haben von Spätfrühling bis Hochsommer häufig rötlich gestreifte Oberlippen und gelbe Kronröhren. Froschbiss, Froschlöffel, Fuchs-Segge, Gänse-Fingerkraut, Igelkolben, Krebsschere, Rohrkolben und Schwanenblume sind die Nachbarn vom Gottes-Gnadenkraut. Ich gesellte mich 1995 dazu, im Elbtal bei Neuhaus. Gar nicht mehr weggehen wollte ich, so habe ich mich damals gefreut. Alle Vorkommen in Niedersachsen werden regelmäßig von mir aufgesucht und quasi per Handschlag begrüßt, die größten befinden sich nahe der Dömitzer Brücke und in der Nähe des Dorfes Penkefitz im Landkreis Lüchow-Dannenberg.

In solchen großen Flussauen wächst außerdem der **Straußblütige Gilbweiderich** (*Lysimachia thyrsiflora*, RL 3), ein Primelgewächs – was man ihm aber gar nicht ansieht. Vor allem die Blütenstände sind eine Wucht, kugelartige gelbe Gebilde in den Blattachseln. Dieser Gilbweiderich kommt tatsächlich wie ein Strauß daher, denn oft finden sich viele Exemplare von ihm an einem Ort. In Deutschland ist er vor allem eine Art des norddeutschen Tieflands, sonst ist er über weite Strecken eine große Rarität. Gilbweidericharten sind sogenannte Ölblumen, das heißt, statt süßem Nektar bieten sie Bienen fettes Öl an (vermischt mit Pollen dient es als Futtermittel für Larven).

Dazu eine kleine Geschichte: Im Juli 1998 fand in Bremen der GEO-Tag der Artenvielfalt statt. Dabei erfassten Experten in einem angrenzenden Gebiet (die Wümme-Niederung bei Borgfeld) an einem Tag alle Tier- und Pflanzenarten. Jedes Moos, jede Flechte, jeder Wurm und jede Spinne wurde registriert. Abschließend fanden kleinere Exkursionen statt, an einer, die von Bremens bekanntestem Botanikprofessor geleitet wurde, nahm ich teil. Es hatten sich um Herrn Cordes so etwa neunzig Personen versammelt, der alte Herr war völlig umzingelt und leicht überfordert. So konnte er vom Weg aus kaum etwas vernünftig zeigen, was mich auf den Plan rief. In regelmäßigen Abständen apportierte ich ihm aus umliegenden Gräben, Tümpeln, Feuchtwiesen und Sümpfen seltene bis häufige, jedenfalls typische Pflanzenarten des Gebiets. Immer ging es hin und her, manchmal brachte ich gleich drei oder vier bemerkenswerte Arten auf einen Schlag. Der Straußblütige Gilbweiderich war auch dabei. Schließlich äußerte der Herr Professor den schönen Satz: «Übrigens, das ist Herr Feder, uns ist hier in Bremen wohl ein botanisches Jahrhunderttalent vom Himmel gefallen.» Da war ich zwar schon achtunddreißig und deshalb eigentlich kein Talent mehr, trotzdem war es schön, das zu hören, und alle staunten.

Über dreißig Binsenarten gibt es in Deutschland, zu den schönsten zählt die stark gefährdete **Sand-Binse** (*Juncus tenageia*, RL 2). Sie hat zahlreich verzweigte Stängel und viele unverwech-

Nah am Wasser gebaut

selbare schwarz-braune Fruchtkapseln, die wie winzige Schokolinsen aussehen. Wechselnde Wasserstände auf Sandböden von Seen, (Fisch-)Teichen und Altwässern sagen ihr zu. Eines der größten Vorkommen Deutschlands mit mehreren 100 000 Binschen findet man im Sand- und Lehmabbaugebiet am Rand des Truppenübungsplatzes Bergen bei Ostenholz (Niedersachsen).

Im 18. Jahrhundert war Ostfriesland für einen Moment Nabel der Welt – der Pflanzenwelt! Ein gewisser Dr. Paul Heinrich Möhring, Arzt aus Jever (Friesland), fand die aus Südafrika stammende **Krähenfußblättrige Laugenblume** (*Cotula coronopifolia*) erstmals in Europa. Ihm zu Ehren nannte der damalige «Pflanzenartenpapst» Professor Linné aus Schweden die Dreinervige Nabelmiere *Moehringia trinervia*, die allerdings eine eher unscheinbare Waldpflanze ist. Dagegen ist die Krähenfußblättrige Laugenblume eine Augenweide. Zu Möhrings Zeiten galt sie noch als Dorfpflanze und nicht als eine Art der Unterläufe großer Flüsse und Ströme, wohin sie sich erst später den Weg suchte. An breiten Unterläufen von Ems, Weser und Elbe begeistern heute zahllose dottergelbe Blüten, die nur aus Röhren bestehen. Die flachen Blütenköpfchen setzen sich messerscharf vom braun-schwarzen, oft schlickigen Untergrund ab. Wie die knallgelben Pastillen von «viele, viele bunte Smarties». Diese Art darf nahe von Nord- und Ostsee auch mal von der Flut überspült werden. Der deutsche Name ist sicher wenig schmeichelhaft, aber sehr treffend: Süß- und Salzwasser vermischen sich bei diesem farblichen Schocker zu laugigem Brackwasser.

······························ 7. KAPITEL ······························

Immer wenn ich den **Blut-Weiderich** (*Lythrum salicaria*) sehe, kommen Erinnerungen an ein für mich horrormäßiges Erlebnis hoch. Bei ehrenamtlichen Kartierungen 2002 sah ich südlich von Delmenhorst von einer Brücke, die über die A1 führte, einen naturnahen Teich mit massenhaft blühendem, fast 1,5 Meter hohem Blut-Weiderich. Ich stieg sofort vom Rad und nahm den kürzesten Weg dorthin – es ging über eine Brückenböschung hinab und über einen Zaun. Schon war ich am Teich, denn Wasserpflanzen hatte ich in diesem Gebiet bisher noch kaum gesehen.

Nachdem ich erste Arten in meiner Geländeliste angestrichen und mich weiter am Ufer entlang vorgearbeitet hatte, erkannte ich zahlreiche 1,5 Meter lange, träge schwimmende Fische mit widerlichen Rundmäulern im leicht trüben Wasser. Kurze Zeit später hörte ich dann lautes Gebrüll, ganz offensichtlich vom Teichbesitzer. Er rannte herbei, im Schlepptau zwei gedrungene Kampfhunde, er selbst war eine Kante von Kerl. Fast auf Körperkontakt kam er heran, dabei dauernd mit einem Nunchaku wedelnd, einem Metallschlagstock mit kurzer Eisenkette und Kugel daran, den er sich immerzu in seine eigenen Hände schlug. Er drohte und brüllte, fragte, was ich hier zu suchen hätte, ob ich die Schilder nicht lesen könne und ob er die Hunde, die laut abkommandiert die ganze Zeit neben mir liefen, auf mich hetzen solle. Ich versuchte alles zu erklären: dass für mich eigentlich kein Zaun tabu sei, weil ich sonst ja nichts entdecken könne. Er war dermaßen zornig, dass er – während er mich zum Randbereich bugsierte – dauernd mit der Waffe vor meinem Gesicht herumfuchtelte. Insgesamt dauerte das Schauspiel etwa zehn Minuten. Vor Angst hätte ich mir fast in die Hosen gemacht. Jetzt verstand ich mit einem Mal das Wort «Muffensausen»! So etwas Rabiates hatte ich vorher und danach nie wieder erlebt.

Mehrere Personen meines Umfelds, auch schon erwähnter Herr Peters, rieten später zu einer Anzeige (allein wegen der komischen Fische, etwa illegale Tierhaltung?). Meine damalige Partnerin Barbara hatte aber viel zu große Angst vor möglichen Racheaktionen, weshalb ich von einer Anzeige absah. Zumal Recherchen ergaben, dass der Teichbesitzer ebenfalls aus Bremen stammte. Der häufige Blut-Weiderich hätte damals fast für böses Blut gesorgt und wurde für kurze Zeit bei mir zum Wut-Weiderich.

Das Gottes-Gnadenkraut und den Straußblütigen Gilbweiderich haben Sie eben kennengelernt. Ganz in deren Nähe erfreut den Betrachter im Hochsommer auch der fast 1,5 Meter hohe **Langblättrige Ehrenpreis** (*Pseudolysimachion longifolium*, RL 3). Vor allem in den Niederungen der großen Flüsse Deutschlands wie Elbe und Oder leuchten dann an Gräben, in nicht zu nassen Sümpfen und in Feuchtwiesen zahlreiche, oft unterschiedlich lange blaue Blütenkerzen. Diese aparte Pflanze zeichnet sich weiterhin durch die scharfe Zähnung ihrer Blattränder aus. Schwere Lehmböden, Viehtritt und allzu viel Dünger hält der Langblättrige Ehrenpreis nicht aus, was er aber mag, sind regelmäßige Überschwemmungen. Die bringen nämlich auf natürliche Weise neben der Feuchtigkeit den notwendigen Stickstoff und sogar ein bisschen Kalk mit.

Die oft zu Tausenden wachsende **Strand-Simse** (*Bolboschoenus maritimus*) ist ebenfalls eine Naturschönheit. Sauergräser wie diese Simsen fristen meist ein Schattendasein, denn Süßgräser wurden schon immer landwirtschaftlich genutzt (denken Sie nur an Gerste, Hafer, Mais, Roggen oder Weizen). Sauergräser, also Binsen, Simsen oder Seggen, standen dagegen stets im Weg, mussten weg, weil sie die Sensen stumpf werden ließen. Sie hießen folglich auch Sensenteufel, Sensen- oder Seissendüwel! Da Nutztiere sich davon nur mehr schlecht als recht ernähren – so blöd sind die nämlich nicht und gehen an den Sensenteufel heran –, wurden sie einfach umgepflügt. Doch das kann man nicht mit der hübschen Strand-Simse machen, die darf einfach weiterwachsen, denn man gelangt nur unter Mühen zu ihr – sie hält sich nämlich in und an Salzwiesen auf, an Ufern von Kanälen und Flüssen, manchmal sogar abgelegen an landnahen Prielen.

Ein Neubürger ist der aus Nordamerika um 1830 erstmals bei uns eingeschleppte leuchtend gelb blühende **Schlitzblättrige Sonnenhut** (*Rudbeckia laciniata*), er wurde wohl wie so viele andere Gewächse zuerst als Zierpflanze eingeführt. Vor allem längs der Weser, im Bremer Stadtgebiet, ist er ein äußerst zuverlässiger Begleiter, der die durch Ebbe zeitweilig zum Vorschein kommenden Weser-Steinschüttungen aufhübscht. Wäre da nicht diese bis 2,5 Meter hohe Pflanze, sähe die Weser noch viel mehr wie ein trost- und lebloser Kanal aus. Und genau dort, wo der Einfluss von Ebbe und Flut aufhört, endet abrupt auch die Wanderschaft dieses Asterngewächses weseraufwärts, nämlich im Brack- beziehungsweise Laugenwasser. Die gelblich olivgrünen Röhrenblüten befinden sich an bis zu 3 Zentimeter hohen Köpfchen! Sie schauen aus wie kleine Brummkreisel. Sehr

Nah am Wasser gebaut

schön sind ebenso im Winter die vertrockneten Fruchtstände, vor allem mit Raureif dekoriert in aufsteigendem Flussnebel.

Auf Sand-, Schlamm- und sogar Torfböden kann man die im Spätsommer und Herbst maisgelben, ährenartig und dichtbelaubten Blütenstände des **Strand-Ampfers** (*Rumex maritimus*) finden. Viele seiner Standorte sind aber nur von unbeständiger Natur, heute muss sogar von einem Rückgang dieses hübschen Ampfers gesprochen werden, so hat beispielsweise die (an sich erfreuliche) Entsalzung von Weser und Elbe zu Zusammenbrüchen hiesiger Uferbestände geführt. Auf Spülflächen riskiert man jedoch sein Leben, stellt man dem Strand-Ampfer nach. Mehrfach bin ich dabei fast hüfttief eingesunken, etwa in den Kreisen Hannover und Peine sowie in Emden.

Das **Sumpf-Greiskraut** (*Senecio paludosus*, RL 3), ein weiteres Asterngewächs, baut auch am liebsten ganz nah am Wasser. In Deutschland ist es neben der unteren Havel wohl nirgends so zahlreich wie um Bremen herum an Hamme, Lesum und Wümme. Diese bis 2 Meter hohe, im Hochsommer kräftig gelb blühende Pflanze mit langen, auffallend gesägten Blättern leuchtet schon von weitem, insbesondere im Kontrast zum blauen Wasser. Sie kommt mir immer wie ein stolzer Uferwächter vor. Erstmals zeigte man sie mir 1987 südöstlich von Hamburg, im Naturschutzgebiet Heuckenlock. Sie gehört zu meinen Lieblingspflanzen, und alle Individuen dieser Art im Elbe-Weser-Dreieck habe ich schon einmal gezählt. Sie haben sich dort etabliert, wo sich Ebbe und Flut noch gerade bemerkbar machen – weitab von der Nordseeküste, die wegen des zu hohen Salzgehalts komplett gemieden wird. Greiskraut heißt es wegen des pusteblumenartigen Aussehens der Fruchtstände: Die weiße Farbe der flugfähigen Samenträger erinnert an die Haare von Greisen.

Wo das prächtige **Moor-Greiskraut** (*Tephroseris palustris*) wächst, ist vom Sumpf-Greiskraut keine Spur mehr zu sehen und absolute Vorsicht geboten. Das musste ich 1994 erfahren, als ich am Küstenkanal südwestlich von Oldenburg ein großes Spülfeldgelände aufsuchte, um am Ufer eines Beckens Bestände dieser Art zu untersuchen. Plötzlich rutschte ich ab, und schwups, steckte ich bis zum Gürtel im tiefen Schlamm. An starken Gräsern konnte ich mich langsam wieder an Land ziehen, eine halbe Stunde war ich danach mit meiner Körper- und Klamottenreinigung beschäftigt. Aber ich hatte wohl noch nicht genug, denn 2002 versackte ich bei Lengede (dort, wo 1961 im Landkreis Peine das schwere Erzbergwerkunglück passierte) tief im Morast – mein Blick war schon voll auf einen großen Moor-Greiskraut-Bestand fixiert.

Das hohe, stark flaumig bis wollig behaarte Gewächs mit seinen im Hochsommer zahlreichen schwefelgelben Blüten hat in Nordwestdeutschland eine bewegte Geschichte hinter sich. Es benötigt Nährstoffe en masse, und die gibt es im Schlamm von Gräben, an Ufern von Teichen und Seen, aber vor allem auf Spülfeldern an großen Flüssen und Kanälen. Und als zwischen 1960 und 1980 in Holland das riesige Ijsselmeer eingepoldert wurde, entstanden dort plötzlich Wahnsinnsbestände des Moor-Greiskrauts. Die extrem flugfähigen Samen gelangten daraufhin per Westwind zu Millionen auch nach Nordwestdeutschland und kontaminierten hier die Biotope, die ihnen passten. So ergab sich eine etwa fünfzehnjährige Hausse dieser Art. Die ist aber inzwischen völlig abgeebbt, und kaum einer hat das bemerkt. Aus diesem Grund wird das Moor-Greiskraut in Niedersachsen inzwischen wieder als stark gefährdet geführt. Bewegt ist ebenso die Geschichte seiner wissenschaftlichen Benennung – mal *Cineraria palustris*, mal *Senecio tephroseris*, dann wieder *Senecio congestus*, *Senecio palustris*, *Senecio tubicaulis* oder *Tephroseris congestus* … Sicher deutsche Rekordpflanze, was die Anzahl der lateinischen Namen angeht, selbst Botaniker sind sich oft uneins. Es bleibt nur zu hoffen, dass es bei der aktuellen Bezeichnung bleibt, ich jedenfalls lerne keine andere mehr.

So schön diese eben vorgestellten Pflanzen sind, sie haben einen großen Nachteil: Ihre Wuchsorte sind oft nur schwer erreichbar. Ich kann doch nicht ständig ein Schlauch- oder Tretboot dabeihaben! Wie sieht das aus – ein Tretboot auf'm Fahrradgepäckträger? Oft habe ich mir in den letzten Jahrzehnten bei diesen Biotopen einen Lastenträger gewünscht, so einen richtigen Tiefland-Sherpa. Oder jemanden, der mich mit einem Boot aussetzt und später bach- oder flussabwärts wieder einsammelt. Was könnte man da alles sehen und genau auszählen … Da ich ja noch eine Zukunft vor mir habe, denke ich gerade verstärkt darüber nach, mehr mit einem Autogepäckträger zu arbeiten. Dann zerkratzt mir auch der Lack meines Fahrrads beim ständigen Rein- und Raustragen in und aus dem Kofferraum nicht mehr. Bei Dreharbeiten entfielen zudem die Schäden durch das Ein- und Auspacken von Karren, Kübeln, Leitern und Stangen. Andererseits würde man mich dann vielleicht nicht mehr wiedererkennen. Mein Markenzeichen ist ja unter anderem mein völlig zerkratzter und verbeulter Škoda Fabia.

Über, auf und unter Wasser

Kleine Tümpel, größere Weiher und ganz große Seen beeindrucken mich mit am meisten, da bin ich durch und durch Norddeutscher. Schon als Kind fuhren wir Tretboot (da hätten wir es wieder!) auf dem Hücker Moor bei Spenge (Ostwestfalen), später stand ich am Ufer vom Dümmer (West-Niedersachsen) – großes Wasser und kleiner Jürgen … Es sind weniger die Pflanzen als vielmehr die Weite der Landschaften, der Wind, die geschwungenen Uferverläufe, ein Strand, eine Anglerstelle, die Enden von Stegen und Bootsanlegern, die mich faszinieren. Später gesellten sich dazu die Stauseen im Harz, in Nordrhein-Westfalen und Hessen (Bigge-, Eder-, Möhne-Talsperre), das Steinhuder Meer sowie das Zwischenahner Meer. Auch die nacheiszeitlichen Seenlandschaften in Mecklenburg-Vorpommern sowie südöstlich von Berlin bezauberten mich. Auf Usedom sind es das Achterwasser und der Peenestrom, in Ostfriesland die natürlichen Seen, die dort sogar «Meer» genannt werden. Mühsam ist das allerdings, die Buchten einzusehen, sich durch Schilfröhrichte zu kämpfen oder die Ansitzstellen von Anglern auszukundschaften. Und von den wie Pilze aus dem Boden schießenden hölzernen Aussichtstürmen kann man nichts entdecken, jedenfalls nichts unter Wasser. Wie oft habe ich mir schon einen kleinen Propeller am Rücken gewünscht, so einen wie Karlsson vom Dach besaß! Einfach über dem Wasser schweben mit Papier und Stift in der Hand – quasi die gigantische Feder-Libelle …

Am **Flutenden Sellerie** (*Apium inundatum*, RL 2) mag ich vor allem den deutschen Namen. Ein Sellerie flutet doch nicht, höchs-

Über, auf und unter Wasser

tens in einer zünftigen Gemüsesuppe. Aber der ist auch gar nicht gemeint, sondern ein höchst zierliches, nicht einmal nach Sellerie riechendes Gewächs. In flachen, klaren Gewässern, an Ufern oder in nassen Flutmulden ist er zu finden, fast schon untergetaucht. Denn mit seinen winzigen weißen Blüten fällt er kaum auf, man sieht ihn erst, wenn man direkt vor ihm steht. Im Hochsommer 1997 fand ich den Flutenden Sellerie einmal zu Tausenden auf einer Pferdeweide im Emsland bei Sögel. Nicht weit davon entfernt befindet sich die Transrapid-Teststrecke, die zum Glück und auch aufgrund eines furchtbaren Unfalls heute nicht mehr gebraucht wird. Im selben Jahr verbrachte ich als Arten- und Biotopkartierer hier auf einem Besucher-Aussichtsturm meine allererste Nacht nach getaner Kartierung im Freien. Leider fing es irgendwann zu regnen an, und ich musste umziehen – es ging dann unter diese Riesenraupe auf Stelzen. Doch noch immer lag ich im Freien, und es ist so grandios, draußen zu übernachten! Da liegst du in der Dämmerung im Schlafsack auf deiner Iso-Matte, trinkst deine Cola oder den Apfelsaft, isst DeBeukelaer-Kekse, machst dir ein Glas Sauerkirschen oder saure Gurken auf, haust dir Haribo-Konfekt rein oder öffnest dir noch 'ne Tüte Chips und lässt den Tag Revue passieren: Was habe ich heute Tolles gefunden? Wie viele Rote-Liste-Pflanzen waren es?

So ging das jahrelang, und immer fieberte ich trotzdem dem nächsten Morgen entgegen, legte dafür die betreffenden Geländelisten bereit und ließ mich von den Vögeln, dem Frühnebel oder einfach von meiner inneren Uhr wecken. Ja, manchmal hat es auch geregnet, der Wind hatte die Nässe unter das zu schmale Vordach getrieben, die Nase war eingefrostet, oder es begann sogar zu schneien. Ganz egal – hier war ich selbstbestimmt, hier habe ich mich abgehärtet. Die Hauptsache sind warme Füße! Das war vorher nie mein Lebenstraum gewesen, wurde dann aber immer mehr zum Traumleben. Das ist Freiheit pur, und ich bedauere die allmorgendlich stets zur gleichen Zeit stumpf ins Büro oder in den Betrieb eilenden Mitmenschen, vor allem die Pendler in ihren lauten und stinkenden Blechdosen.

Eine gar nicht bittere Pille für den Pflanzenfreak ist der **Pillenfarn** (*Pilularia globulifera*, RL 2), ein echtes Kuriosum. Den hätte ich, wäre ich der erste Mensch auf Erden gewesen, auch niemals zu den Farnen gezäht. Er wird höchstens 10 Zentimeter hoch und kann an der Wasseroberfläche treiben, im Flachwasser verankert fluten oder auf trockengefallenen Sand- und Schlammböden existieren. Immer sind seine Blätter hellgrün und im Querschnitt rundlich. Jung sind sie wie ein Bischofsstab eingerollt, im Flachwasser und an Land auffallend rasenartig und krummwüchsig. Sehr speziell sind seine Sporenträger, die als kleine hellbraune Kügelchen in den Blattachseln der Ausläufer dem nassen Boden aufliegen, wie kleine Fußfesseln. Das Wasser muss klar und nährstoffarm sein, an ihm zusagenden Standorten wie Altwässern, (Fisch-)Teichen, Gräben und Seen können eindrucksvolle Bestände ausgebildet werden. Aber selbst als Rekordkartierer trifft man ihn manchmal über Jahre gar nicht.

Einer meiner absoluten Lieblinge ist das seltene **Braune Zypergras** (*Cyperus fuscus*), ein Sauergras, das in sehr kleinen Bulten oder Horsten wächst. So nennen wir kompakte Wuchsformen, bei denen viele Triebe einer Pflanze eng aneinanderstehen, im Unterschied etwa zu Ausläuferpflanzen. Das Braune Zyperngras ist eine Art der zweiten Jahreshälfte, sie benötigt ausreichend Wärme und das Abtrocknen der Ufer. Vor allem ab August kann man die sehr schönen Blüten- beziehungsweise Fruchtstände beobachten, zu denen wir Spirre sagen. Eine Spirre kann bis zu zwanzig Einzelährchen aufweisen, sie sind von hellbrauner bis rotbrauner Färbung und sehen dann aus wie braune Miniatur-Bratfische.

Auf Altwässern der großen Flussauen, manchmal auch in größeren Gräben, gedeiht die **Gelbe Teichrose** (*Nuphar lutea*), ein Eigelb auf grüner Brotscheibe mit Schlitz. Sie hat seit etwa fünfundzwanzig Jahren zugenommen, sicher durch erhöhten Nährstoffeintrag aus der Luft und aus angeschwemmtem Ackerboden. Bis 1992 stand sie in Niedersachsen und Bremen auf der Roten Liste, und zusammen mit Kornblume und Saat-Wucherblume war sie in botanisch verwaisten sowie landwirtschaftlich degenerierten Landschaften (vor allem westlich der Weser) oft die einzig zu notierende Pflanze dieser Liste. Mit dem Fahrrad hielt ich an jeder querenden Brücke und schätzte die Bestände ab. Das machte Spaß, denn das erforderte einen langen Atem (im 2007 erschienenen Verbreitungsatlas von Niedersachsen und Bremen kam es ja auf jeden Punkt an). Erstaunt war ich, als ich feststellte, wie in brütend heißen Sommern sogar die Gelbe Teichrose auf dem Wasser «verbrennt». Die Blüten und die großen Blätter, die von oben nicht mit Wasser in Kontakt kamen, verwelkten oder wiesen bereits im Juli/August verkrustete Ränder auf. Also, auch Wasserpflanzen können vertrocknen! Kurios sind bei der Gelben Teichrose zudem die salatartig gewellten hellgrünen und schlaffen Unterwasserblätter.

Gelbe Teichrose und **Weiße Seerose** (*Nymphaea alba*) durchdringen sich öfter, Letztere mit weißen, deutlich größeren Blüten.

······················· 8. KAPITEL ·······················

1993 sah ich sie im Kreis Cloppenburg, im sogenannten Kokemühlen-Schlatt, flächendeckend gab es dort riesige Weiße Seerosen mit Blättern, groß wie Bratpfannen. Doch kurz danach war die gute Laune im Keller, buchstäblich. Bei der Anfahrt, besser gesagt Abfahrt mit dem Fahrrad zum nächsten Biotop geriet ein dicker Kiefernast in mein vorderes Rad und blockierte es. Ich kam vom Sandweg ab und stieß mit Wucht gegen eine alte Kiefer. Dabei flog ich seitlich weg, blieb jedoch unverletzt. Aber mein Vorderrad war dermaßen verbogen und die Gabel zurückgestaucht, dass ich nicht mehr weiterarbeiten konnte. Ich musste zurück nach Hannover, zum Glück war der Bahnhof Ahlhorn nicht weit entfernt. Dennoch: Die ganze Zeit musste ich das lädierte Vorderrad anheben (und hinten befand sich das schwere Gepäck für die gesamte Woche). Schweißbeperlt und entnervt kam ich in Ahlhorn an. Doch schon wenige Tage später setzte ich meine Westniedersachsen-Tour enthusiastisch fort.

Ein anderes Mal habe ich mich im Emsland sogar selbst außer Gefecht gesetzt, dauernd rutschten meine Satteltasche und der Rucksack auf den dort tiefen Sandwegen vom Gepäckträger ab. Ich geriet irgendwann so in Rage, dass ich mit meinen Stahlkappenschuhen mit Karacho gegen mein Hinterrad trat. Das Ergebnis: Es war irreparabel verbogen, und auch in diesem Fall musste ich den Rückzug antreten …

Hydrocharis bedeutet «Wasseranmut», der ganze Name der nächsten Pflanze «vom Frosch gebissene Wasseranmut» – ist das nicht toll? Und genau so erscheint der **Froschbiss** (*Hydrocharis morsus-ranae*, RL 3) mit seinen runden, oberseitig glänzenden und wasserabweisenden Blättern sowie mit den ab Juli schneeweißen Blüten. Wenn der Froschbiss auf kilometerlangen Gräben in Wiesen und Weiden langgestreckte Bänder entwickelt, kann er sogar Frösche tragen. Solche offenen Grünlandlandschaften mit weitem blauem Himmel und viel Wind mag ich sehr. Und außerdem wird an solchen Grabensytemen sportliche Fitness verlangt, da können an einem Tag locker fünfundzwanzig Kilometer reine Laufarbeit zusammenkommen. Den Wind mag der Froschbiss übrigens nicht, darum duckt er sich an Buchten oder in eingesenkten Gräben. Das Wasser muss möglichst klar sein, beschattende Gehölze hemmen ihn, und Nährstoffeinbußen durch Umwandlung von Weide- in Ackerland bringen ziemlich rasch seinen Tod.

Beim Erfassen von Froschbiss & Co. habe ich 1993 einmal einen Viehtransporter von innen erlebt. Spontan und ohne zu fragen, hatte ich im Bremer Blockland, im Dorf Wummensiede, bäuerliches Grünland weit hinter dem Hof betreten. Der Bauer erspähte mich (wohl mit dem Fernglas), rauschte mit Trecker und kleinem Kuhtransporter heran, beorderte mich hinein und fuhr mich auf seinen Hof. Mir war siedend heiß. Im Wohnzimmer mit schwerer Sofagarnitur und Bildern, die man nur als «alte Schinken» bezeichnen konnte, erklärte ich mein Ansinnen. Erst nachdem ich ihm erzählt hatte, meine Frau sei die Schwester eines bauernlandbekannten Tierarztes, gab er sich gnädiger. Er ließ mich laufen, aber leider nicht mehr zurück an seine Gräben.

Die **Zwergwasserlinse** (*Wolffia arrhiza*, RL 2) ist die kleinste Blütenpflanze Europas. Also, aufgepasst, hier kommt jetzt das Jota unserer Flora! Nur 0,5 Millimeter ist diese Linse groß, hier jemals Blüten gesehen zu haben, grenzt an Zauberei. In

·· 8. KAPITEL ··

Australien soll es aber noch eine kleinere Pflanze geben, ebenfalls eine Wasserlinse, eine Zwerg-Zwergwasserlinse sozusagen. Die haben aber nicht etwa die Australier entdeckt, sondern ein Schweizer Biologe. Die Schweizer gucken ja bekanntermaßen ganz genau hin, wahrscheinlich war der Biologe vorher Uhrmacher gewesen. Bestimmt war es auch ein weiterer Schweizer, der sich sogar die Mühe gemacht und die Spaltöffnungen der Linse gezählt hat – er ist auf 10 bis 100 Öffnungen je Pflanze gekommen. Das nenne ich mal verrückt! Jedenfalls tritt dieser Winzling wohl weltweit am häufigsten im Bremer Niederungsbecken auf. Hier kann man an den Gräben kilometerlang laufen, überall mal mehr, mal weniger Zwergwasserlinsen. Flüchtig betrachtet handelt es sich bei ihnen eher um eine hellgrüne Farbe auf dem Wasser, wie grüne Milch oder grüne Grütze. Geht man näher mit der Lupe an die Algensuppe heran, so erkennt man Kügelchen neben Kügelchen. Sehr rasch meint man, 1000, 10 000, 100 000 schwimmende Kügelchen zu zählen. Einige dieser Wasserlinsen haben es sogar ins Fernsehen geschafft, denn zusammen mit ihnen trat ich bei Stefan Raab in seiner Sendung *TV total* auf. Selbst der gewiefte Moderator zeigte sich angesichts der Minilinse tief beeindruckt («Aha, ach so»).

Doch nun der Hammer – diese Art ist eigentlich ein Nichts, ein Garnichts! In alten botanischen Werken über das nordwestdeutsche Gebiet fehlt sie komplett. Derart klein ist sie (die sogenannte Entengrütze ist dagegen monsterhaft groß), dass sie bis 1970 schlichtweg übersehen wurde? Das kann eigentlich kaum sein, denn die Menschen schauten früher schon sehr genau hin, was man an vielen detailversessenen Pflanzenbeschreibungen erkennen kann – schon damals besaßen sie Lupenblicke. Meine Theorie: Die Zwergwasserlinse wurde erst durch Wasservögel eingeschleppt. Die hatten dabei ein paar Kügelchen im Köcher, besser gesagt zwischen Zehen und Gefieder. Und dann breiteten sie sich aus – eben zunächst völlig unbemerkt.

Und weiter geht es mit Skurrilitäten: Es gibt schwimmende Farn-

Über, auf und unter Wasser

arten! Kaum zu glauben, aber wahr. Und eine der Hochburgen für diese Attraktion liegt wieder in und um Bremen, denn dort wächst der frostempfindliche, unter 1 Zentimeter hohe **Große Algenfarn** (*Azolla filiculoides*) auf nicht zu schmalen Gräben der weiten Niederungen zu Milliarden. Im Frühherbst schimmert er wunderbar grün, blaugrün oder rotgrün, im Spätherbst lachsfarben bis richtig braunrot. Nach ersten Frösten liegen dann windgeschützte Algenfarn-Gräben wie rote Linien in grünen Wiesenlandschaften. Ein kupferfarbener Perlmuttschimmer begleitet das Schauspiel, wenn sich die vielen Farne zu zentimeterdicken Schichten zusammenschieben. Das übrige Leben auf und im Graben wird dadurch allerdings stark behindert, wenn nicht sogar verhindert. Vor allem Wasserlinsen, aber auch Froschbiss und Krebsschere haben dann ihre liebe Mühe und Not.

Das **Durchwachsene Laichkraut** (*Potamogeton perfoliatus*, RL 3) ist in Niedersachsen und Bremen gefährdet, jedoch nicht in ganz Deutschland. In langsam fließenden Bächen und Flüssen sowie in tieferen Baggerseen verrät es sich knapp unter der Wasseroberfläche durch sein dunkelgrünes bis braungrünes Laub, im Hochsommer knapp über dem Wasser durch grau-braune Ähren an ziemlich dicken Stielen. Besonders die Blätter sind einfach Klasse – fast dachziegelartig stehen sie versetzt an schneeweißen, bis zu 5 Meter langen Stängeln. Dazu sind sie von zahlreichen weißen Blattadern durchzogen, die von oben wie von unten durchschimmern. Wie grünes Kirchenfensterglas zwischen endlosen Wasserzwirnsfäden sieht das aus.

Erstmals sah ich das Durchwachsene Laichkraut 1985 anlässlich einer botanischen Exkursion im hannoverschen Wendland. An einem Tag waren wir von einem großen Hof in Gedelitz aufgebrochen und überquerten einen kleinen Kanal mit massenhaft Laichkraut. Dieses Gedelitz und der Hof sind übrigens bis heute eine Hochburg des Widerstands gegen Transporte und Einlagerung von Castoren nahe Gorleben. Damals hatte ich dazu eigentlich keine eigene Meinung, das Gehabe dieser Leute war mir sehr fremd und erschien mir teilweise marktschreierisch. Jetzt bin ich aber schon seit langem strikter Atomkraftgegner und spare Strom und Wasser, wo ich nur kann. Ich koche wenig, bei mir ist es oft dunkel (eine Lampe brennt, nämlich da, wo ich mich gerade aufhalte), und ich benutze den kleinsten weißen Zettel noch als Aufzeichnungs- und Datensammelhilfe. Damit ernte ich um mich herum oft Augenverdrehen, aber ich habe das seitdem einfach unlöschbar in mir, mein Zettelchen-Chaos auf, neben und unterm Schreibtisch. Auch Müll vermeide ich wie kein anderer, in sieben Jahren habe ich meine Restmülltonne noch nie leeren müssen …

Eine fleischfressende Pflanze im Wasser darf nicht fehlen: Oft zu Tausenden erheben sich im Hochsommer dunkelgelbe Blüten vom gefährdeten **Verkannten Wasserschlauch** (*Utricularia australis*, RL 3) gerade über die nasse Oberfläche. Die Blüten dieser Wasserlampions weisen hübsche rote Strichzeichnungen auf der Oberseite auf, meist blühen nur zwei Blüten je Blütenstand gleichzeitig, aber nie im Schatten. Unter Wasser ist ein ziemlich dichtes Geflecht aus fein zerteilten Tauchsprossen auszumachen. Jeder dieser langen Triebe weist bis zu achtzig große Fangbläschen auf

(Vakuolen), die wie Perlschnüre aufgereiht sind. Luftgefüllt und mit Unterdruck ziehen diese Bläschen bei Berührung Wasser und darin schwebendes Kleingetier ein und verdauen es. Ein einmaliges Miniatur-Naturschauspiel unter dem Mikroskop.

Im Wasser bleibt vieles im Verborgenen, fast mystisch ist es dort. Unter uns Botanikern gibt es ein paar, die tauchen sogar nach Wasserpflanzen. Da hört es bei mir auf. Manche haben auch so etwas wie einen flugfähigen Rechen oder eine Art Morgenstern (das sind Holzstiele, bei denen Zackenkugeln an Eisenketten montiert sind) im Gepäck. Damit ziehen sie submerse, also untergetauchte Vegetation an Land und pulen sie andächtig auseinander. Diese Unterwasserwelt ist dennoch reichlich unterkartiert, sehr seltene Wasserarten können aus diesem Grund wohl doch etwas häufiger als gedacht vorkommen (ebenso die mindestens genauso schwer erreichbaren Sumpf- und Ufergewächse). Auch wir Botaniker brauchen gelegentlich Trost und vermuten daher, hier und dort noch die eine oder andere derzeit als ausgestorben geltende (Wasser-)Pflanze.

Reif für die Insel

Inseln, das sind wunderbar magische Orte: Amrum, Helgoland, Fehmarn, Borkum, Juist, Norderney, Baltrum, Langeoog, Spiekeroog, Wangerooge, Olde Oog, Mellum, Poel, Usedom. Im Steinhuder Meer die Insel Wilhelmstein sowie in der Unterweser der Harriersand ... Diese Inseln sind übersichtlich und gut zu Fuß oder per Fahrrad zu erkunden, aber man kommt nicht ohne weiteres wieder runter von ihnen. Hier kann ich sozusagen alles hinter mir lassen, die ganze Zivilisation. Diese Urlandschaften absorbieren mich fast, nur Wind und Möwengeschrei umgeben mich. Also: Hier haben Sie beste Bedingungen zur besonders intensiven Pflanzenschau. Trotzdem ist es auch beunruhigend, so von Wasser umschlossen zu sein, irgendwie abgeschottet! Inseln können etwas von einem Gefängnis an sich haben, das Gefühl hatte ich jedenfalls 1973 als Schüler bei einem Besuch der Hallig Hooge. Ich sagte mir, daran erinnere ich mich noch genau: «Wie kann man dort nur wohnen?»

Die ostfriesischen Inseln haben für mich ein besonderes Flair. Wo viele Menschen mit Kind und Kegel Urlaub machen, suche ich jedoch nach Pflanzenarten. Am frühen Morgen der Erste und abends der Letzte am Strand und in den Dünen zu sein, das ist ein herrliches Gefühl. Schon auf der Überfahrt dorthin bin ich innerlich ganz aufgeregt. Aber das geht nicht nur mir so, schon vor 150 Jahren haben sich nordwestdeutsche Botaniker mit Vorliebe auf diese Inseln gestürzt. Bei der Ankunft jage ich sofort los, wie von der Leine gelassen, den Pflanzen entgegen, und zwar jenen, die man auf dem Festland kaum zu sehen bekommt. Auf Wangerooge hat mich einmal ein Einheimischer nach dem Verlassen des Fährschiffs mit einem Fernglas beobachtet. Als ich sein Wohnhaus erreichte, stellte er mich zur Rede. Kurz erzählte ich mein Anliegen. Er war so interessiert an dem, was ich vorhatte, dass er mich sogar zum Tee einlud und mir Unterkunft anbot. Das kommt seltener vor als das Entdecken einer ausgestorbenen Pflanzenart!

Einer meiner Lieblingsplätze ist der Harriersand, die größte Flussinsel Europas im Unterlauf der Weser. Gegenüber der Stadt Brake befindet sich ganz im Nordwesten vom Kreis Osterholz ein breiterer Sandstrand, der per Fähre von Tagesausflüglern aus Brake und sonst mit dem Auto nur aus Richtung Bremen erreichbar ist. Bin ich dann auf der Insel, lege ich mich in den Sand, blicke in den blauen Himmel mit den rasch vorbeiziehenden Haufenwolken, und direkt über mir erkenne ich den hier sehr häufigen **Strandroggen** (*Leymus arenarius*). Bis zu 1,5 Meter wird er nämlich hoch. Ab Mai schiebt er ausdrucksstarke grün-weißliche Ähren nach oben, im Kontrast zum hellen Sand stehen besonders die oberseits blauen, unterseits mattgrünen steifen Blätter. Im bewegten Dünensand kann er ganze Flussabschnitte festigen, weshalb man ihn auch anpflanzt. Bei großer Hitze rollt er seine Blätter binsenartig ein und erzeugt dabei im Inneren eine höhere Luftfeuchtigkeit – dieser Verdunstungsschutz ist ein richtiger Pflanzentrick. Der Strandroggen verträgt zeitweise Tritt, Überschwemmung und Überdeckung mit Getreibsel – dieses Zeug nennt man hier an der Küste Teek. Durch Sturmfluten an Deiche angeschwemmter Teek muss rasch entfernt werden, denn er schwächt die Gräser und bekuschelt darunter deichzerstörende Wühlmäuse.

Wo der Strandroggen an der Kurpromenade von Wangerooge

········· 9. KAPITEL ·········

etabliert ist, kommt auch die schöne **Strand-Platterbse** (*Lathyrus maritimus*, RL 3) in großen Beständen vor. Sie bringt von Juni bis August viel Farbe in die ansonsten öde Dünenvegetation. An schlappen blaugrünen und kahlen Sprossen erscheinen zahlreiche Blütenstände, am Anfang leuchten die Blüten purpurrot mit einem Weißton auf der Unterlippe, später wechseln sie in ein schmutziges Blau-Lila über. Ihr muss sogar Sand in die Augen gestreut werden, denn dann fühlt sie sich so richtig wohl und gedeiht selbst bei Sandaufhöhungen durch stete Seewinde mit. Diese giftige Dünenranke findet man meist nur zum Strand hin, so kann sie sich einer starken Gräserkonkurrenz entziehen. Neben der Insel Wangerooge habe ich sie auf Fehmarn, bei Cuxhaven sowie an der Ostseeküste zwischen Boltenhagen und Rostock gesehen. Sie hält sich auch tapfer auf Fehmarn und Sylt, fehlt jedoch auf Usedom.

Die **Stranddistel** (*Eryngium maritimum*, RL 2) ist immer ein Augenschmaus, ein stahlblauer Dünenschmuck, ein attraktives Fass-mich-nicht-an. Die geschützte Pflanze wächst hauptsächlich auf den Weißdünen der deutschen Nord- und Ostseeinseln und fällt auf dem hellen Sand vor allem durch runde bläuliche Döldchen auf, geziert von einem silbrig glänzenden Tragblatt: eine Anpassung an trockene, zeitweise heiße und sehr lichthelle Bedingungen (dadurch erhöhte Lichtreflexion). Ich lernte die Art als Sechzehnjähriger auf der ostfriesischen Insel Juist kennen, das war 1976, sie fand sich an mehreren Stellen am Weg zum Strand.

······························· *Reif für die Insel* ·······························

In Süd- und Westeuropa ist der **Gelbe Hornmohn** (*Glaucium flavum*) eine häufige Pflanzenart, in der Nähe von Küsten kommt er sogar in Siedlungen und Städten vor, so an der Biscaya, wo ich ihn 1990 erstmals entdeckte. Aber was soll ich am Mittelmeer oder am Atlantik, wenn die schönen Arten auch zu uns kommen? Auf Norderney wurde ich 2002 gleich an zwei Stellen fündig, gelb blühte dort der «Zitronenmohn» auf einem Baulagerplatz für Küstenschutzmaßnahmen sowie an den Weißdünen am Ostende der Insel. Bis dahin wurde er noch auf keiner niedersächsischen Pflanzenartenliste geführt! Das änderte sich jedoch nach einem Blick in ältere Pflanzenwerke, denn es gab in ihnen sogar zwei Angaben aus den Jahren 1826 und 1832 für Borkum und die inzwischen untergegangene Nordseeinsel Rottum. Mein Fund war dennoch eine Sensation und wurde sofort in die aktuelle Florenliste von Niedersachsen und Bremen aufgenommen. Die blau-grüne Pflanze bildet einmalige Fruchtstände aus, die überhaupt nicht zum Gewächs passen, denn sie sehen aus wie gebogene Vanillestangen. Trotzdem nennen wir sie wie bei allen Mohngewächsen Kapseln.

Apropos Norderney – wahre Massenbestände der **Gewöhnlichen Ochsenzunge** (*Anchusa officinalis*) gibt es dort. In Deutschland werden diese nirgends auch nur annähernd getoppt, 2013 wurden auf der Insel rund 100 000 Pflanzen von mir gezählt. Toll, dieses Blütenblau vor Dünen, Hecken, Deichen, auf Pferdeweiden und sogar im kurzgemähten Zierrasen von Hotels. Die Pflanze benötigt zur Verbreitung dringend Mensch und Tier, auf Norderney mischen die vielen Kaninchen kräftig mit. Und bei Sonnenschein gibt es in der Nähe der Ochsenzunge immer ein Wahnsinnsgebrumme von Bienen und Hummeln, Schmetterlinge schauen ebenso vorbei. In einigen Bundesländern ist die wunderbare Art auf den Roten Listen verzeichnet, vor allem im Westteil Deutschlands. Ich liebe diese Pflanze, wenn sie nach dem Abmähen wieder regelrecht emporschießt. Wie gesagt: Das Mähen ist für viele Pflanzen ganz existenziell, doch bei kaum einer anderen Art kann man das so schön beobachten wie bei dieser Ochsenzunge.

Die **Kratzbeere** (*Rubus caesius*) ist stark, saustark! Sie ist der einzige Vertreter der artenreichen Gattung *Rubus* (hierunter werden Himbeere, Moltebeere und die etwa 360 Brombeerarten vereinigt), die zeitweise Überschwemmung erträgt. Bereits ab Ende März wachsen an bläulich bereiften Stängeln zunächst hellgrüne, stark gefaltete Blätter heran. Im Juni/Juli erscheinen zahlreiche große kräftig weiße Blüten mit auffallenden Staubgefäßen. Am besten sind aber ab August die abwischbaren blauen Früchte, sie sind so saftig und äußerst schmackhaft. Die Samen sind nur etwas dicker als bei Brom- und Himbeeren und setzen sich zwischen den Zähnen fest – egal, dann hat man eben länger was davon. Man bekommt beim Pflücken zwar ähnlich wie bei den Heidelbeeren blaue Fingerspitzen, doch auf den ostfriesischen Inseln waren die vitaminreichen Beeren häufig genug mein Hauptnahrungsmittel. An heißen Sommertagen schleppe ich auf meinen Märschen durch die Dünen doch kein überflüssiges Gepäck mit! Besonders auf dem beschwerlichen Rückmarsch – fast immer gegen den Wind – hat mir die Kratzbeere schon oft geholfen. Ins Auge sticht auch ihre oft knallrote Herbstfärbung.

Reif für die Insel

Charakterstrauch vieler Inseln ist der **Küsten-Sanddorn** (*Hippophae rhamnoides*), der sich seinen Lebensraum meisterhaft durch Grabungen erobert. Aus zahlreichen flach unterhalb der Sandoberfläche umherstreichenden Wurzelausläufern schießen Tochterpflanzen nach oben, auf diese Weise entwickelt er innerhalb weniger Jahre große Bestände – neuerdings auch im Hinterland von Bahnlinien oder im Hafen von Bremen. Die bräunlichen Blüten, die schon im April zu sehen sind, fallen kaum auf, die knallorangefarbenen Beeren im Sommer und Herbst dagegen umso mehr. Sie sind wahre Vitamin-C-Bomben.

Anlässlich eines Schulausflugs 1973 nach Amrum (mit unserem Mathelehrer Herrn Hövelmann) lernte ich diesen Strauch kennen. Es gab auf der Nordseeinsel aber noch zwei weitere Schlüsselerlebnisse: Auf Amrum lebten damals Hunderte handzahmer oder besser scheintoter Kaninchen, die von der Augenkrankheit Myxomatose befallen waren. Ihr Elend war kaum anzusehen und hat mir die Aufenthalte in den Dünen trotz bestem Wetter gründlich verdorben. Und dann spazierten wir an einem dieser schönen Tage mit der Klasse am mit Schottersteinen befestigten Strand an der Ortschaft Nebel vorbei, als ein Schüler mit einer Plastiktüte und zwei Cola-Flaschen so unglücklich stürzte, dass er sich durch die Scherben in der Hand den Unterarm auf Höhe der Pulsadern aufschlitzte. Und was machte der alte Herr Hövelmann? Er riss sich sofort den Ledergürtel aus seinem Hosenbund, klemmte die Venen am Oberarm ab und ließ so die Blutfontäne versiegen. Das alles ging blitzschnell und war von großem Erfolg gekrönt, sodass es mir bis heute im Gedächtnis haftengeblieben ist.

Alle Wintergrünarten haben ähnliche Blätter, sie sind rund bis eiförmig, meist lang gestielt und ledrig dunkelgrün. Man muss also auf die Blütezeit achten, zwischen Juni und Anfang August, dann verraten die maiglöckchenähnlichen Blüten die Wintergrünarten. Auch beim **Rundblättrigen Wintergrün** (*Pyrola rotundifolia*, RL 3) sind die Blätter keineswegs runder als beim Grünlichen, Kleinen und Mittleren Wintergrün, es hat aber dennoch eine besondere Bewandtnis mit ihm. Sein breiter Griffel schaut viel weiter aus der weißen bis blassrosafarbenen Blüte heraus als bei den anderen Vertretern, zudem ist er leicht gebogen und ähnelt dem Klöppel einer Glocke. Alle Wintergrünarten sind sehr gesellig, eine kommt nie allein daher. Beim Rundblättrigen Wintergrün gibt es zwei schwer unterscheidbare Unterarten, eine an der Küste und auf den Inseln sowie eine im Binnenland. Auch in Bremen haben wir ein Vorkommen, am Rande eines Stahlwerks, das möglicherweise mit verfrachteten Lehm- und Tonböden hierhergelangt ist. 1997 waren es gut hundert Pflanzen, aufgrund unterirdischer Ausläufer hat sich das Wintergrün inzwischen auf mehr als 650 Individuen gemausert. Darauf sind wir sehr stolz! Lat. *pyrola* bedeutet «Birnenbäumchen», vermutlich wegen der hängenden Früchte, die aber viel eher an Äpfel erinnern …

Ein wahres Kleinod unter den heimischen Gewächsen ist das nur an der Küste häufigere **Knotige Mastkraut** (*Sagina nodosa*, RL 2). Höchstens 10 Zentimeter hoch, fällt es im Hochsommer trotzdem durch viele weiße Blüten auf. Man kann behaupten, dass etwa 95 Prozent aller Wuchsorte abseits der Küsten von Nord- und Ostsee in Deutschland inzwischen erloschen sind, weshalb ein Fund 1994 auf einem feuchten Weg im Hildesheimer Wald zu den absoluten Raketen zählte. Apropos Mastkraut: Wir Botaniker sind wahrlich ein humorvolles Völkchen, denn mastig ist an diesen Winzlingen nichts. Treffender wäre Schuppenblättrige Sandprinzessin oder Zur-Nelke-gewordener-Sandpimpf gewesen.

Auf Norderney lernte ich 1985 den **Ausdauernden Knäuel** (*Scleranthus perennis*, RL 3) kennen und konnte zuerst nicht glauben, dass dieses Gewächs mit den vielen schönen Nelkenarten verwandt ist. Es hat nämlich überhaupt keine Blütenblätter! Um dennoch auf sich aufmerksam zu machen, verfärbt es seine knäuelig angeordneten Kelchblätter intensiv weiß und ver-sieht sie mit einem breiten Rand. Und das zeigt Wirkung, denn auf den Nordseeinseln kann man den teppichartig wachsenden Blender auf diese Weise relativ leicht in den Dü-nen entdecken. Er ist dicht verzweigt, und die Blätter sind gegen eine zu starke Son-neneinstrahlung und Austrocknung durch eine kleine, kurze und zugespitzte Form ge-schützt – wir Botaniker nennen das «pfriem-lig». Der Ausdauernde Knäuel wurde früher we-gen seines Wuchses auch Sand-Knöterich und wegen seiner heilkundlichen Nutzung als Blutkraut bezeichnet. Ich nenne ihn im-mer: Betrügerischer Sandfurzknoten.

Achtung, es gibt wieder etwas zu lernen: Die Gattung *Oenothera* war einst eine rein amerikanische Gattung. Die inzwischen rund fünf-zig in Deutschland nachgewiesenen Nachtkerzen stammen aber fast alle nicht aus der Neuen Welt, und das kommt so: Viele haben sich in Europa erst ab etwa 1800 herausgebildet und weisen teils deutli-che Unterschiede zu den noch in Amerika verbliebenen Vertretern auf. Dass sich in so verhältnismäßig kurzer Zeit in Europa vollkom-men neue Arten herauskristallisieren konnten, finde ich bombig. Die Nachtkerzen sind nicht nur schön von den Blüten her, sie blühen auch auffallend lange. Von Juni bis Oktober ist nämlich Nachtkerzenzeit!

Die **Sand-Nachtkerze** (*Oenothera ammophila*) lebt, wie Sie jetzt richtig vermuten, vor allem auf Sanddünen deutscher Inseln und an Küsten. Die zitronengelben Blüten sind jedoch viel kleiner als bei den meisten anderen Nachtkerzen, weisen dafür aber dekorative lackrote Längsstreifen an den Kelchblättern auf.

Die äußerst seltene **Salzbunge** (*Samolus valerandi*, RL 2) läuft einem wirklich nicht nach, stattdessen steht man unvermittelt davor. Sie ist auch nie an Straßen anzutreffen, obwohl sich in letzter Zeit gerade dort der Salzeintrag durch Streusalze häuft. Werden die Standorte dieses weißblütigen Salzäugleins nicht gemäht oder ab und zu betreten, wird das Mini-Primelgewächs rasch überwachsen und verschwindet ohne viel Aufhebens. Auf Norderney existieren seit Jahren Massenbestände am Südstrandpolder, hier rasten zahlreiche Gänse und setzen reichlich Kot ab. Es stinkt an diesem Ort zum Himmel, aber das stört weder diese Pflanze noch mich, wenn ich dann mit der Salzbunge entschädigt werde. Im Westen von Hannover wiederum gibt es einen kleinen Bach, die Fösse. Sie gilt seit langem als Hannovers dreckigster Bach, ein zweifelhafter Ruf. Und was wächst hier? Richtig – die Salzbunge. Die Salzfrachten aus der nahen Kalihalde in Empelde füttern sie. Auch im Südosten des hannoverschen Wendlands wird man fündig: Hätten hier jedoch die Bauern in den letzten dreißig Jahren nicht fast komplett das Grünland zugunsten von toten Äckern geopfert, wäre diese niedliche Art auch deutlich häufiger anzutreffen als an den drei Stellen, die ich 2013 noch fand.

Der **Dünnschwanz** (*Parapholis strigosa*, RL 3) sieht aus wie eine Salzstange aus Gras, ein ziemlich schmächtiger Witzbold. Und gerade deshalb mag ich ihn, der an der deutschen Nordseeküste wächst, viel seltener an der Ostseeküste (nur noch bei Wismar und fast verschwunden auf Rügen). Ich habe aber einen gezielten Dünnschwanz-Blick, und den muss man bei diesem kleinen Süßgras auch unbedingt haben, denn es fällt nur zwischen Ende Juni und Anfang August auf. Dann flattern an säbelartig gebogenen, äußerst dünnen Ähren schneeweiße Staubfäden im Wind (und den gibt es an der See ja genug). Später zerbröseln die Ähren rasch in einzelne Bruchstücke, man kann dann nur noch auf strohfarbene Abbruchstellen hoffen.

Wo der Dünnschwanz gedeiht, da wächst längs der Küste von Nord- und Ostsee die **Strand-Segge** (*Carex extensa*, RL 3), ihre hübschen Polster erscheinen wie grünblaue Igel. In Deutschland ist diese Segge gefährdet, nicht aber in Niedersachsen. Die fast kugeligen Ährchen schimmern bläulich grün. Vor allem auf Borkum und der Nordseeinsel Spiekeroog sowie am Hafen von Norddeich sind auf Salzwiesen große Bestände zu entdecken, ihre gar nicht distanzierte Busenfreundin, die Entferntährige Segge (*Carex distans*), steht dann immer daneben. Die Strand-Segge sah ich erstmals 1998 auf einem Gebiet der Stadt Emden, am Rysumer Nacken.

An den Küsten von Nord- und Ostsee ist auch der kurzwüchsige

························· 9. KAPITEL ·························

Erdbeer-Klee (*Trifolium fragiferum*) zu finden. Schwierig wird das, wenn dieser stark kriechende Klee noch nicht blüht, aber ab Juni erscheinen dann weißlich rosafarbene, wir sagen fleischfarbene kleine Blüten, die so kein anderer heimischer Klee hat. Die Fruchtstände im Sommer und Frühherbst sind nicht zu ignorieren – wunderbar aufgeblasen kommen sie daher, wie kleine Erdbeeren, kugelrund und rötlich bis strohfarben. Sie sind einfach nur über den grünen Klee zu loben. Schon öfter bin ich gefragt worden, ob ich bei meinen vielen botanischen Aktionen nicht hin und wieder ein vierblättriges Kleeblatt gefunden hätte. Nein, noch nie! Leider ist das keine Ermutigung für diejenigen, die nach einem suchen.

Der **Strand-Wegerich** (*Plantago maritima*, RL 2) zeigt sich – ganz im Gegensatz zu dem, was sein Name verspricht – auf der den Stränden abgewandten Seite der Inseln sowie in und an den Salzwiesen, gern mit den vorher genannten Arten. Aber nicht nur! An den Küsten ist es ihm wohl zu eng geworden, anders als Dünnschwanz und Strand-Segge hat er sich auf Reisen begeben und ist an wenigen Salzstellen im deutschen Binnenland angekommen, etwa an alten und inzwischen aufgegebenen Kalihalden in Hessen, Niedersachsen oder Thüringen. Da hat er auch noch genügend Salz, aber was macht er denn an unwirtlichen Straßenrändern? 1998 war ich Ende August mit dem Fahrrad im Harz, in Braunlage hatte ich einen Kartierungsauftrag. So radelte ich von Bad Harzburg die Bundesstraße 4 entlang nach Braunlage, bearbeitete das Bachtal der Warmen Bode, danach ging es wieder die B 4 zurück nach Bad Harzburg.

Reif für die Insel

Für Radler ist der Harz nicht so beschwerlich, jedenfalls dann, wenn man erst einmal die steilen Anhöhen geschafft hat. Dennoch: Ich war schon ziemlich erschöpft, als ich bei einbrechender Dunkelheit die Ortschaft Torfhaus fast erreicht hatte. An der Abzweigung nach Oderbrück wäre ich dann fast vom Rad gefallen, aber nicht vor Müdigkeit! War da nicht ein etwa 40 Zentimeter hoher, fetter Strand-Wegerich? Zum Glück nahe einer Straßenlaterne. Sofort musste ich hin und nachsehen. Tatsächlich, da wuchs ein kräftiger Strand-Wegerich am Rand der B 4 – auf immerhin 750 Meter über Meereshöhe! Einer meiner tollsten Funde! Stolz berichtete ich heimischen Botanikern von dieser Entdeckung, beschrieb ihnen die besagte Stelle am Telefon und per Skizze. Sie konnten den Sensationsfund dann bestätigten, Gewährspersonen sind in unserem Fach immer gut.

Da ich nach dieser sensationellen Entdeckung nicht mehr groß weiterradeln wollte, übernachtete ich auf dem Ski-Großparkplatz Torfhaus. Es war arschkalt, nur um 4 Grad Celsius, und das Ende August. Aber das war mir egal, der Strand-Wegerich ist in die Geschichte eingegangen. Jahre später kam ich mehrfach wieder an dieser Stelle vorbei, jedes Mal mit dem Auto. Den Strand-Wegerich, besser wäre Salz-Wegerich, konnte ich leider nicht mehr finden.

Wenn auf Salzwiesen der Nordseeküste in Massen der **Gewöhnliche Strandflieder** (*Limonium vulgare*) etwas lilafarben blüht, dann ist Ferienzeit auf den Inseln. Aber weil die Urlauber fast nur am Strand liegen, bekommen sie ihn kaum zu Gesicht – da helfen dann die Postkartenständer mit Aufnahmen von ihm nach. Dieser Meereslavendel ist ein Nährstoffjunkie, ein Salzjunkie sowie ein Sonnenjunkie (aus diesem Grund wandert er auch nicht ins Hinterland an gesalzene Autobahnen). Der Standflieder überzieht oft flächig die den Badeständen abgewandten, tischebenen Seiten der Inseln, dort, wo der Schlick aufhört. Über die Unterseite seiner derben blaugrünen, vorne eirundlichen Blätter scheidet er sogar aktiv Salz aus. Diese Salzwiesen sind Kinderstube und Futterkrippe unzähliger Küstentiere. Früher wurde der Strandflieder gesammelt und als Trockenstrauß verkauft, darum ist er heute geschützt.

Der vor allem an der deutschen Ostseeküste häufigere **Tataren-Lattich** (*Lactuca tatarica*) stammt aus Osteuropa und Vorderasien. Vermutlich gelangte dieser im Juli blau blühende Lattich mit Getreidelieferungen aus Russland zunächst in die Häfen der Ostsee, von hier aus dann an die Strände. Also mit dem Schiff und nicht mit den Pferden der Tataren. Massenhaft habe ich ihn auf der Insel Usedom gesehen. Richtig sinnlich ist er, und mit seinen zahlreichen unterirdischen Ausläufern erobert er sich jene Sandstellen, an denen außer vielleicht noch Filzige Pestwurz, Schmalflügeliger Wanzensame oder Strandroggen nichts wachsen will. Erstmals erspähte ich diese Pflanze 1989 an der Unterweser bei Dedesdorf (Kreis Cuxhaven), dann auf der Strohauser Plate, einem Naturschutzgebiet, und weiter flussaufwärts beim Fähranleger von Harriersand nach Brake. Brake? Diese Kleinstadt hat den in Deutschland größten Einfuhrbetrieb für Getreide und Futtermittel aus Russland (aha!), und zwar für die südoldenburgischen Mastfabriken für Gänse, Hühner, Puten und Schweine. Und 2013 fand ich vom Tataren-Lattich 460 Pflanzen im Bremer Getreidehafen. Es darf jetzt mal geraten werden ... Ja, es stimmt, das Getreide kommt auch hier vor allem aus Russland.

Der **Berg-Haarstrang** (*Peucedanum oreoselinum*) ist auf der herrlichen Insel Usedom (ja,

154

sehr bekannt durch die vielen Berge, nicht wahr?) keine Seltenheit. In Niedersachsen gibt es ihn nur im äußersten Osten. Zuerst machte ich südöstlich von Berlin persönlich Bekanntschaft mit ihm, 1999, im Zuge von Kartierarbeiten für Brandenburger Großschutzgebiete. Er erschien mir wie ein petersilienblättriger Schirmchenträger. Bei meinem Auftrag kartierte ich mehrere Wochen lang, lief mir in Gummistiefeln die Hacken blutig, nächtigte immer auf einem Dorffriedhof und versteckte meine Siebensachen hinter der Rückseite einer Kapelle. Alles ging ganz gut, nur dann konnten Bürohengste & Co. auf rund tausend Formblättern angeblich meine Handschrift nicht lesen und meine Pflanzenartenkürzel nicht deuten. Statt 22 000 Mark Honorar erhielt ich gerade noch schlappe 1000 Mark! Das war ein absoluter Tiefschlag und offenbar volle Absicht. Der federführende oder besser federzerstörende Mann jener auftragvergebenden Behörde hatte vorher schon andere über den Tisch gezogen. Den könnte ich dafür heute noch ... Darüber tröstete dann auch der schöne Berg-Haarstrang nicht hinweg. Den sah ich später aber noch mehrfach wieder, etwa im Wendland und 2013 zu Zehntausenden auf den Mainzer Sanden.

Apropos Inseln und Gepäck: Bei meinen Märschen ist das Gepäck ja immer ein Thema, zumal ich es gern vorher verstecke. Damit habe ich schon als Schüler angefangen, als ich auf Klassenfahrten etwa in Bonn oder in Frankfurt meine Schultasche einfach in Gebüschen oder hohen Blumenbeeten verbarg, sehr zum Staunen von Mitschülern und Lehrern. Auch während meiner InterRail-Touren Anfang der achtziger Jahre verfuhr ich so. In Kopenhagen, Oslo, Trondheim, Helsinki oder Stockholm wollte ich doch keinen schweren Rucksack mit mir herumschleppen! In Kalmar (Südschweden) wurde meinem Freund, der mit mir damals unterwegs war, der Rucksack mit allem Zubehör geklaut, obwohl er ihn ständig bei sich hatte. Meiner kam immer ungeschoren davon, nirgends ging etwas schief. Auf Langeoog musste ich nur einmal stundenlang suchen, bis ich ihn wiederfand – das Heidekraut war zu hoch, und eine Düne sah nach Stunden doch so aus wie die andere …

Und natürlich habe ich im Gelände im Lauf der Zeit auch einiges verloren, aber eben nie durch Diebstahl. Der Verlust von Kugelschreibern geht in den dreistelligen, der Verlust von an Fotoapparaten aufschraubbaren Nahlinsen in den zweistelligen Bereich. Meinen Autoschlüssel konnte ich zweimal wiederfinden, einen Fotochip mit fast zweitausend Bildern vermisste ich über eine Woche. Ich war ziemlich aufgelöst, als ich das feststellte, denn es waren massenhaft Fotos darauf (auch für dieses Buch). Dann aber entdeckte ihn Steffi zum Glück im Autokofferraum unter einer Matte, und ich habe sie daraufhin gaaanz doll geknuddelt. Sogar Nachfotografiertermine hatte ich bereits geplant, aber viele Arten waren da schon längst verblüht. Ein wenig spannend muss es anscheinend immer sein …

Der Mittellandkanal –
hier kann man ungestört nach
rechts und links gucken

Der etwa 326 Kilometer lange Mittellandkanal verbindet den Dortmund-Ems-Kanal (und damit das Ruhrgebiet) mit der Elbe beziehungsweise dem Elbe-Havel-Kanal (und damit Berlin), den überwiegenden Teil verbringt er auf niedersächsischem Gebiet. Im Norden und Osten führt er auch um Hannover herum und hat mich zwischen 1984 und 1994 maßgeblich geprägt. Vor allem vor dem Ausbau für größere Frachter war er ein lieblicher Ort, besonders am Nord- und Nordostufer. Viele Pflanzenarten sah ich hier zum ersten Mal. Aber noch heute bin ich gern hier, 2013 habe ich ihn mehrfach mit dem Fahrrad abgeradelt und zu Fuß erkundet. Es gibt nämlich richtig typische Mittellandkanal-Arten.

Eine ganz häufige Art «am Kanal», Hannoveraner sagen lapidar «MLK», ist das **Schöllkraut** (*Chelidonium majus*). Schon ziemlich früh im Jahr erscheinen die ersten Blätter, nicht selten haben die sogar überwintert. Versteckt und geschützt vor allem am Fuß von Hecken, alten Bäumen und an Gebüsch- sowie Waldsäumen, überstehen sie selbst Kahlfröste (Frost in Erdbodennähe ohne schützende Schneedecke). Dieses gelbe Mohngewächs erfreut mich immer durch seinen Blütenreichtum, seine skurrilen Fruchtstände und seinen exotisch anmutenden orangefarbenen Milchsaft. Die langen Blätter sind ansehnlich fiederteilig mit grobgebuchteten blau-grünen Einzelblättchen. Für eine schattenliebende Art ist sie an Stängeln und Blattstielen vergleichsweise stark behaart. Die schräg aufrechten Fruchtstände erinnern mich an klapprige Gliedmaßen von Skelettplastiken im Biologieunterricht. Steffi erkennt in ihnen die seit Ewigkeiten ungeschnittenen Fingernägel vom Struwwelpeter und sagt Struwwelpeterfingerige Orangensaftpflanze zum Schöllkraut. Das passt gut! Vielerorts hat das Schöllkraut stark zugenommen und sich zu einem lästigen Unkraut entwickelt. Das auch Schwalbenkraut genannte Gewächs (Blühbeginn etwa mit der Rückkehr der Schwalben) schmeckt scharf und bitter, es ist eine altbekannte Heilpflanze. Der Milchsaft wird auf Warzen aufgebracht, außerdem ist das Schöllkraut hilfreich gegen Hautflechten, bei Erkrankungen von Galle und Leber sowie bei Lymphdrüsenverstopfungen.

Oft semmelte ich zu Hause gleich nach der Schule den Tornister in die Ecke und unternahm erste Streifzüge in die Natur mit unserem Hund Purzel. Das war ein agiler Kurzhaardackel-mischling, den ich hinter unserer Siedlung von der Leine ließ. Er sauste über die Felder und ich hinterher. Schnell vertraut war mir da der **Wiesen-Kerbel** (*Anthriscus sylvestris*), denn er zählt in Deutschland zu den häufigsten Pflanzenarten überhaupt. Ob nun Sonne oder Schatten, ob mal abgemäht oder auch betreten, das ist ihm egal. Er lässt sich aufgrund seiner ausgeprägten Wurzel auch nur mit Mühe entfernen. Schneeweiße, oft kilometerlange Säume an Flussufern, Dämmen, Straßen und Wegen verraten diese Art schon im Mai und Juni, am Mittellandkanal vor allem längs der schattigeren Südseite. Die sind dann sogar vom Hubschrauber aus zu erkennen. Auf Wiesen ist er aber trotz seines Namens überwiegend selten.

10. KAPITEL

Ein richtiger Glücksfall am MLK war 2013 die stark gefährdete **Bienen-Ragwurz** (*Ophrys apifera*, RL 2); diese Orchidee kam mir vor wie eine vornehme Bienenkönigin. Die gelb und braun gefärbte Blütenlippe mit einem oft bläulich schimmernden Fleck erinnert tatsächlich stark an das Hinterteil einer Biene. Die drei Blütenblätter, die wir Botaniker Sepalen nennen, sind weiß bis leicht rosafarben. Die Blüten der Zwillingsart Fliegen-Ragwurz (*Ophrys insectifera*, RL 3) mit grünlichen Sepalen ähneln dagegen einer schwarzbraunen Fliege, ebenfalls mit einem blau schimmernden Fleck in der Mitte. Beide wachsen gern zusammen.

Die **Kahle Gänsekresse** (*Arabis glabra*) wird auch Turmkraut genannt. Völlig zu Recht, sie könnte auch Raketenkraut oder «Strich in der Landschaft» heißen. Ich liebe diese Pflanze, eine echte Feder-Pflanze! Trotz einer Höhe von fast 1,7 Metern fallen selbst mehrere Gänsekressen nicht sofort auf, meist erst dann, wenn man zufällig davorsteht. Das liegt neben dem extrem schlanken Wuchs auch an den eng am Stängel sitzenden bläulichen Blättern und den nur kleinen weißlich hellgelben Blüten. Die Kahle Gänsekresse ist in Teilen Norddeutschlands häufiger als im Süden, denn sie meidet höhere Gebirgslagen. Im wärmebegünstigten Allertal, wo ich sie 1989 erstmals zu Gesicht bekam, und im Wendland häufen sich die Vorkommen. In den letzten fünfundzwanzig Jahren ist mir diese dekorative Art regelrecht nachgelaufen, so auch 2013 an mehreren Stellen am Mittellandkanal. In Braunschweig, Bremen und Hannover ist sie dagegen fast erloschen, ein Zuwachsen der Standorte mit Gehölzen und starken Gräsern bedeutet nämlich ihren Tod.

In alle Kressearten habe ich mich verguckt, doch die **Feld-Kresse** (*Lepidium campestre*) habe ich von Anfang an geliebt, sie fand ich vor allem längs des Mittellandkanals. Diese schneeweißen Meere an bogigen Stängeln mit Massen an Blüten und Früchten, das ist schon was. Süß sind auch die fast birnenförmigen Schoten, besser Schötchen. Die Feld-Kresse, dieser Böschungsvorstand, hat eine viel seltenere Zwillingsschwester, die Verschiedenblättrige Kresse (*Lepidium heterophyllum*). Beide Kressearten wachsen am Mittellandkanal im Kreis Osnabrück oft zusammen. Als ich 1998 beide da so bemerkte, fiel ich fast vom Stängel.

Kraftvoll und wuchtig, diese Attribute fallen mir bei der **Echten Engelwurz** (*Angelica archangelica*) ein (ebenso Erz-Engelwurz oder Arznei-Engelwurz genannt), wenn die Pflanze von Juni bis September die teils handballgroßen Dolden ausbildet. Schon im April erscheinen salatartige hellgrüne Blätter im Schlamm oder im Ufergestein von Flüssen, Kanälen sowie längs der Küsten. Besonders am Mittellandkanal, wo es inzwischen über 10 000 Pflanzen gibt, findet sich kaum ein Abschnitt mehr ohne Echte Engelwurz. Fakt ist, dass sich die Art ausbreitet, sogar bis zur Mitte einer Autobahn hat sie es inzwischen in Bremen geschafft. Sie diente als Blattgemüse, und in Norwegen wurde die Wurzel mit im Brot gebacken, in Deutschland in Zucker eingemacht. Sie war Bestandteil von Branntwein (Cholera-Likör!), und als Heilmittel diente sie unter anderem gegen Fieber und Verstopfung.

······················· 10. KAPITEL ·······························

Eine weitere typische MLK-Pflanze ist die **Rotbeerige Zaunrübe** (*Bryonia dioica*). Sie fällt ziemlich auf, weniger zur Blütezeit (sie blüht grünlich weiß), als vielmehr zur Fruchtzeit, wenn ab August zahlreiche blutrote Beeren die Zaunrübe schmücken. Stark wird sie von Bienen und Schwebfliegen besucht, die Früchte werden von Vögeln verbreitet. Früher wurde sie als Gicht- und Teufelsrübe bezeichnet, weil sie eine überragende medizinische Bedeutung hatte, noch heute hat sie diese in der Homöopathie (Bryonia Globuli). Dosiert hilft ihr Inhaltsstoff Bryonin gegen Asthma, Geschwüre, Rheuma, Wassersucht, Epilepsie und Wahnsinn. Doch zu viel davon kann Schwindel, Übelkeit, Wahnsinn und sogar den Tod bringen. Bereits sechs gegessene Beeren verursachen beim Erwachsenen Brechreiz.

Um 1980 musste man in Niedersachsen um den **Gefleckten Schierling** (*Conium maculatum*), eine altbekannte Pflanze ungepflegter Dörfer und Vorstädte, richtig bangen, so selten war sie geworden. Doch dann plötzlich explodierte sie, insbesondere am Mittellandkanal, aber auch auf Autobahnmittelstreifen und an Autobahnböschungen ist sie jetzt häufig anzutreffen. Die hochgiftige Pflanze riecht nach Mäusen, den Geruch hat man noch Stunden später in der Nase. Der griechische Philosoph Sokrates musste vor fast 2400 Jahren zur Strafe den Schierlingsbecher trinken (er hatte einfach zu viel hinterfragt), es war wohl der Gefleckte Schierling drin mit seinem Inhaltsstoff Coniin. Rasch kam es zu Lähmungen, das Siechtum muss erbärmlich gewesen sein. Der Stängel mit seinen Flecken sieht schon tödlich aus, auch die im Frühling

162

und Frühsommer entwickelten Rosettenblätter sind auffallend grünbläulich und wirken bereits leicht abschreckend. Den Gefleckten Schierling wird man aber kaum wieder los, wegen seines intensiven Geruchs nach Mäusen. In geringer Dosis ist das Coniin hilfreich bei Drüsenschwellungen, Herz- und Nervenleiden sowie krebsartigen Geschwüren. Ziegen fressen diese Art problemlos, wir Menschen sollten das mit tödlicher Sicherheit unterlassen.

Nun kommt ein sehr unscheinbarer Pflanzengenosse, der aus Indien stammende und schon im 18. Jahrhundert bei uns registrierte **Kalmus** (*Acorus calamus*). Dieses Gewächs mit seinen langen hellgrünen Blättern siedelt gern im Uferröhricht des Mittellandkanals, doch es blüht bei uns nie, demzufolge fruchtet es auch nicht. Es riecht sehr aromatisch – ich finde, nach Apfelsinen. Begegne ich dieser Pflanze, nehme ich jedes Mal zwei, drei Blätter mit. Vor dem Schnuppern leicht daran reiben! Der Fruchtstand sieht einem Phallus ähnlich, weshalb der Kalmus in Indien als Aphrodisiakum gehandelt wird, aber eher ohne Erfolg. Zu Tausenden wächst er weiterhin auf feuchten Weiden mit Rindern, gerade im Bremer Umland. Dann sieht man ihn, er wird um einen Meter hoch, schon von weitem im Wind flattern. Das Vieh frisst um den Kalmus herum, da er schwach giftig ist. Die Kühe sind schlauer als der Bauer, der ihn bestimmt ausstechen würde, wenn er das vom Kalmus nur wüsste.

Gertenschlank kommt die **Sumpf-Gänsedistel** (*Sonchus palustris*) daher, die sich am Mittellandkanal derzeit stark ausbreitet. Trotz des Namens pikt sie wie einige weitere Vertreter ihrer Gattung überhaupt nicht. Im Frühling verraten kräftige dunkelgrüne

Horste dieses Asterngewächs. Die Blüten im Hochsommer sind hellgelb und relativ klein. Auch wenn sie am MLK auftritt, ist die Sumpf-Gänsedistel vorrangig eine Art Ostdeutschlands, so findet man sie etwa zahlreich an den Kliffküsten der Ostsee. 2004 untersuchte ich östlich von Hannover bei strömendem Regen mir aus früheren Jahren bekannte Gräben und Laubwälder nahe der A 2. Dort fand ich die Sumpf-Gänsedistel, aber noch etwas anderes: An einem Graben stand ein kleiner Pkw auf einem Feldweg, vom anregenden Kalmus wiederum gar keine Spur. Im Wagen liebte sich trotzdem ein junges Paar, und weil ich da mal Zeit hatte, guckte ich etwas genauer hin. Man kann doch nicht immer nur nach Pflanzen schauen, oder? Dann wurde mein Gaffen aber bemerkt, und schnell suchte ich das Weite. Das war übrigens einer von vier Fällen von zufällig beobachtetem Sex im Freien.

Hat man Glück, dann tritt zur Sumpf-Gänsedistel die **Geflügelte Braunwurz** (*Scrophularia umbrosa*) hinzu, die richtig viel Wasser benötigt. 2013 zählte ich am Mittellandkanal vor allem zwischen Bramsche-Achmer und Bad Essen sowie westlich von Minden bis Haste fast tausend Bulte dieser Art – sie muss aus diesem Grund auch leicht salzverträglich sein, was aber in keinem Lehrbuch steht. Dann beeindruckt sie den Betrachter durch enorme Wuchskraft, an ihr zusagenden Standorten können fast 1,5 Meter erreicht werden. Markenzeichen dieses Nährstoff-Junkies sind braune Blüten, hellgrüne Blätter und vor allem kantig-geflügelte Stängel. Die zungenförmigen Blätter wurden früher als Wundmittel und als Salatpflanze genutzt (Braunblütiger Ufersalat, schmeckt sehr gut!).

Kanäle haben etwas Besonderes an sich, man kann rechts und links schauen, völlig

Der Mittellandkanal

ungestört von Autos. Natürlich muss man auf Radfahrer, Fußgänger und Hunde achten und auf die Uferkante. Mal sind die Ufer interessant, mal die Böschungen, mal die Wegsäume, doch alles ist prima übersichtlich. Besonnte Abschnitte sind wertvoller als beschattete, daher sind Nordseiten artenreicher als Südseiten. Auch Ostseiten sind meist besser als Westseiten, weil die Sonne den Ostrand länger bescheint. Das habe ich ganz schnell spitzgekriegt, und das gilt ebenso für Straßenränder. Aber nicht für Bahnränder, hier sind nach Süden exponierte Böschungen immer spannender als die nach Norden ausgerichteten.

Und noch ein Vorteil von Kanälen: Bei ihnen kann man jederzeit aufhören und ein anderes Mal an gleicher Stelle fortfahren. Interessant können auch die meist kleinen Kanalhäfen sein und die Anlegestellen der Frachter. Bedingt durch einen mehr oder weniger regen Schiffsverkehr, finden sich allerdings so gut wie nirgends Wasserpflanzen ein. Das Wasser ist nämlich meistens trüb, obwohl ich häufiger sah, wie Anwohner dort badeten. Übrigens bin ich 2013 meines Wissens erstmals auch an einem Kanal gefragt worden, was ich denn da so machen würde, das war in Braunschweig. Der Mann hat mich daraufhin sogar mehrere Kilometer begleitet – für ihn eine spontane Gratisexkursion.

Das alte Berlin –
noch unverbaut und mit
vielen Gleisflächen

Vom Land geht es nun in die Stadt, in eine ganz besondere Stadt. 1985 in Berlin, was waren das noch für himmlische Zeiten! Die Bundesgartenschau öffnete in Britz beziehungsweise Neukölln ihre Pforten, und mein Studienfreund Siggi und ich waren zwischen Juli und September mittendrin. Siggi mähte fast rund um die Uhr Rasen, und ich schnitt rund um die Uhr in Rosenbeeten verblühte Köpfe ab. Ab und zu verschenkte ich auch frisch abgeschnittene Rosen – an hübsche Frauen und an Rentner aus der DDR. In meiner knappen Freizeit erkundete ich Berlin, den Teufelsberg, den Grunewald, den Tiergarten, Frohnau, das Märkische Viertel und vor allem die abenteuerlichen alten Gleisflächen der Nachkriegszeit. Es gab hier noch sehr viel Botanisches zu entdecken, leider ist heute bis auf kleine Reste alles verbaut.

Denke ich an den **Klebrigen Gänsefuß** (*Chenopodium botrys*) oder sehe ich ihn, was sehr selten der Fall ist, werde ich sofort an die Internationale Funkausstellung (IFA) in Berlin erinnert. Und das hat folgende Bewandtnis: Den Klebrigen Gänsefuß kannte ich bislang nur von Bildern, doch im Sommer 1985 entdeckte ich ihn erstmals an einem Parkplatz, direkt vor der IFA. Etwa zwanzig Pflanzen standen da, zusammen mit viel Sand-Wegerich. Damals waren Parkplätze noch so schön uddelig, man lief, wo man wollte, kürzte ab, trat ab, Hunde koteten ab. Das passiert zwar auch heute noch, aber heute wird in den derart strapazierten Beeten ständig nachgepflanzt oder sogar komplett neu gepflanzt, gerade an so exponierten Plätzen wie der Funkausstellung (auch bei IKEA zu beobachten). Schade eigentlich, denn inzwischen ist der Klebrige Gänsefuß auf dem Berliner Parkplatz verschwunden, das überprüfte ich 2009. Auch die damaligen Stars der IFA sind nicht mehr da – ich erlebte dort Gilbert Bécaud («Monsieur 100 000 Volt»), Dieter Thomas Heck («Hier ist die Hitparade im ZETTT TTE EFFF!!»), Klaus «Schlappi» Schlappner (Kulttrainer vom SV Waldhof Mannheim, heute wahrscheinlich 5. Liga), Carlo von Tiedemann (NDR-Ikone) und Jochen Sprentzel (einmalige Sportreporterstimme beim Berliner Rundfunk, Fachgebiete Fußball und Rudern). Nur Günter-Peter Ploog (Fußball und Eishockey) vom ZDF ist aktuell noch im Einsatz … Das ist für den Klebrigen Gänsefuß aber bestimmt kein Trost.

Etwa 60 Zentimeter hoch kann er werden, er riecht sogar, und dies sehr aromatisch nach Kiefernharz. Er klebt wirklich wie hulle, an Händen noch nach Stunden! Markenzeichen dieses Schmuddelkindes sind denn auch viele tote und halbtote Insekten, Sand, Staub, kleine Essensreste und Papierstückchen, die alle an ihm hängen bleiben. Er ist wirklich ein schmutziger Gänsefuß. 2009 entdeckte ich ihn noch einmal, Tausende Pflanzen wuchsen da auf einer Baulückenbrache östlich vom Potsdamer Platz, gegenüber einer übertrieben prunkvollen Landesvertretung.

Alle wollen ihn jetzt sehen, den **Schmalflügeligen Wanzensamen** (*Corispermum leptopterum*), denn diesen am Ende fast rot- bis lilafarbenen Steppenroller aus dem Hafen von Bremen brachte ich mit ins Fernsehen. Bei Stefan Raabs Show *TV total* haben sich die Zuschauer gewundert, dass da eine Steppenpflanze in Deutschland eingewandert ist. Der globale Verkehr mit Lkws über Autobahnen, über Kanäle, längs der Küsten und über die Bahnanlagen hat dabei die Migration befördert. Oft haben sich diese licht- und hitzelieben- den Eindringlinge auf trockenen, gehölzarmen Bereichen nieder- gelassen. Der Wind kann viele von ihnen über offene Sandflächen verwehen, und so hat er die Samen verteilt. Und was in Vorder- und Innerasien sowieso prima funktioniert, gelingt inzwischen auch bei uns in sommerheißen Städten sowie an sonnenbeschienenen Auto- bahn- und Eisenbahnrändern. In Berlin sah ich den Wanzensamen 1985 im Gleisdreieck, es war ein Auftritt in Massen. 1990, kurz nach der Wende, war er auch viel in Potsdam, Brandenburg sowie in Meck- lenburg-Vorpommern unterwegs. Ein einziger Auftritt im Fernsehen hat schließlich dazu geführt, dass der Schmalflügelige Wanzensame so bekannt wurde, dass schon mehrere Fernsehanstalten um dieses Mitbringsel gebeten haben. Selbst Anfragen von Blumen- und Kunstläden hat es gegeben, die in ihm eine neue Dekopflanze sehen.

Sehr schwer zu entdecken ist die hell- rosa blühende **Sprossende Felsennelke** (*Petrorhagia prolifera*), die ich ebenfalls 1985 erstmals im alten Berlin sah, auf dem inzwischen vernichteten Anhalter Bahnhof. Da hilft auch das Sprossende nicht weiter, dadurch wird sie nicht auffälliger. Die extrem schlanken, fast unbeblätterten Stängel sind graubläulich, von den zahlreichen Blütenansätzen kommen immer nur ein, zwei Blüten zum Zuge – eigentlich sind es keine Blüten, sondern lachhaft kleine Becherlinge mit rosafarbenen Schirmchen. Man muss sozusa- gen erst drauftreten, ehe sich diese Art bemerkbar macht. Massenhaft

····················· *Das alte Berlin* ·····················

bricht sie in den Mainzer Sanden auf, auf Felsen sowie auf Mauern in Weinanbaugebieten. Seit etwa 2005 ist die Art mehrfach in Bremen zu finden, 2010 habe ich ihn in Stade auf dem alten Verschiebebahnhof gesehen.

Auch der **Sand-Wegerich** (*Psyllium arenarium*) baut auf Sand, und manchmal gibt es ihn sogar wie Sand am Meer! Mit seinen vielen unterschiedlich großen Blütenköpfchen steht er für mich aber ebenso für das alte Berlin vor der Wende. Und falls es Sie interessiert: Nachdem ich auf der Bundesgartenschau als Semesterferienjob andauernd verblühte Rosen abgeschnitten hatte, tat ich dies gleichsam kräftig mit meinem Finger. Ab war die rechte Zeigefingerkuppe, viel Blut quoll hervor, ich fiel sogar kurz in Ohnmacht.

Doch zurück zum unscheinbar weiß blühenden Sand-Wegerich, der mich an kleine Steppenkätzchen erinnert: Um den Funkturm, das Messegelände und die nahegelegenen Studentenwohnheime herum (in einem schliefen wir während der Berliner Monate) hatte er sich an vielen Parkplätzen und an nur sehr spärlich bewachsenen Rabatten etabliert, manchmal zu Tausenden. Auch auf den großen, verbrachten und heute fast völlig eingeebneten Güterbahnflächen wuchs die Pflanze mit den hübschen gelben Staubbeuteln. Später fand ich sie noch in Hannover (Bahnhof Hainholz), Braunschweig (im Hafen), mehrfach in Bremen (Bahnanlagen) und 2013 auf den Mainzer Sanden.

Eine andere neue Art war im städtischen Berlin eine Baumart. In Deutschland wird es ja immer wärmer, eine günstige Gelegenheit für Neueinwanderer. Aber gibt es deshalb hier auch schon richtige Palmen? Na ja, fast: Der **Chinesische Götterbaum** (*Ailanthus altissima*)

171

hält auf jeden Fall Einzug, und aufgrund seiner Blätter wird er von uns Botanikern auch Ghettopalme genannt. Gnadenlos, wie sie ist, hat sie sich die heißesten, trockensten, oft unwirtlichsten Stellen ausgesucht: Stadtzentren, Güterbahnhöfe, Autobahnmittelstreifen, Kellerschächte, graue Hinterhöfe oder erdgefüllte Dachrinnen. Der bis 30 Meter hohe Baum aus Nordchina hat lange, ausladend gefiederte dunkelgrüne Blätter. Von Juni bis Juli erscheinen die dekorativen grün-gelben Blüten – sie riechen ziemlich übel. Ich mag den Baum trotzdem und freue mich sehr, wenn pflichtbewusste Bahnarbeiter, Autobahnbetreuer oder ordnungsliebende Hausbesitzer Götterbäume abhacken (nur sehr junge Bäumchen lassen sich herausziehen), denn dann explodiert er: In kurzer Zeit schlagen gleich mehrere Stämme wieder aus. Werden diese erneut gekappt, entstehen binnen weniger Jahre schöne Palmengebüsche – auch durch Wurzelausläufer. Die fallen besonders auf, wenn der Wind die unterseits graugrünen Palmenblätter anhebt. Das eindrucksvolle Schauspiel habe ich zuerst in Berlin beobachtet, inzwischen aber ebenso im Frankfurter und Kölner Raum und zahlreich an Autobahnen zwischen Dortmund, Duisburg und Bonn.

Aber was mit der Baumart derzeit in südwestdeutschen Städten passiert, das haut dem Fass den Boden aus. Götterbäume gibt es dort überall, in Parks und Gehölzstreifen, Jungwuchs sieht man vor Hauswänden, Hunderte Keimpflanzen dringen aus Pflasterritzen. Inzwischen wird er genauso in Darmstadt, Frankfurt, Freiburg, Ludwigshafen, Mainz, Rastatt oder Speyer vergöttert. Ganz Deutschland hat bald eine Ghettopalmenkulisse, eine Chinesische Mauer aus Götterbäumen. Den Aufstieg vom Outcast zum Incast kann man nur rasant nennen. 2013 hat die Götterpalme es sogar ins Fernsehen geschafft, denn anlässlich der Berichte über das Personaldesaster der Deutschen Bahn flimmerten vom Mainzer Hauptbahnhof immer wieder schöne Götterbäume in die Wohnstuben.

Das alte Berlin

Das alte Berlin ist vergangen, das Berlin von heute ist hektisch und laut. Die Hauptstadt wabert zügellos in die Umgebung, viele lauschige Plätze sind verschwunden. Es wird gebaut auf Teufel komm raus – wo bleibt das intelligente Verdichten, das Belassen von Freiraum für die Bevölkerung? Man hat das Gefühl, der Berliner ist auf der Flucht, jetzt, wo die Grenzen gefallen sind. Das anheimelnde Gefühl vor der Wende ist verflogen, die fast kuschelige Insellage kaum noch zu spüren. Und mit dem Aussterben der alten Bewohner, mit den niveaulosen Glasbaukästen, mit dem Gigantismus der Wirtschaftsmagnaten und den Straßenschneisen durch die Stadt ist das Berliner Flair an vielen Stellen Geschichte. Sehr schade, und das hat auch vor den spontan auftretenden Pflanzen nicht haltgemacht. Um dieser Trostlosigkeit zu entkommen, sind viele Menschen der Idee des Urban Gardening verfallen. Ein durchaus kreativer, wenn auch notgedrungener Versuch. So sah ich auf dem Gelände des Flugplatzes Tempelhof bepflanzte Kübel und Bottiche mit Zier- und Nutzpflanzen aller Art, die aufgrund des mit Giftstoffen kontaminierten Untergrunds nicht einmal in die Erde gebracht werden durften. Ein für mich trauriger Anblick, all die Bemühungen der städtischen Kleingärtner. Und diese Freiflächen sind nicht einmal gesichert: Auch hier fällt dem frechen Berliner Senat nichts Besseres ein, als diese quartiernahen Grundstücke bebauen zu wollen – mal wieder maßlos am Menschen vorbei.

Die Lüneburger Heide – Mondlandschaft mit Truppenübungen

Schon meine Eltern schwärmten von der Lüneburger Heide. Ich selbst war immer verblüfft, dass sie – obwohl heute nichts mehr davon zu sehen ist – früher bis in den Norden Hannovers hineinreichte. Stadtteile wie Vahrenheide, Varrelheide oder Mecklenheide bezeugen das. Die weiten Sandflächen Norddeutschlands jedenfalls waren Folge einer Verwüstung durch exorbitanten Holzeinschlag, Bodenentnahmen zur Stalldüngergewinnung oder eine einhergehende intensive Schafbeweidung zwischen 1200 und 1800. Die reiche Stadt Lüneburg verbrauchte massenhaft Holz zum Städtebau, als Brennmaterial und zur Salzgewinnung. Später kam die Nutzung als Truppenübungsplätze hinzu. Zurück blieben häufig Mondlandschaften, jene von Mensch und Tier geschaffenen Sandheiden Norddeutschlands. Über Jahrhunderte wurden sie jedoch dermaßen durch ungehinderte Wind- und Niederschlagseinwirkungen ausgelaugt, dass es sogar noch heute schwer ist, die ursprünglichen, an sich absolut genügsamen Baumarten wie Stiel-Eiche oder Hänge-Birke wieder aufzuforsten. Auf die Verwüstung aber folgte die Hochzeit der (seltenen) sonnenhungrigen Heidepflanzen, von denen hier sechzehn vorgestellt werden.

Dominierend war und ist in den Sandheiden die anspruchslose **Besenheide** (*Calluna vulgaris*), die von Mitte Juli bis Anfang Oktober blüht und bis zu 50 Zentimeter hoch wächst. Viele Naturliebhaber

Die Lüneburger Heide

kennen die Pflanze, beredtes Zeugnis darüber legen die Geschichten aus der Zeit von Hermann Löns sowie alljährliche Krönungen von Heideköniginnen ab. Die Besenheide ist selbst eine Heidekönigin, vielleicht aber auch eher eine alte Tante Erika, jedenfalls wenn man an die Heidegemälde (Heideschinken) in diversen Wohnzimmern denkt. Die Aufforstungen, die gegen Ende des 19. Jahrhunderts gestartet wurden, ließen die Besenheide schwinden, damit einher ging aber auch der Rückgang beziehungsweise das Ende der Heidschnuckenbeweidung. Viele Heiderestflächen müssen aus diesem Grund heute mühsam entkusselt (wir Botaniker verstehen darunter ein Herausschlagen von Gehölzen) oder gemäht werden. Gesunde Heiden existieren oft nur noch auf den Truppenübungsplätzen, wo sie zu speziellen Einsätzen oder – unbeabsichtigt – durch Schießbetrieb in Brand gesteckt wurden. Gesunde Heiden sind nämlich immer junge Heiden, sonst sprechen wir von vergreisten Heiden. Die Besenheide ist eine wichtige Nahrungspflanze für Bienen, früher wurde sie zum Gelbfärben und Gerben, zur Behandlung von Bauchschmerzen und Sehschwäche sowie als harntreibendes und blutreinigendes Mittel verwendet. «Heide» bedeutete «unbebautes Land», und zum Beiwort «Besen» kam die Besenheide, weil ihre verholzten Sprosse zu Besen verarbeitet wurden.

Zur Blütezeit der Heiden im ausgehenden Mittelalter und in der frühen Neuzeit wurden sie abgeplaggt, dazu trugen die Bauern mit einem flachen Schuffeleisen, einer Art Hacke, den Oberboden samt Heidesträuchern in mühseliger Handarbeit ab. Dieses Gemenge aus organischem Material und Sand kam dann in die Ställe und ergab zusammen mit Tierkot ein wertvolles Düngergemisch, das erneut auf die sandigen Felder gebracht wurde, und zwar Jahr für Jahr. Dadurch entstanden die sogenannten Eschböden, die oft erhöht noch heute im Gelände zu finden sind. «Esch» kommt von «Asche», nicht etwa von der Baumart Esche! Denn durch das allmähliche Einbringen von Humus wurden die Sande mit der Zeit aschgrau. Straßennamen wie «Auf dem Esch», «Am Esch», «Hinterm Esch» oder «Eschbogen» verraten solche ehemaligen Ackerflächen über dem nährstoffarmen Heidesand.

Apropos Bauern: In allen Bundesländern der deutschen Südhälfte steht der zierliche **Bauernsenf** (*Teesdalia nudicaulis*) auf der Roten Liste. Wir Pflanzenenthusiasten hier im Norden freuen uns hingegen darüber, dass wir nicht weit fahren müssen, um ihn zu sehen. Dass der Bauernsenf dennoch auch hier abnimmt, hängt mit der zunehmenden Düngung in der Landwirtschaft, der Aufforstung ungenutzter Freiflächen sowie mit dem Rückgang von Sandheiden und Sandmagerrasen zusammen. Zu Jahresanfang sieht er ein bisschen schmalbrüstig aus, doch dann, ab April, erlebt er einen raschen Wachstumsschub, und an kahlen Stängeln erscheinen zahlreiche weiße Blüten. Später bleiben die am Ende löffelartigen braunen Schötchen an nun stark gestreckten Stängeln übrig.

Ein Winzling im Heideland ist die **Echte Bärentraube** (*Arctostaphylos uva-ursi*, RL 2), wie ein Bodendecker tritt sie auf, wahrlich ein Zwergstrauch! Meist blüht sie im April und Mai rötlich weiß, wie Miniaturkuhglocken muten ihre wächsernen Blüten an. Die roten Früchte sehen dagegen später Preiselbeeren

Die Lüneburger Heide

sehr ähnlich. Bisher entdeckte ich die Echte Bärentraube nur auf Truppenübungsplätzen: Zuerst 1996 auf dem in Munster-Süd im Geschosseinschlagsgebiet, ab 2004 auf dem in Garlstedt bei Bremen und 2013 auf dem Militärplatz Scheuen bei Celle. In Skandinavien ist die Bärentraube dermaßen häufig, dass sie den Braunbären dort als Nahrung dient – daher ihr Name.

Wenn im März oder April in trockenen Heiden tote Hose herrscht – untermalt vom traurig-abfallenden Gesang der Heidelerche, etwa so: «Lululululuuu» –, regt sich in ein paar Ginsterarten schon Leben. In der Heide ist besonders der **Englische Ginster** (*Genista anglica*, RL 3) zu Hause, er ist sogar eine sogenannte Kennart solch artenarmer Lebensräume. Sein leuchtendes Goldgelb von Mai bis Juni weckt die Heide sozusagen auf, nur leider nicht mehr überall. Weil die Schafe fehlen und dadurch Gehölze und auch Gräser einwandern, kann er seine Stärken nicht mehr ausspielen – seine Genügsamkeit und seine zahlreichen Dornen. Heidschnucken fressen fast alles, nur die alten Dornen des Englischen Ginsters verschmähen sie und erlauben so seine Ausbreitung. Die Dornen sind richtig schmerzhaft, wie eine unvorsichtige Exkursionsteilnehmerin 2013 in den Boberger Dünen in Hamburg erfahren musste. Auch an grau- bis blaugrünen, ziemlich aufgeblasenen Hülsen ist der Stichling später gut auszumachen.

An besonders trockenen Sandstellen wächst die **Sand-Segge** (*Carex arenaria*), die in Deutschland fast nur nördlich einer Linie von Köln über Paderborn, Hannover, Braunschweig, Magdeburg, Dresden und

Görlitz vorkommt (alles Tieflandregionen). Hier werden bevorzugt (Wander-)Dünen, Sandgruben, Böschungen und lichte Kiefernwälder eingenommen. Das Sauergras erobert sich offene, noch unbewachsene Flächen durch seine bis zu 10 Meter langen unterirdischen Ausläufer. Diese schicken in fast regelmäßigen Abständen Sprosse an die Erdoberfläche, daher heißt sie auch Soldaten-Segge und Nähmaschine Gottes. Einst fand sie Verwendung bei Syphilis und Herpeserkrankungen, bei Ekzemen sowie als blutreinigendes Mittel.

Der **Heide-Wacholder** (*Juniperus communis*) wächst nicht nur auf Heideflächen, er bevorzugt auch das sehr steile Gelände von Kalkmagerrasen im mittleren und südlichen Deutschland. Dennoch bleibt er *der* Charakterstrauch der norddeutschen Tiefebene, viel gemalt, oft besungen, immer wieder eingegangen in Gedichte und Romane: Nur er ist der Heidekaiser! Zwischen 1400 und 1900 prägte er weite Landschaften, und noch heute zeugen altehrwürdige Bezeichnungen von Naturschutzgebieten von seiner Vergangenheit: Heiliger Hain (Kreis Gifhorn), Totengrund in der Lüneburger Heide (Heidekreis), Haselünner Kuhweide (Kreis Emsland), Silberberg (Kreis Osnabrück), Finteler Wacholderlandschaft (Kreis Rotenburg), Wacholderhaine bei Ellerndorf (Kreis Uelzen). Der bis zu 10 Meter hohe Heide-Wacholder liebt Trockenheit und Beweidung. Dann kann er nämlich erst so richtig seine Unverwüstlichkeit ausspielen, die er seinen etwa 1 Zentimeter langen, bläulichen Nadeln zu verdanken hat. Selbst Schafe schrecken davor zurück. Wenn diese aber die gesamte Umgebung kurz fressen, kann er sich in der dann durch intensiven Schaftritt gestörten Vegetation aussamen. Übrigens war der Heide-Wacholder früher eine wichtige Nutzpflanze, nicht nur wegen der Beeren als Würze oder zur Herstellung von

Schnaps (Genever). Er liefert sehr gutes, wohlriechendes Holz für Holzverzierungen und Schnitz- und Drechslerarbeiten. Die Beeren verwendete man zur Blutreinigung, gegen Gicht, Rheuma und Wassersucht.

Manchmal kommt man nicht umhin zu denken: Die spinnen, diese Pfransenfleunde, ähm, Pflanzenfreunde! Bezeichnen die diese adrette Pflanze als **Berg-Sandglöckchen** (*Jasione montana*), wo sie doch gerade in den Bergen kaum vorkommt und eine Art der Norddeutschen Tiefebene ist. Es ist ein überragendes Schauspiel, wenn sich von Juni bis Anfang September Tausende blauer grazinler Blütenköpfe über einer Sandebene erheben – trotz nur 30 Zentimeter Höhe. Liegt man auf dem Bauch, befindet man sich in einem weiten blauen Meer mit Strand, aber ohne Wasser. Mehr muss man über das Berg-Sandglöckchen gar nicht wissen. Außer: Kaum eine andere Art versorgt sich – im Verhältnis zur oberirdischen Planze – mit so wenigen, mickrig kleinen Wurzeln!

Eine wahre Heidekönigin ist ebenso die **Echte Arnika** (*Arnica montana*, RL 3), auch Berg-Wohlverleih genannt. Sprechen Sie ein paarmal hintereinander, betont und langsam: «Berg-Wohlverleih, Berg-Wohlverleih ...», dann weiß ein jeder, warum. Da kehrt sofort (innere) Ruhe ein, oder? Diese Pflanze tut einfach gut – bei ihr denke ich immer an schwefelgelbe Zwergsonnenblumen. Es ist ein optisches Gedicht, wenn gleich Tausende von ihr blühen. Und was diese Art alles kann! Sie ist nämlich eine Superheilpflanze: Hilft gegen Durchfall, Fieber, Gehirnerschütterungen, Lähmungen und Nervenreizungen. Aber Vorsicht! Es hat durch Überdosierungen auch schon Todesfälle gegeben. Wegen der zunehmenden Seltenheit der Echten Arnika sollte stattdessen die bestens kultivierbare Ringelblume (*Calendula officinalis*) verwendet werden, sie hat die gleichen Eigenschaften. Mein Freund Hannes aus Celle begegnete einmal in den Alpen, wo die Arnika vor allem oberhalb der Waldgrenze noch sehr häufig ist, fernab eines jeden Weges einem Mann mit einem großen Korb. Sie plauderten kurz, und der Mann pries die wahren Vorzüge der Arnika an, in seinem Korb hatte er aber alles Mögliche, nur keine Arnika. Hannes grinste und ließ ihn einfach gewähren, natürlich auch zum Schutz dieser schönen Bergblume!

Am Südrand der Lüneburger Heide existieren die aktuell größten Arnikavorkommen in Niedersachsen, und zwar auf dem großen Truppenübungsplatz Munster-Süd, den ich 1996 kartieren durfte – eine meiner schönsten Missionen. An einem Junitag begann ich hier meine zweiwöchige Untersuchung, mit Sack, Pack und Fahrrad war ich auf dem Bahnhof Munster angekommen. Und weil der Weg zu meiner Pension weiter war als direkt ins Militärgebiet, fuhr ich sofort zum Übungsplatz und versteckte nach bekannter Manier alle meine Sachen – ausgenommen Geländekarten und Stifte – am Rand eines nahegelegenen Waldes. Ein todsicheres Versteck, dachte ich. Als ich jedoch kurz vor Einbruch der Dunkelheit mein Gepäck abholen wollte, bekam ich einen großen Schreck – alles war fort. Nach einem kurzen Absuchen der nahen Umgebung, das nichts ergab, realisierte ich den diesmal offensichtlichen Diebstahl und fuhr mit meinem Rad zur Polizeistation Munster, um den Verlust zu melden.

Der Beamte erwartete mich schon, seelenruhig saß er da. «Ihre Sachen sind hier», sagte er strahlend. Ich hätte ihn umarmen können. Ein (wirklich übereifriger) Jogger hatte die seiner Meinung nach geklauten Sachen bei der Polizei abgegeben. Er musste in der Nähe sein Auto geparkt haben, denn mein Gepäck war ziemlich schwer. Alles war da, einschließlich Geld und Zugrückfahrkarte. Seitdem liebe ich Truppenübungsplätze noch mehr.

······················· *Die Lüneburger Heide* ·······················

Der **Hirschsprung** (*Corrigiola litoralis*, RL 3) ist die zweite Lieblingspflanze meiner Freundin Steffi. Als ich sie ihr zeigte, war sie mit ihrem Fotoapparat flugs zur Stelle, mit Kinn und Knien am Boden, sozusagen hirschsprungbereit, denn dieses Nelkengewächs wird nur wenige Zentimeter hoch. Als sogenannte Pionierpflanze hält sie nicht nur die Sand- und Gesteinsböden von Flussufern besetzt, sondern vor allem die Panzerspuren großer und kleiner Truppenübungsplätze. Auf den beiden um Munster wachsen Millionen dieser Pflanze. Die bläulich-graue Art mit weißlichen Blüten in dichten Knäueln erträgt fast niemanden in ihrer Nähe. Schnell wird sie nämlich überwachsen, es sei denn, Spritzmittel der Bahn, Panzer, schwere Radfahrzeuge oder regelmäßiges Hochwasser hemmen oder vernichten sogar Konkurrenten (dem Hirschsprung macht das nichts aus). Auch aus diesem Grund sind wir Pflanzenfreunde stolz auf jeden Militärplatz – gelten sie doch heute als (überlebens)wichtige Refugien für Hunderte teils gefährdeter Pflanzen. Sie alle könnten in der jetzigen, überwiegend intensiv genutzten «Kulturlandschaft» kaum oder auf lange Sicht überhaupt nicht mehr überleben.

Und nun folgt der freundliche Nachbar vom Hirschsprung. Im Tiefland von Nordrhein-Westfalen (Münsterland), von Niedersachsen, Süd-Brandenburg und Nordost-Sachsen kommt dieser kleine Racker vor, **Knorpelmiere** (*Illecebrum verticillatum*, RL 3) genannt. Alle übrigen Bereiche Deutschlands sind, da oft viel höher gelegen, bis auf wenige Ausnahmen knorpelmierenfrei. 1990 sah ich dieses Kleinod, meinen grün-weiß-roten Zärtling, erstmals auf einem abgezäunten Fischteichgelände. Wieder einmal ging ich, ohne zu fragen, dorthin. Ausreden hatte ich schon parat, sollte ich beim Betreten des verbotenen Terrains erwischt werden, etwa: «Letzte Woche habe ich hier meine teure Uhr verloren!» Oder noch besser: «Sie haben hier so wunderbare Pflanzen, da kann ich im Umkreis von 100 Kilometern so viel suchen, wie ich will, und finde doch nichts. Sie machen es perfekt.» Dermaßen gebauchpinselt konnte ich den Leuten oft den Wind aus den Segeln nehmen!

Gelegentlich geben sich Hirschsprung, Knorpelmiere und die ebenso zarte **Borstige Schuppensimse** (*Isolepis setacea*) ein Stelldichein. Letztere bekommt man aber auch mal ein ganzes Jahr lang nicht zu Gesicht, Gründe dafür sind ihre unscheinbare Gestalt von nur 20 Zentimeter Höhe, ein zu trockener Jahresverlauf oder schlichtweg fehlendes Glück. Das seltene Sauergras hat schrägstehende Blätter und braune Ährchen, rund oder eiförmig. Mich hat diese entzückende Pflanze erstmals 1985 begeistert, anlässlich einer botanischen Exkursion der Universität Hannover ins hannoversche Wendland. Im Jahr 2000 fand ich sie auch auf dem Expo-Gelände in Hannover – vorher nicht, nein, erst nach dem Aufbau. Also, menschliche Eingriffe können durchaus Positives bewirken.

Den **Zwerg-Lein** (*Radiola linoides*, RL 2) habe ich für mich «Zwergen-Stammbaum» getauft. Genauso ist er auch aufgebaut: Aus einem dünnen Hauptstängel gabeln sich zwei Sprosse ab, aus denen wieder zwei Sprosse entstehen. Darauf setzt er jeweils abermals eine Gabel, und schon sind es acht Zwergverzweigungen. Dieser Winzling kommt dann aber nicht mehr weit,

Die Lüneburger Heide

nach vier bis fünf Etagen ist Sense. Dafür bringt er eine erkleckliche Anzahl an winzigen weißen Blüten hervor. Je nach Wasserständen wächst er zwischen Juli und Oktober in vegetationsarmen Fahrspuren, in feuchten Dünentälern, an Heideweihern oder extensiv bewirtschafteten Fischteichen. Da kann er dann fleißig aussamen, im Bergland ist er dagegen superselten.

Kein Wässerchen trübt die zartbesaitete **Wasser-Lobelie** (*Lobelia dortmanna*, RL 1), in Deutschland ist sie vom Aussterben bedroht und zählt zu den geschützten Wasserpflanzen. Nur noch in Niedersachsen, Bremen und Schleswig-Holstein gibt es sie, zusammen an weniger als zehn Standorten! Aus einer optimal unter der Wasseroberfläche wurzelnden Rosette mit luftgefüllten Blättern entspringt ein blattloser Spross mit bis zu zehn hellblauen, sehr zierlichen Blüten. Meist blühen aber nur ein bis drei Blüten je Spross gleichzeitig – dennoch ist das ein exorbitantes Bild über dem dunklen Wasser. Die Pflanze ist extrem empfindlich gegen Wassertrübung und Konkurrenten, und geht der Frost in die luftgefüllten Blätter und Wurzeln, stirbt sie. Ein gelegentliches Austrocknen der Gewässer ist jedoch sehr vorteilhaft, denn so bilden sich Bodenrisse, und der Wind kann die organischen Teilchen immer wieder herauswehen. Die Samen der Wasser-Lobelie müssen auf Schlamm, besser noch auf Sand fallen. Im Heideweiher «Saal», im Zentrum des Truppenübungsplatzes Munster, ist dies der Fall; Millionen Lobelien existieren auch grenznah in Holland, in Heiden bei Nordhorn.

Warum der eine Bärlapp einfach Bärlapp, ein anderer aber Flachbärlapp und wieder ein anderer Teufelsklaue heißt und warum das gleich drei verschiedene Gattungen sein müssen, das weiß weder der Himmel noch der Kuckuck. Für mich ist das nichts weiter als eine absurde Idee der Botaniker. Ist es nicht möglich, die insgesamt nur zehn deutschen Bärlappe mit *einem* wissenschaftlichen Gattungsnamen auszustatten? Für all das kann aber der schöne **Zypressen-Flachbärlapp** (*Diphasiastrum tristachyum*, RL 2) gar nichts. Noch dazu will diese sehr empfindliche Heidepflanze immer allein sein und leidet sehr unter Konkurrenzdruck. Abgelegene und weite Truppenübungsplätze liegen ihr daher am ehesten. Wenn hier die Heide durch den Übungsbetrieb mal so richtig herunterbrennt, kommen die kleinen Flachbärlappe aus dem Boden, kaum dass die Asche verweht ist. Und als ob sie wüssten, wo sie sind, wachsen sie kreisförmig ausgebreitet in schuppenartigen Blattquirlen – bärlappige Tellerminen sozusagen.

Anlass zu heller Freude gibt auch der verwandte **Keulen-Bärlapp** (*Lycopodium clavatum*, RL 3), der mit seiner Länge von bis zu 4 Metern schlangenartig kriechend Sandheiden, Magerrasen und Zwergsträucher durchdringt. Die nadelförmigen dunkelgrünen Blätter haben an ihren Enden weiße Haarspitzen, wodurch sie in lebhaftem Kontrast zur umliegenden, oft düsteren Vegetation stehen. Bombig sind dann die ab Ende Mai entwickelten Sporenstände, Sporophyllien genannt, immer zwei recken sich grünweißlich über den Boden hoch. Der Keulen-Bärlapp verschwindet durch Verbuschung der Standorte, durch Fichten- und Kiefernaufforstungen. Die giftige Pflanze, die auch als Teufelsklaue, Drudenfuß oder Johannisgürtel bezeichnet wurde, hatte einst große Bedeutung als Heilpflanze, denn sie half bei Würmern,

Urinbeschwerden oder nässender Haut. In Norwegen fand sie Verwendung zum Blaufärben, hier muss die Pflanze dermaßen häufig gewesen sein, dass man sogar Fußdecken aus ihr herstellte. Für Mitteleuropa ist das heute schlicht unvorstellbar.

Fischteichgrün fallen im Sommer und im Herbst vor allem in den nordwestdeutschen Heidegebieten Tausende **Sumpf-Bärlappe** (*Lycopodiella inundata*, RL 3) auf, die vorher gelb geblüht haben. Der kleine Gernegroß und fleißige Erdschleicher benötigt Licht und eine kurzwüchsige Umgebung. Erstmals begegnete ich dieser geschützten Art 1989 im Emsland, sie ist ein fast kläglich zu nennendes Relikt aus jener Vorzeit, als noch Riesen-Schachtelhalme und Riesen-Bärlappe die Vegetation bestimmten.

Trockene Sandheiden haben mehrere Vorteile: Herrlich sind die weiten Altmoränenlandschaften mit Kieferninseln, Wacholdergebüschen und den weißen Sandwegen, in denen es rauf- und runtergeht. Nirgends sackt man ein, begibt man sich nicht gerade in die öfter hier verzahnten Kleinmoore, die Heidemoore. Klare Quellbäche kreuzen den Weg des Beobachters an vielen Stellen. Heidelandschaften sind zudem durchweg dünn besiedelt, gerade sie waren früher mit am lebensfeindlichsten überhaupt. War der Sand sogar noch in Bewegung, weil der Wald vernichtet war, dann suchten die Menschen oft fluchtartig das Weite. Auch visuell war es in grauer Vorzeit eine Qual, etwa die schier endlose Reise mit Pferd und Wagen von Hamburg nach Hannover auf sich zu nehmen. Öde bis zum Horizont.

Da Heiden aber als eher artenarme Wuchsgebiete gelten, kann man hier ganz entspannt erste Pflanzenartengruppen kennenlernen. Und das hat auch mich ab 1986 so richtig auf den Botanikpfad ge-

12. KAPITEL

bracht. Einzigartig ist dazu noch die Vogelwelt. In der Lüneburger Heide leben nämlich Heidelerche, Haubenmeise, Kolkrabe, Uhu, Schwarzstorch, Sperlingskauz, Sperber, Fisch- und Seeadler. Und wer einmal, so wie ich 2013, eine Gruppe von Birkhühnern bei der nur als ulkig zu bezeichnenden Balz beobachtet hat, den lässt die Heide nicht mehr los. Diese gurgelnden und kollernden Geräusche (in tiefer Stimmlage: «Koll-lollollollo») der dann fast nach vorne fallenden farbenfrohen Birkhähne sind einfach grandios. Die Hühner hocken dagegen fast gelangweilt daneben. Warum gerade wir Männer uns nur immer so abrackern müssen ...

Das Wendland – abgelegene Hochburg des Widerstands

Das hannoversche Wendland, ein paarmal wurde es bereits erwähnt, liegt ganz im Osten von Niedersachsen. Fährt man von Uelzen in diese Richtung, kommt man über eine alte Endmoräne, den Drawehn. Im Hohen Mechtin geht es auf 142 Meter hinauf, das ist in dieser Gegend schon etwas! Dahinter liegt abgeschieden das Wendland, eine ganz eigene Welt, mit eigenem Flair. Hier wechseln sich Elbstrom, Marschland oder ausgedehnte Kiefernforste wie in der Göhrde im Drawehn mit den Gartower Tannen sowie weiten Niederungen an den Flüssen Dumme und Jeetzel ab. Die Städte Lüchow und Dannenberg sind die kleinsten Kreisstädte Deutschlands, Schnackenburg an der Elbe mit wenigen hundert Einwohnern gilt sogar als eine der kleinsten Städte der Republik. Auch die B 493 nach Schnackenburg und weiter über die Elbe nach Lenzen gehört zu den am wenigsten frequentierten Bundesstraßen in unserem Land, hier kann man fast ungehindert campieren oder Murmeln spielen! Oberhalb vom beschaulichen Hitzacker liegt mein liebster Ort, vom steilen Weinberg hat man einen grandiosen Rundblick über das gesamte Elbtal.

Die Winter in dieser Gegend sind kalt und ziemlich schneereich, heiß und trocken dagegen die Sommer. Das hat zu einer besonderen Ausprägung der Pflanzenwelt, aber auch der Fauna geführt. See- und Fischadler, Kormorane, Ortolane (eine Ammernart), Schwarz- und Weißstörche, allerlei Rohrsänger, Gänse und Enten geben sich hier

Das Wendland – abgelegene Hochburg des Widerstands

ein Stelldichein. Schon 1985 war ich vom abgelegenen Wendland infiziert, zwischen 2008 und 2013 habe ich dieses Gebiet dann für einen geplanten Regional-Pflanzenatlas nach allen Gewächsen abgegrast. Das geschah im Akkord – mit Auto und Fahrrad, oft übers Wochenende, mal eine ganze Woche lang im Urlaub. Sowieso ist das Wendland das artenreichste Gebiet Niedersachsens.

Eine Besonderheit sind die sogenannten Rundlinge slawischen Ursprungs, die Wenden, die der Region ihren Namen geben. Da stehen um einen mehr oder minder weiten Platz aus Wegen, Rasen und alten Bäumen kleine Bauernhöfe, mit der frisch bemalten Häuserfront zur Mitte. Zurzeit versucht man sogar, diese einmaligen Rundlingsdörfer als UNESCO-Weltkulturerbe anerkennen zu lassen. Lübeln, Meuchefitz, Paddewisch, Platenlaase, Püggen, Salderatzen, Satemin, Schreyahn, Waddeweitz und Zeetze lassen grüßen.

Die bereits frühzeitig im Jahr blühende **Frühlings-Segge** (*Carex caryophyllea*) ist im nordwestdeutschen Tiefland nirgends so häufig wie im Wendland. Vor allem nah der Elbe findet sie sich auf sandigen Buckeln, Wegrändern, Böschungen und artenreichem Magerrasen – ganz unwiderstehlich! Mit ihr verbinde ich aber vor allem einen herausragenden Fund im Land Bremen. Mindestens seit 1855 gab es hier keine aktuellen Nachweise des wärmeliebenden Sauergrases, doch 1996 gelang mir ein Wiederfund an einem alten Weiher im Bereich ehemaliger Ziegeleien im Bremer Norden. An einer locker verbuschten Böschung halten sich bis heute um die vierzig Pflanzen. Ich habe mich scheckig gefreut, denn höchst selten gelingen Wiederfunde noch nach so langer Zeit. Alle zwei Jahre muss ich hier jedoch mit meiner Rosenschere Gehölze wie Eiche, Esche, Schlehe und

························ 13. KAPITEL ························

Weißdorn in Schach halten, denn auch die Frühlings-Segge liebt ihre Freiheit sehr.

Maienzeit ist Steinbrechzeit, und dies vor allem im Wendland. Wunderschön schneeweiß blüht dann auf Kuh- und Pferdeweiden sowie an Säumen aller Art der **Knöllchen-Steinbrech** (*Saxifraga granulata*). Tritt er in Massen auf, gibt es kaum einen schöneren Anblick in diesem Wonnemonat, ein Sternenmeer auf Wiesen und Weiden. In Bremen ist die Pflanze dagegen ausgestorben – nur zwei Autostunden vom Wendland entfernt und hier nur mal so nebenbei gesagt.

Im Mai springen einem in dieser Gegend auch die attraktiven **Wilden Stiefmütterchen** (*Viola tricolor*) ins Auge, vor allem auf den sandigen Elbdünen, wenn sie extensiv beweidet werden. Dabei ist dieses einjährige Veilchen gebietsweise schon stark auf dem Rückzug, in regelmäßig gedüngten Wirtschaftswiesen kann die Art nur sterben. Große, flach ausgebreitete Blüten zeigen weiße, gelbe und vor allem blaue Töne. Drei Farben in einer Blüte! Haste da Töne? Ganz schön extrovertiert, dieses Veilchen. Und wetten, dass diese Art in weniger als fünfzehn Jahren auf der niedersächsischen Roten Liste zu finden ist?

Eine sehr gute Beobachtungsgabe erfordert dagegen die von April bis Juni blühende **Platterbsen-Wicke** (*Vicia lathyroides*), denn oft wird sie keine 10 Zenti-

Das Wendland – abgelegene Hochburg des Widerstands

meter groß. Kleinere Menschen wie meine Freundin Steffi sind da klar im Vorteil, weil näher dran! Einmal fand sie diese Art, als ich längst an ihr vorbeigelaufen war, obwohl die hellroten bis violetten Blüten mir hätte auffallen sollen. Sie sitzen in den Achseln von gefiederten Blättchen und gucken einen wie kleine Glubschaugen an. Zum Glück ist die Platterbsen-Wicke gesellig, und nicht selten finden sich an einem Standort viele Exemplare. Suchen muss man sie an Straßen und Wegen, auf lückigen Weiden (Randbereiche!), auf Flussdünen, in Friedhofs- und auch in Hausrasen – dorthin wird sie von anderen Pflanzen abgedrängt. Auf einem Autobahnrastplatz nördlich von Hannover fand ich 2012 über hundert Pflanzen anlässlich einer NDR-Filmproduktion über Autobahnpflanzen.

Von Ende April bis Juni blüht das sonst eher unauffällige **Gewöhnliche Kreuzlabkraut** (_Cruciata laevipes_). Aus unterirdisch kriechenden Ausläufern wachsen an langen Sprossen massenhaft kleine gelb leuchtende Blüten in mehreren Etagen. Zur Hochzeit der Art sind diese gelbgrün verfärbt – wahre Glanzlichter im Gras, als wäre ein Sprüher unterwegs gewesen.

Alle Laucharten haben schlangenartig verlängerte Stängel, und beim **Schlangen-Lauch** (_Allium scorodoprasum_) sitzen oben an ihnen zahlreiche lilafarbene Blüten (und später Samen), die weithin zu sehen sind. Angeberlauch, denke ich dann. Im Elbtal hat er sich vor allem auf periodisch überschwemmten Vordeichwiesen und Magerrasen etabliert, oft gesellen sich noch weitere Laucharten hinzu, so etwa der häufige Weinberg-Lauch, der

························ 13. KAPITEL ························

seltenere Kohl-Lauch oder der vor allem auf die Elbe beschränkte, allseits bekannte Schnitt-Lauch. Von Juni bis August ist Lauchzeit!

Das knapp kniehohe **Zierliche Schillergras** (*Koeleria macrantha*) ist so was von hübsch, ein fast märchenhaftes, zierliches Süßgras. Es liebt Sonne und kalkreiche Sandböden, man kann sich von ihm einfach nur verzaubern lassen. Große Bestände flimmern richtig wie kleine Kornfelder im Wind.

Beeindruckt hat mich im Wendland auch die flächenhaft wachsende **Heide-Nelke** (*Dianthus deltoides*). Die Blume des Jahres 2012 besticht durch eine lange Blütezeit zwischen Juni und Oktober sowie durch die Ausbildung derart vieler purpurroter Blüten, dass sie einen wahren Teppich bilden. Jedes der fünf Blütenblätter weist ein dunkles Ende zur Blütenmitte auf, so entsteht ein kontrastreiches «Auge». Wieso gibt es so viele Heide-Nelken im Wendland, wo hier fast keine Heide zu finden ist? Die Heideart gedeiht eben kaum auf den nährstoffarmen Heidesanden, sondern gern in Magerrasen, Trockenweiden sowie in warmen Säumen von Böschungen und Wäldern. Und als das Botanisieren noch Volkssport war – um die vorige Jahrhundertwende verbreitet bei Schülern, Lehrern, Ärzten, Apothekern und Hausfrauen – setzte man die Heide-Nelke gegen Nerven- und Unterleibsleiden ein.

Es gab eine Zeit um 1990, da war mein botanisches Wissen noch eher unterentwickelt, weil ich viele schöne Pflanzenarten erst zwischen 1990 und 2003 gesehen habe. In den Anfängen war daher die aparte, fast kniehohe **Sand-Grasnelke** (*Armeria maritima* ssp.

elongata, RL 3) ein dankbares Kartierobjekt,
denn an Straßen und Wegen vor allem
im Osten Niedersachsens entging mir
vom Fahrrad aus nicht ein Individu-
um (und es gab dort viele). Dieses
bundesweit zu Unrecht als gefährdet
eingestufte Nelkengewächs erfreut
jeden Pflanzenfreund, wenn ab Juni
Tausende rosablühende Köpfchen den
Fahrweg säumen. Ein dekorativerer Straßenrand ist kaum vorstellbar. Und wie rasch
sich Grasnelken nach einer Mahd wieder erholen,
fast atemberaubend ist das. Bereits nach ein oder zwei Wochen sind
die Blüten wieder da. Man kann sie regelrecht wachsen sehen, oder
anders gesagt: So schnell lassen sie kein Gras über
sich wachsen.

Die himmelblaue **Weg-Warte** (*Cichori-
um intybus*) ist *der* treue Begleiter an Wendlands Straßen und Wegen. Ihre radartig ausgebreiteten Blüten sind nicht zu übersehen,
magisch wird man von ihnen angezogen.
An Sommertagen gibt es kaum schönere
Anblicke! Wird es ihr zu heiß, rollt die Weg-
Warte gegen Mittag ihre Blüten ein, um sie nach
taureichen Nächten am nächsten Morgen wieder
zu öffnen. Früher wurden die Wurzeln als Kaffeeersatz
genutzt (Zichorienkaffee), Blätter und junge Triebe ergaben zudem
einen gesunden Salat. Ferner nutzte man sie gegen Gallenleiden,
Gelbsucht, Magenbeschwerden, Schlaflosigkeit, Verdauungsschwie-
rigkeiten sowie Hypochondrie und Hysterie (der alte Sigmund Freud
hätte sich darüber totgelacht – ein absoluter Irrglaube!). Nicht zu vergessen: In Russland wurde sie sogar gegen Wasserscheu eingesetzt.

······························· 13. KAPITEL ·······························

Die blassgelben Blüten des **Großblütigen Fingerhutes** (*Digitalis grandiflora*) sind zwar recht groß, aber die vom Roten Fingerhut sind deutlich länger. Insofern ist die Bezeichnung irreführend. Typisch ist für den Großblütigen Fingerhut eine intensive braune Punkt- und Strichzeichnung im Blüteninneren, das sieht ungemein gefährlich aus. Tatsächlich ist er auch stark giftig. Ohne Hilfe von anderen 1-a-Botanikern hätte ich ihn im Wendland nie gefunden; wir entdeckten ihn 2012 mit vier Pflanzen an einem Elbsteilhang in der Nähe von Hitzacker.

In heißen Wendland-Sommern verzückt die **Nickende Distel** (*Carduus nutans*), eine richtige Angeberdistel. Ihre purpurroten Blütenköpfe sind einfach bombig, im wahrsten Sinne des Wortes. Zwischen 1984 und 1990 sah ich sie auch in der Leineaue bei Hannover-Herrenhausen. Mehrmals wöchentlich drehte ich hier einige Runden zwecks meines Marathontrainings. Mit der Stoppuhr in der Tasche zählte ich die Nickende Distel Jahr für Jahr überschlägig, noch 2012 sah ich sie dort unverändert. Für mich ist das schon Geschichte, denn als Fünfundzwanzigjähriger kann man Ab- und Zunahmen gar nicht wirklich abschätzen, dazu bedarf es scharfer Beobachtung, eines guten Erinnerungsvermögens und langjähriger Gebietserfahrung. Wo war wann was, und wie viel gab es davon? Oft macht es mich richtig stolz, dass ich mich in einem nicht mal kleinen Teil von Deutschland botanisch so gut auskenne. Wie eine Spinne inmitten ihres Netzes ziehe ich seitdem meine Wirkungskreise immer weiter und komme doch stets wieder zum Zentrum zurück.

196

Das Wendland – abgelegene Hochburg des Widerstands

Die Nickende Distel ist über und über von bewehrten blaugrau schimmernden Hüllblättern umgeben. «Friss mich bloß nicht», scheint sie zu signalisieren. Und das respektieren auf der Weide sowohl Pferd wie auch Rind, auf Deichen und Halbtrockenrasen jedes Schaf. Auch kaum ein Botaniker herbarisiert diese piksige Art, da bräuchte man ja fast Holzbretter zum Pressen. Die Nickende Distel steht da wie eine Anzubetende, manchmal zu hunderten, vollkommen frei gefressen.

Wer einmal die vielen goldgelben Mini-Blüten vom **Kleinen Flohkraut** (*Pulicaria vulgaris*, RL 3) gesehen hat, ist hin und weg. So ein goldiges Uferknöpfchen! Das liegt vor allem am lebhaften Kontrast zum umgebenden Lebensraum, der im Wendland aus düster zertretenem Weideland, schlickig bis sandigem Flussufer, schlammigem Teichufer oder unwirtlichen Wegsäumen besteht. Vielerorts ist die Art längst verschwunden, denn sie liebt unordentliche Viehweiden oder pfützenreiche Wege über alles, und gerade die werden beseitigt. 1985 begegnete mir dieses Asterngewächs erstmals an der Elbe anlässlich einer botanischen Exkursion im Raum Gorleben, später habe ich immer wieder nach ihr gesucht und oft nur mickrige Bestände gezählt. Heute wachsen oft über hundert Pflanzen selbst an kurzen Elbabschnitten – überaus erfreulich. Das Kleine Flohkraut diente als Mittel zur Vertreibung von Flöhen sowie Mücken und war sogar «gegen das Beschreien der Kinder gebräuchlich».

In weiten und feuchten Niederungsgebieten des Wendlands ist der **Große Wasserfenchel** (*Oenanthe aquatica*) zu Hause. Mal ist er mickrig, mal opulent ausladend, je nach Licht-, Nährstoff- und Wasserangebot. Im dauerhaft flachen Wasser kommt er mit seinem etagenartigen Aufbau und zahlreichen weißen Blütendolden so richtig zur Geltung, zudem lässt er mich sofort an die Jahre 1994 und 1995 denken und an folgende Geschichte: Nach Jahrzehnten der deutschen Teilung ging per Staatsvertrag ein ostelbisches Gebiet von Mecklenburg-Vorpommern zurück an Niedersachsen, das alte Amt Neuhaus. Gemeinsam mit einigen anderen Botanikern hatte ich das große Glück, unmittelbar nach dieser Zusammenführung eine umfassende Erhebung aller Pflanzenarten durchzuführen, ganz allein auch noch eine genaue Biotoperfassung. Der Große Wasserfenchel war bei dieser Unternehmung oft Herr über zahlreiche sogenannte Bracks (alte Deichdurchbrüche, die wassergefüllt zurückgeblieben waren). Und in diesen Bracks riefen von Mai bis Juni die seltenen Rotbauchunken! Ich war total verzückt ob der weithin hörbaren Rufe – buuuuup, buuuuup, buuuup! Erst eine Unke, dann zwei, dann drei. Immer hatte ich das Gefühl, die Rufe kämen aus wechselnden Richtungen. Das ging von morgens bis abends, doch gesehen habe ich die Unken zwischen Wasserfenchel & Co. leider nie. Kurios war auch das unmittelbare Elbhinterland 2013 anlässlich des Sommerhochwassers: Man sah nur weite Wasserflächen und hörte die Rotbauchunken. Kaum ein Tourist war zugegen, alle hatten Angst – dabei hielten in Niedersachsen alle Deiche. Nur das Qualmwasser hatte sich unter den Deichen hindurch den Weg gebahnt.

Der **Hühnerbiss** (*Cucubalus baccifer*), ein Nelkengewächs vor allem in Elbnähe, ist wirklich eine komische Pflanze, und das nicht nur wegen seiner weiteren Namen: Beerenmaier, Beeren-Leimkraut, Hühnerliesch, Klimmender Behen und Taubenkropf. Man kann sie auch schlecht finden, obwohl sowohl die fransigen grünlich weißen Blüten als auch die später lackschwarzen, tollkirschenartigen Beerenfrüchte etwas anderes erwarten lassen. Den Hühnerbiss sucht man nicht, man findet ihn nur zufällig an heimlichen Wuchsorten, meist ist dann die Freude groß. Erstmals sah ich die Art 1994 im Elbtal im Amt Neuhaus bei Kaarßen.

Ein außergewöhnlich sonniges Gemüt hat der **Große Knorpellattich** (*Chondrilla juncea*), den es in Niedersachsen nirgends so viel gibt wie im Wendland. Und diese warme Ausstrahlung überträgt sich auf den Betrachter! Die Anzahl seiner gelben Blüten an bereiften Stängeln sucht ab Juli ihresgleichen. Die Pflanze kann auch mal abgemäht oder heruntergetreten werden, ganz egal, sie ist unverwüstlich. Nach der Blüte und vor dem Aufgehen der löwenzahnähnlichen Kugeln fallen oberhalb der Kelchblätter die schneeweißen Spitzen auf, die wie kleine Eisberge oder Zuckerhüte aussehen. Der Große Knorpellattich erinnert mich zudem an unsere Usedom-Urlaube, selbst in den Dörfern ist er dort weit verbreitet. Meine Kinder denken bei der Ostseeinsel Usedom jedoch vor allem an den Netto-Markt in Trassenheide, wo wir uns häufig mit Süßigkeiten für den Tag eindeckten. Und an ein Restaurant in Strandnähe, wo es einen Kellner mit imposantem Irokesenschnitt steif wie ein Brett gab. Der war total nett, setzte sich zu uns und erzählte, wenn nichts los war, einige spannende Anekdoten aus der früheren DDR.

Auf sandigen Flussdünen der Elbe blitzt gern der **Ährige Ehrenpreis** (*Pseudolysimachion spicatum*, RL 3) auf. Unverhofft, markant, königsblau – primavera! Sehe ich ihn, stoppe ich sofort meinen Entdeckerdrang und verharre, die

Art genau betrachtend. Aus polsterartigen Pflanzen mit kurzen Ausläufern recken sich im Juli und August ährenartige Blütenstände kerzengerade nach oben. Darunter befinden sich zahlreiche sehr grob gekerbte Blätter an behaarten Sprossen. Diese Blühpflanze mit enormer Leuchtkraft ist auch in vielfältigen Sorten (*Veronica*) im Blumenhandel erhältlich.

Der starke **Feld-Mannstreu** (*Eryngium campestre*) wurzelt bis zu 2 Meter tief, eine gelegentliche Mahd macht ihm wenig aus. So wie wir Männer früher mit Händen, Füßen und Zähnen unsere Siedlungen verteidigt haben, behauptet sich der Feld-Mannstreu mit starker Bestachelung und widerstandsfähigem Spross. Reicht das nicht mehr, setzt er sich mit zahlreichen stark zerschlitzten Grundblättern in Szene, sofort denkt man an einen dornigen Schwiegermutterstuhl. Trotzdem habe ich schon beobachtet, wie Menschen auf dieser Pflanze lagen und es nicht bemerkten – waren das etwa Fakire?

Die schöne **Wiesen-Küchenschelle** (*Pulsatilla vulgaris*, RL 3) hat ihr «Wohnzimmer» am liebsten auf Rasen, Wiesen und Weiden. Sie fällt bereits im April/Mai durch große violettblaue, glockenförmige Blüten auf, die dementsprechend auch Kuhschellen genannt werden! Zur inneren Blütenmitte hin wird sie oft schwarzviolett, ein tolles Wechselspiel zu den goldgelben Staubgefäßen. Die Wiesen-Küchenschelle ist durch Weideaufgabe, Nährstoffeintrag und das einhergehende Zuwachsen ihrer Standorte stark im Rückgang. Früher wurde sie vielerorts ausgegraben und woanders wieder eingepflanzt, das hilft dieser streng geschützten Art aber gar nicht.

Das Wendland – abgelegene Hochburg des Widerstands

Ganz verliebt fühle ich mich, wenn ich im Wendland im Spätfrühling den purpurrot blühenden **Hügel-Klee** (*Trifolium alpestre*, RL 3) sehe. Nur im Landkreis Lüchow-Dannenberg hat er sich in großen Beständen etabliert, auf sandigen Geestbereichen südwestlich vom Elbstrom. Mittels unzähliger Ausläufer ist er wie viele Kleearten trotz seiner geringen Größe erstaunlich konkurrenzstark, wie ein kleiner Imperator nimmt er es sogar mit kräftigeren Kratzbeeren und Behaarten Seggen auf. Eine Wucht sind seine kugeligen Blütenstände, die anfangs nur durch die Kelche brillieren. Dann folgen unten die ersten Blütenringe, und nach und nach wird der gesamte Blütenstand erfasst. Wahre ästhetische Höhenflüge!

Die **Astlose Graslilie** (*Anthericum ramosum*) ist ein Zwiebelgewächs und begegnete mir im Wendland erstmals 2012, abseits der Elbe auf sandigen Höhenzügen. Wo hier in Kiefernwäldern außer Eberesche, Faulbaum und natürlich Kiefern praktisch nichts wächst, da wächst *sie*. Die Astlose Graslilie verrät sich im Juni durch zahlreiche sternenförmige Blüten, die wie weiße Fackeln dicht ährig angeordnet sind. Ein phantastischer Kontrast zur schwarzen Kiefernrinde und zum öde braunen Waldboden. Die blaugrauen, langgestreckten Blätter liegen bogig der Erde auf, sie sind ein Boden-Verdunstungsschutz. Im Wendland habe ich diese Graslilie aber nicht zum allersten Mal gesehen, sondern 1999 südöstlich von Berlin, im Schlaubetal – ein Ort in diesem Tal hieß Müllrose. Seitdem lässt sie mich regelrecht ausflippen.

Und überhaupt, dieses Schlaubetal – damals verlor zur gleichen Zeit der FC Bayern München das legendäre Champions-League-

13. KAPITEL

Endspiel gegen Manchester United in der Nachspielzeit trotz 1:0-Führung noch mit 1:2! Der Pokal war damit binnen weniger Sekunden verloren, ich war wie vom Donner gerührt, voll geschockt! Der legendäre Trainer der Engländer, Sir Alex Ferguson – ein Ehrenmann und sogar Mitglied beim FC Bayern – hatte den Deutschen schon zu Sieg und Titel gratulieren wollen ... Das war *das* Hammerspiel *aller* Hammer-Fußballendspiele, die ich je sah. Für immer unvergessen. Dieses Spiel hatte ich mir nach einem heißen Arbeitstag, abgekämpft und klebrig-verschwitzt in einer Dorfkneipe westlich von Eisenhüttenstadt zu Gemüte geführt. Danach war ich drei Tage lang geradezu depressiv, und die schönen Pflanzenarten blieben zunächst nur ein schwacher Trost.

Das Sankt-Jürgensland – Gräben, Kühe, Wind und Wetter

ördlich der Stadt Bremen, zwischen Weserniederung und dem Teufelsmoor, erstreckt sich längs der Wümme das Sankt-Jürgensland, ein riesiges Grünlandgebiet, etwa acht Kilometer lang und drei Kilometer breit, mit vielen artenreichen Gräben. Im Zentrum befindet sich auf einer Wurt, einem alten Erdhügel, nur eine alte Kirche, St. Jürgen eben. In namentlicher Verbundenheit radelte ich hier erstmals 1990 durch, von Osten nach Westen, hielt aber nur wenige seltene Pflanzenarten fest. Drei Jahre später, damals wohnte ich noch in Hannover, erhielt ich im Zuge einer geplanten Umgehungsstraße einen Kartierauftrag für den westlichen Teil vom Sankt-Jürgensland. 1994 zog ich dann nach Bremen, wo es einen Stadtteil namens St. Jürgen und eine St.-Jürgen-Straße gibt und auch das größte städtische Krankenhaus St. Jürgen heißt. Kein Wunder, dass ich jedes Jahr ins Sankt-Jürgensland muss. Inzwischen habe ich für dieses Gebiet ebenfalls eine umfangreiche Artenliste angelegt. Die Umgehungsstraße wurde übrigens bis heute nicht gebaut – zum Glück.

Im Sankt-Jürgensland ist man immer ganz für sich, die «Skyline von Bremen» vor Augen, unter blauem Himmel oder mit dahinjagenden Regenwolken. Häufigste Tierart ist das Schwarzbunte Niederungs-Rindvieh. Vor allem aber sind hier die Gräben klasse. Die breiten heißen Fleet, Wettern oder übertrieben auch schon mal Kanal. Mal sind sie nährstoffreich, mal nährstoffärmer, gemein ist ihnen der

····················· *Das Sankt-Jürgensland* ······················

torfige Untergrund. Wir sprechen bei diesem Grünland von einem Niedermoortorf, denn große Erlenbruchwälder mit viel Walzen-Segge (*Carex elongata*, noch heute teils massenhaft an diesen Gräben) stockten hier in grauer Vorzeit. Viele Pflanzen dieser schönen Landschaft sind auf der Roten Liste von Niedersachsen und Bremen verzeichnet.

Früh im Jahr fällt im Sankt-Jürgensland die bis zu 80 Zentimeter hohe **Scheinzypergras-Segge** (*Carex pseudocyperus*) auf. Dabei ist sie sehr viel mehr Sein als Schein – eine echte Zierde in Flutmulden und vor allem an Ufern von Tümpeln, Teichen, Gräben und Kanälen. Die Fruchtähren haben eine hellgrüne Farbe und am Ende ziemlich pikende, weil lang zugespitzte Schläuche (so nennen wir die oft auch etwas aufgeblasenen Früchte). Das macht Sinn, denn auf diese Weise können die schwimmfähigen Früchte der Scheinzypergras-Segge auch vom Wasser verdriftet und so verbreitet werden. Sie ist so schön, dass sie seit längerem im Handel für Wasserpflanzen angeboten wird.

Der grazilen **Wasserfeder** (*Hottonia palustris*, RL 3) steht das Wasser am liebsten bis zum Hals. Mehr noch: Sie kann sich sogar bestens über Wasser halten mit bis zu 30 Zentimeter hoch aufsteigenden Blütenständen. Und die kommen für eine Wasserpflanze auffallend früh, schon im Mai. Zahlreiche rosafarbene bis weiße Blüten mit sechs gelben Staubgefäßen in bis zu sechs Blütenquirlen einer Traube ergeben ein anmutiges Bild. Zunächst erscheinen aber im klaren bis leicht trüben, gern schlammigen Wasser fein zerteilte, federartige Unterwasserblätter. Das Feingliedrige er-

················· 14. KAPITEL ·················

möglicht das optimale Aussieben des Wassers von Nährstoffen und Sauerstoff. Die geschützte Art wird durch Wasservögel verbreitet, denn oft schweben einzelne «Federn» nur lose im Wasser.

Von Ende Mai bis Ende Juni ist die Hoch-Zeit der **Gelben Wiesenraute** (*Thalictrum flavum*), vor allem an den breiteren Fleeten und Kanälen im Sankt-Jürgensland. Mit ihren kompakten Blütenständen erheben sich große Vorkommen dann wie blassgelb gepuderte Vorhänge aus den Wiesen. Ein starkes Stück sind auch die vielen Vorkommen im Mittelstreifen und an den Seitenrändern der Bremer A 27 zwischen Lesumquerung und der Mülldeponie, über vierzig Vorkommen habe ich dort 2013 gezählt. Dabei meidet sie Auftausalze eigentlich wie die Pest und steht deshalb als Salzpflanze auch in keinem Naturführer.

Schwach giftig, giftig, giftiger, stark giftig, giftig wie ein **Wasserschierling** (*Cicuta virosa*, RL 3) – so könnte die Steigerung von «giftig» sein. Mit seinen bis zu 1,5 Meter hohen rötlich grünen, kahlen und oft verdickten Stängeln sieht er tatsächlich ziemlich gefährlich aus. Er lässt sich kaum das Wasser abgraben, und im Sankt-Jürgensland besiedelt er vor allem die breiten, stark verlandeten Gräben. Tritt man ihm da zu nahe, läuft man Gefahr, (zu) tief einzusacken. Merke: Betrete nie Stellen mit Bittersüßem Nachtschatten, Fluss-Ampfer, Steifer Segge, Sumpf-Blutauge, Sumpf-Calla und Wasserschierling – es besteht in diesen sumpfigen Gebieten fast Lebensgefahr! Aus diesem Grund gelingen mit einfachen Kameras höchstens mal an Gräben brauchbare Fotos. Vor allem im Juni und Juli erheben sich in den kilometerlangen Gräben die schneeweißen, schirmartigen Blüten des Wasserschielrings. Später kippen die hohl-aufgedunsenen und der Sauerstoffversorgung im Wurzelbereich dienenden Stängel regelrecht aus den Latschen, vor allem bei Niedrigwasser in trockenen Sommern. Das ist aber gut, denn so erhalten die Samen Kontakt zum Boden, und die Pflanze kann sich optimal reproduzieren. Ein derart ausgeklügeltes System imponiert mir. Überhaupt, was sich so viele Pflanzen zur Arterhaltung angeeignet haben – ohne Werkzeuge, ohne die Möglichkeit, den Wuchsort mal eben wechseln zu können, allen Unbilden der Natur wie Sonne, Wind, Kälte, Hoch- und Niedrigwasser ausgesetzt, nicht zuletzt auch der ständigen Gefahr durch wüchsige Konkurrenten –, das ist einfach phänomenal.

Hat schon einmal jemand in weiten grünen Weidelandschaften in nicht zu schmalen und nicht zu seichten Gräben Bänder mit Hunderten oder gar Tausenden von **Schwanenblumen** (*Butomus umbellatus*) gesehen? Mit ihren im Sommer rosafarbenen und weißen Blütendolden leuchten sie gegen den blauen Himmel oder die mit allerlei Wasserlinsen versehene Wasseroberfläche – so schön können Wildpflanzen sein! Bis heute kann ich nicht verstehen, wieso Menschen in Kunstmuseen gehen und sich Bilder von Expressionisten oder Impressionisten anschauen, oftmals mit Kopfhörern auf, in sterilen Räumen und bei Totenmesselicht. Mein eigenes kleines Museum ist 404 Quadratkilometer groß (Bremen) oder fast 48 000 Quadratkilometer (Niedersachsen), und das ganz große Museum hat sogar 350 000 Quadratkilometer (Deutschland). Und was einem dort gezeigt wird an Formen und Farben, an Blüten und Früchten, Blättern und Rinden, in den unterschiedlichsten Jahreszeiten, behaart oder unbehaart, das kann keiner basteln, komponieren, malen oder bildhauen. Diese Museen haben auch rund um die Uhr geöffnet und kosten keinen Cent! So er-

·· 14. KAPITEL ································

lebe ich das, wenn ich vor einer 1,5 Meter hohen Schwanenblumen-Wand stehe wie hier im Bremer Land. Aber sicher, es ist gut, dass es so viele Leute in die Museen treibt, 11 000 Zuhörer Depeche Mode in der Bremer Stadthalle bejubeln und 44 000 Menschen ins Weserstadion pilgern – man stelle sich nur vor, die wären alle im Sankt-Jürgensland …

Der **Zungen-Hahnenfuß** (*Ranunculus lingua*, RL 3) ist mit bis zu 1,5 Meter Höhe der größte deutsche Hahnenfuß, zugleich aber auch der schlankste. Diese geschützte und giftige Pflanze hat ausgebreitete goldgelb glänzende Blüten. An nie zu flachen und zu schmalen Gräben sieht das aus wie eine Kette kleiner Bienenteller – er ist ein Miniatur-Tellerjongleur! Dazu setzen sich nicht minder wirkungsvoll die blaugrünen, lanzettartigen Blätter sowie ein kahler Stängel gleicher Farbe in Szene. Wenn das Wasser bei großer Trockenheit verschwindet und Schlammbänke sichtbar werden, legt dieser Hahnenfuß sich einfach nieder wie ein müder Krieger, blüht aber noch weiter. Er muss nicht unbedingt fruchten, erobert er sich doch Lebensräume vor allem durch lange, luftgefüllte Ausläufer.

Wie einen die braunroten, sternförmigen Blüten vom **Sumpfblutauge** (*Potentilla palustris*) ansehen, das ist fast schon bedrohlich schön. Diese Wasser- und Sumpfpflanze hat mich von Anfang an fasziniert, neben den zahlreichen Blüten von Ende Juni bis August auch durch ihre blaugrünen Blätter. Sie sind unpaarig gefiedert, das heißt, am Blattende befindet sich noch ein Endblättchen, das annähernd gefingert ist wie bei einer Kastanie. Die fünf Blütenblätter sind nur halb so lang wie die fünf Kelchblätter, der Kelch und die etwa zwanzig ebenfalls braunroten Staubgefäße machen den Reiz des Rosengewächses aus. Mit seinen Ausläufern wird das Sumpfblutauge fast 1 Meter lang, ganze Gräben und flache Uferzonen können so bedeckt werden. Mit den Wurzeln dieser interessanten Art hat man früher Wolle rot gefärbt, und zusammen mit den Blättern setzte man sie ein gegen Durchfall, Ruhr, Blut- und Schleimflüsse.

Das Sankt-Jürgensland ist ein Land der **Krebsschere** (*Stratiotes aloides*, RL 3), aber im Vergleich zu den Hochburgen im nahen Bremen ist sie hier seltener geworden. In Bremen gibt man sich beim Krebsscherenschutz aber auch sehr viel Mühe. Dazu werden die Gräben abschnittsweise vorsichtig geräumt, und in die frischgeräumten Gräben setzt man dann die Krebsscheren des vorherigen Grabens ein. Das muss sein, damit sie nicht verschlammen und vertrocknen. Zwar kann die Krebsschere ohne Wasser leben, aber nur für wenige Wochen. Vor allem mit Wasserlinsen- und Laichkrautarten sowie Froschbiss schwebt sie im bis zwei Meter tiefen, am besten klaren, auch leicht salzhaltigen Wasser. Direkt über der Oberfläche lugen nur von Juni bis August verhältnismäßig kleine schneeweiße Blüten heraus. Die Blattränder sind scharf gesägt und derb, man kann sich an ihnen verletzten. Aber nicht nur ich finde an der Krebsschere Gefallen, ebenso die Grüne Mosaikjungfer, eine Libellenart. Nur an dieser Pflanze legte sie ihre Eier ab. Ohne Krebsschere keine Grüne Mosaikjungfer und keine atemberaubenden Zickzackflüge am und überm Wasser.

Kurzum, die Weiten der norddeutschen Niederungslandschaften sind nicht so langweilig, wie uns viele Besucher aus den Berg- und Gebirgsregionen weismachen wollen. Zahlreiche bedeutende Dich-

14. KAPITEL

ter und Maler ließen sich von diesen Landschaftseindrücken inspirieren. Beredtes Zeugnis legen die dem Sankt-Jürgensland nahen Künstlerkolonien in Fischerhude und Worpswede ab. Nun kann ich nicht malen und nicht dichten, bin weder Nacht- noch Tagträumer. Aber die Reize dieser Landschaften haben selbst mich schon immer in den Bann gezogen. Obwohl: Wenn hier starker Wind aufkommt oder schlimmer noch keine Bäume oder Sträucher einen vor von wahren Wolkentürmen angekündigten Gewittern oder Platzregen retten, dann fühle ich mich in dieser Gegend ziemlich schutzlos. Fast als würde mir jemand ganz plötzlich die Bettdecke wegreißen.

Die Sächsische Schweiz –
Bäume und Blumen für
Landschaftsmaler

Als ich im März 1990 in Hannover meine Diplomarbeit abgegeben hatte, stieg ich zur Belohnung wenige Tage später in den Zug und fuhr in die Sächsische Schweiz. Eine Woche lang sah ich keine Sonne, die CDU hatte am Vortag auch noch die ersten freien Wahlen in der DDR gewonnen … Nichts als Nieselregen und Nebel um die Kletterfelsen und Tafelberge. Man konnte sie erkennen, aber nur schemenhaft. Botanisch war auch noch herzlich wenig los, einzig Felsen-Schaumkresse und Gebirgs-Hellerkraut kamen allmählich in die Gänge. Besonders einprägsam war ein lapidar durch ein Flatterband abgesperrter Schutthaufen in Dresden, um die zerbombte Frauenkirche. In Dorfnähe waren die Braunkohlegerüche intensiv, kein Wanderer konnte sie ignorieren. Und in Erinnerung geblieben sind mir weiterhin die ungeklärten Abwässer, die man dort «Ebenheiten» nannte und die sich damals mühsam den Weg aus den Dörfern der Bergplateaus in die Täler bahnen mussten.

2013 war ich dann wieder in der Sächsischen Schweiz, dieses Mal leistete mir Steffi Gesellschaft. Keine Spur mehr von den negativen Erlebnissen kurz nach der Wende, wir genossen eine Woche Sonne pur. Sogar das Zelten war das reinste Vergnügen. Über blanke Höhen, tiefe Täler, klamme Aufstiege und fast gefährliche Abstiege ging es. Ich meist vorneweg, Steffi mühsam, aber tapfer hinterher. An möglichst viele Kletterfelsen wollten wir heran, Namen wie Postelwitzer Klippen, Affen- und Schrammsteine, Großer und Kleiner Zschand,

······················ *Die Sächsische Schweiz* ·······················

Große und Kleine Bastei und die Schwedenlöcher wollten wir erobern. Im Polenz- und Kirnitzschbach wanderten wir auf und ab. Oben angekommen, hatte aber wer dann oft richtige Höhenangst? Richtig, ich. Manchmal robbte ich nur an den Felsrand, fotografierte mit zitternden Händen, mied die Basteifelsen mit ihren Stegen, und immer wieder wurde mir schwindelig beim Runterschauen. Da musste ich tapfer sein. Als ich auf der Großen Bastei eine Rundblättrige Glockenblume direkt über der Elbe herankriechend fotografierte, hielt mich doch tatsächlich ein rüstiger Rentner im Bild fest. Er entpuppte sich als Fan, der mich aus dem Fernsehen kannte. Wirklich ein toller Ort, aber etwas peinlich meine Zitterpartie.

An der Oberelbe, zwischen Elbsandstein- und Erzgebirge, gibt es zahlreiche **Flatter-Ulmen** (*Ulmus laevis*). In allen Größen, mal einstämmig, mal mehrstämmig, mal buschig. Die bis zu 35 Meter hohen Bäume blühen sehr früh im Jahr, bereits Ende März, weit vor dem Laubaustrieb. Dann flattern bei der Flatter-Ulme die gelb-rötlichen Blüten im Wind, später auch die scheibenartigen Früchte. Ich gucke ja fast immer nach unten, denn die allermeisten Pflanzenarten sind kleiner als meine 1,87 Meter, daher ist mir trotz ihrer Größe schon die eine oder andere Baum- oder Strauchart durch die Lappen gegangen. Das wäre bei der Flatter-Ulme eher tragisch, denn die wächst meist nur in wunderbaren alten Laubwäldern und an großen Fluss- sowie Stromtälern.

Wir sagen zu «wachsen Bäume» im Fachjargon «stocken Bäume». Das ist ein Hinweis auf die frühere Nutzung, denn alle Laubbäume (vom Ahorn bis zur Ulme) konnte man, falls nicht gar zu alt, «auf den Stock» setzen, das heißt bis auf den Stamm herunterschneiden. Alle schlugen wieder aus, sogar mehrtriebig. Das ist fast

······················· 15. KAPITEL ·······················

in Vergessenheit geraten, denn die modernen Kettensägen waren
früher noch unbekannt. Umtriebszeiten, auch Schlag- oder Fällzeiten
genannt, von nur fünf bis fünfzehn Jahren waren noch im 19. Jahrhundert gang und gäbe. Man ging in die Büsche, nicht in die Wälder! So genannte Stühbüsche waren Niederwälder mit regelmäßig
abgeschlagenen Eichen, Birken, Buchen oder Hainbuchen. Auch
die Flatter-Ulme schlägt nach einer solchen Prozedur freudig wieder
aus. Sie trotzt sogar Wind und Hochwässern, darin den tropischen
Mangrovenbäume ähnlich. Mit ihren Brettwurzeln hat sie wahre
Steherqualitäten. Nach Sommerhochwässern wie 2013 wachsen der
Flatter-Ulme sofort wieder neue Blätter. Das sieht ulkig aus – oben
und in der Mitte die alten und dunkelgrünen Blätter, unten die hellgrünen neuen. Noch Wochen später kann man an der Flatter-Ulme
den höchsten Wasserstand ablesen.

Relativ häufig in der Sächsischen Schweiz ist der ziemlich im Verborgenen lebende **Rippenfarn** (*Blechnum spicant*), den ich aber
schon lange kenne. 1969 legte mein Vater nach einem Umzug allmählich unseren neuen Garten an. Bei sengender Sommersonne baute er
eine hohe Sandsteinmauer um das Atrium, sorgte für ein Wasser-
becken, pflanzte Bäume und schaffte Platz für unsere
Kinder-Gemüsebeete. Besonders stand er auf
Farne, das hat sich wohl auf mich übertra-
gen. Als Jugendlicher stellte ich mir vor,
einmal einen schönen Garten mit Teich
zu besitzen, und in diesem Garten sollten selbstverständlich auch verschiedene Farne wachsen. Jedenfalls: Mein
Vater grub im Jahr darauf genau diesen
schönen Rippenfarn aus einem Wald am
nahegelegenen Wittenberg aus und setzte
ihn an unsere Sandsteinmauer. Die Ursprungs-
stelle am Waldweg würde ich heute noch finden! Aus

jetziger Sicht hätte er das allerdings nicht machen sollen, denn der Rippenfarn geht dort gebietsweise zurück, weil seine schattigen Standorte zu nährstoffreich geworden sind.

Doch zurück zu unserer Reise: Im Kirnitzschtal oberhalb von Bad Schandau befand sich unser Campingplatz, wunderbar waren die Sonnenauf- und -untergänge, wenn das Tal im Schatten, die Bergspitzen aber noch in der Sonne lagen. Am Ankunftstag hielt es mich natürlich nicht am Zelt, der Bach musste sogleich erkundet werden. Im Juni und Juli fällt hier der 1,5 Meter hoch wachsende **Aromatische Kälberkropf** (*Chaerophyllum aromaticum*) auf, der wunderbar nach Arzneimitteln riecht, daher auch der Name Gewürz-Kälberkropf. Er wächst an Bächen und feuchten Waldwegen, in Hochstaudenfluren und wenig genutzten Bergwiesen, aber nie an der Elbe. Diese Art kommt fast nur in Ostdeutschland vor, im Westen wird einzig und allein der Bayerische Wald an wenigen Stellen noch so gerade erreicht.

Die **Zittergas-Segge** (*Carex brizoides*) mit ihren haarfeinen, langen Blättern und den weißlich grünen Blütenständen fand ich bisher nirgendwo so viel wie in der Sächsischen Schweiz. Schon am zweiten Tag fielen uns ungeahnte Wucherbestände auf, lichte Stellen im nicht zu trockenen Wald sowie verbrachte Wiesen wurden geradezu mattenartig überrollt. Einst wurde die Zittergras-Segge zur Füllung von Matratzen, Sesseln und Stühlen verwendet («Seegras»). Von hier gelang sie durch Abfälle immer wieder erneut in die Wälder. Aus aufgequollenen Matratzen wuchs sie einfach weiter.

Der **Wald-Geißbart** (*Aruncus sylvester*) ist eine Wild-staude. Von Juni bis Anfang August erscheinen weiße, oft wie Nebelschwaden gezogene Blütenstände. An Bächen und Flüssen, an beschatteten Fels-klüften und Felsvorsprüngen abseits der Ober-elbe kommt er zur Geltung. Seine schneeweißen Bänder sind sehr dekorativ vor dunklen Fichten. Kein Wunder, dass er eine beliebte Zierpflanze in Gärten und Parks ist. Einst war der Geißbart eine fiebersenkende Heilpflanze mit angenehmem Geruch und bitterem Geschmack.

Nur wenige Pflanzenarten machen sich in Deutsch-land momentan so schnell breit wie das bläulich-weiß blühende **Einjährige Berufkraut** (*Erigeron annuus*), so auch im Elbtal oberhalb von Dres-den und sogar mehrfach direkt an unserem Campingplatz. Es stammt aus Nordame-rika, nahm einen Umweg über Südeuropa, um dann weiter nach Norden zu wandern – wahrscheinlich über Ziergärten. Nichtsdes-totrotz ist es ein sehr schöner eingebürgerter Neophyt (Neueinwanderer) mit vielen zarten Blütenköpfchen. Der Name ist interessant – das «Berufen» von Hexen und Zauberern sollte mit dieser Art erschwert bzw. verhindert werden.

Auf einem Campingplatz kann man übrigens allerhand erleben – manche bringen ihren halben Haushalt mit. Ein nettes holländisches Paar (in unserer Woche mit dem absolut größten Wohnwagen) hatte sogar Weingläser mitgebracht. Alles war so beeindruckend perfekt, dass wir eine Wette abschlossen. Ich sagte, die Weingläser seien echt, Steffi meinte, die seien aus Plastik. Wetteinsatz war ein dickes Eis nach dem geplanten Aufstieg auf den 560 Meter hohen Winterberg.

Siegessicher wie ich war, suchte ich das holländische Paar auf und fragte direkt nach. Es waren … Plastikgläser! So musste ich ein Eis berappen, aber das tat ich gern, denn Steffi hatte sich das für ihre Ausdauer verdient.

Auf dem Campingplatz, aber auch auf Wiesen, Weiden und an Bächen der Umgebung wuchs das stark kriechende **Pfennigkraut** (*Lysimachia nummularia*). Gern wird es als Zierpflanze verwendet, als Bodendecker und zur Eingrünung von Mauern und Straßenrandgräben vor dem Haus. Grund dafür sind seine vielen gelben Blüten, die sich an langen, immer wieder neu bewurzelnden Ausläufern aufreihen. In der freien Natur gibt es dann Kaskaden in Gelb an Böschungen von Gräben und Bachufern. Pfennigkraut heißt die Pflanze wegen ihrer rundlichen Blätter (lat. *nummus* = Münze = Wiesengeld).

Eine Art, die ich erst 2013 im Elbsandsteingebirge wiedersah, erregte mein Aufsehen – der **Purpurrote Hasenlattich** (*Prenanthes purpurea*), der sich trotz seiner Größe von annähernd 2 Metern fast kerzengerade hält, selbst an steilen Felshängen. Das nötigte mir Respekt ab, andere Pflanzen wären längst abgeknickt oder hätten sich auf den Boden gelegt. Ganz schön zäh, dachte ich. Diese Gebirgspflanze hat zahlreiche purpurrote Blüten, die erst ab Juli zur Geltung kommen, meist in imposanten Beständen. Begegnet war sie mir erstmals, als ich für die Deutsche Bahn 1990 einen Auftrag zwischen Fulda und Frankfurt erledigte, die geplanten Ausbaumaßnahmen sollten landespflegerisch begleitet werden. Es ging um eine Verbreiterung der Trasse und Kurvenentschärfungen, alles auf Kosten wunderschöner Natur – und für welchen Wahnsinn? Läppische fünfzehn Minuten Zeitersparnis!

·········· 15. KAPITEL ··········

In allen bergigen Regionen wird der **Wirbeldost** (*Clinopodium vulgare*) immer häufiger, aufgrund ätherischer Öle verströmt er einen angenehmen Geruch. Von den vielen violettroten Blüten gehen meist nur wenige mit einem Mal auf. Wenn sich ab Ende Juli die obersten kugeligen Köpfe bemerkbar machen, sind oft nur noch ein bis drei offene Blüten zu entdecken. Wie gerupfte Hühner sehen die Wirbeldoste dann aus, aber wie schön gerupfte Hühner. Grandios, diese Kugeln, vor allem in der Abendsonne und nach dem Herausfallen der Samen. Falter und Hummeln machen übrigens ebenfalls einen Heidenwirbel um den Wirbeldost.

Neubürger in der Sächsischen Schweiz ist die aparte und aus dem westlichen Nordamerika stammende **Gefleckte Gauklerblume** (*Mimulus guttatus*). Seit 1815 ist sie bei uns, sie fand als Zierpflanze an Seen und Teichen den Weg. Kennzeichnend sind oft viele eigelbe, löwenmäulchenartige Blüten, die innen spärlich rot punktiert sind. Hellgrüne zungenförmige Blätter sitzen an den Stängeln, die obersten sind mit den Stängeln fast verwachsen. Vor allem im Gebirge an sommerkühlen Bächen, im Hintergrund bizarre Felsformationen, entwickelt diese über der Erde Ausläufer treibende Pflanze ihre ganze Pracht. Im nahen Nationalpark Böhmische Schweiz fanden wir Hunderte Exemplare längs der ungezähmten Kamenice.

Zwischen Heidelbeeren und an Wegen der Sächsischen Schweiz ist der hochgiftige **Rote Fingerhut** (*Digitalis purpurea*) unverkennbar, natürlich auch in vielen anderen

218

Gebirgen. Diese purpurrote Giftglocke ist so giftig, dass ich bei ihrem Anblick manchmal richtig erschaudere. Sie blüht von unten nach oben, wie eine zündende Rakete. Manchmal sind die glockenartigen Blüten aber weiß oder rosafarben. Typisch ist die fast gefährlich aussehende, von weißen Kreisen eingerahmte dunkelrote Punktierung der Innenblüte. Imposant ist die medizinische Bedeutung des Fingerhuts. In entsprechender Dosierung nutzte man ihn zum Blutaufsaugen, zur Kreislaufförderung, gegen Herzkrankheiten, Lungenentzündungen und sogar gegen Manie. Eine aus den Blättern gewonnene Salbe half äußerlich gegen Geschwüre. Heute besitzt der Rote Fingerhut eine hohe Bedeutung in der Homöopathie.

An vielen beschatteten Waldstellen und in Klammen (engen Schluchten) trafen wir den **Eichenfarn** (*Gymnocarpium dryopteris*). Kaum ein Farn hat dermaßen dünne Blätter wie dieses gesellige Gewächs, deshalb muss er in dieses Buch. Papierfarn wäre ebenfalls eine gute Charakterisierung, so fein sind seine Blättchen. Er entrollt sich Ende April mit auffallend hellgrüner Farbe. In den Gebirgslagen der Sächsischen Schweiz finden sich wunderschöne Massenentfaltungen vor allem dort, wo sonst außer anderen Farnen nichts mehr wächst.

Farn-Fans sind immer Fan vom **Buchenfarn** (*Phegopteris connectilis*). In Deutschland nimmt er von Norden nach Süden zu, die Bestände werden größer, so auch in der Sächsischen Schweiz. Dieser hell- bis dunkelgrüne Farn ist an seinem letzten, stark abgespreizten Fiederblattpaar bestens zu erkennen. Typisch sind ebenso parallel über der Bodenoberfläche ausgebreitete Wedel. Gern hängt er an Bachuferkanten und sogar an Felsen, zehntausendfach im wilden Bachtal der Polenz. In der Nähe der grünen Teppiche aus Buchenfarnen sind andere Farne nicht weit – Adlerfarn, Blasenfarn, Dornfarn, Eichenfarn, Frauenfarn, Streifenfarn, Tüpfelfarn oder Wurmfarn –, Farne über Farne, mindestens einer davon ist immer mit im Spiel. Es war eine «Schweiz der Farne».

An der Polenz mit ihren tollen Felsbrocken in und am flachen, schnell dahinfließenden Wasser sahen wir auch erstmals ein Wasseramselpärchen, ein Hobbyfotograf winkte uns heran. Wie aquadynamisch diese Vogelart gebaut ist, klasse. Der Mann berichtete uns, dass das Männchen seiner Liebsten oft einen kleinen Fisch mitbringt und sie füttert. Auch viele der rastlosen Schafstelzen sowie ein Eisvogel begegneten uns unten am Klammbach der Polenz. Es herrschte eine ganz eigene Stimmung, still, wie unter Wasser. Sonnenstrahlen fallen hier nicht mehr bis auf den Boden, unsere Stimmen klangen gedämpft, und es gab kaum Touristen.

Die Sächsische Schweiz ist in Deutschland wirklich unvergleichlich. Die von oben fast winzig wirkende Elbe, diese nackten Felsen, die Heide- und Waldreste auf den oft weit vorspringenden Felsköpfen, die knorrigen Wurzeln alter Bäume an und über den Wegen, wie sie sich fast verzweifelt gegen ein Abrutschen an Felsen und Hängen wehren. Der Lilienstein und die Tafelberge auf der linkselbischen Seite im Morgendunst. Dass sich gerade hier die Romantiker einfanden, ist allzu verständlich. Die ersten Landschaftsmaler waren in dieser Gegend tatsächlich Schweizer, daher der Name. Ihnen folgten andere, darunter der in Greifswald geborene Caspar David Friedrich. Er war danach sicher der bekannteste von ihnen. Steffi und ich standen buchstäblich vor seinen Bildern und Motiven. Von ihnen verabschiedeten wir uns im Kirnitzschtal mit einem Festessen. In einem großen, alten Jagdgasthaus wurde gerade eine Slowakische Woche zelebriert. Sogar die Bedienung kam im Austausch aus der Slowakei.

Am Kyffhäuser – hier tobt
der botanische Bär

Ein langgehegter Traum von mir ist seit Jahren ein Besuch vom 477 Meter hohen Kyffhäuser, der haarscharf am Rand von Sachsen-Anhalt liegt und somit vollständig in Thüringen. Er gilt als eines der kleinsten Gebirge Deutschlands und ragt unvermittelt aus dem ostdeutschen Trockengebiet auf. Weithin bekannt sind das Kaiser-Barbarossa-Denkmal und die Barbarossa-Höhle. Der Kyffhäuser und seine nahe Umgebung sind aber ebenso ein Hot Spot der Pflanzenvielfalt Deutschlands, so viele Arten auf engstem Raum finden sich sonst fast nur in den Alpen. Spektakulär sind vor allem am Süd- und Westrand steinige Äcker, Hohlwege, Kalkmagerrasen an steilen Hängen und lichte Waldgebiete. 2013 unternahm ich mit Steffi endlich einen Abstecher hierher, um ganz viel Neues an wenigen Tagen verbuchen zu können. Und das trat auch tatsächlich ein ...

Am Kelbraer See nordwestlich vom Kyffhäuser ließen wir uns nieder, die Jugendherberge am Kyffhäuser war besetzt von einer großen Gruppe von Leuten, ausgerechnet aus dem Kreis Rotenburg bei Bremen ... Blöd! Wir campten also wieder, unmittelbar am Schilfgürtel des Sees, das gute Wetter der Sächsischen Schweiz hatten wir gleich mitgebracht. Den See erkundeten wir noch am selben Abend, an den flachen Ufern dieses künstlichen Gewässers war botanisch und vogeltechnisch einiges los, aber dazu später mehr.

Am nächsten Morgen ging es schon relativ früh auf die westlichen Hochebenen. Sengende Sonne, strahlend blauer Himmel, wogende

Am Kyffhäuser – hier tobt der botanische Bär

Weizenfelder mit knallrotem Klatsch-Mohn, überall Naturschutzgebiete, Straßen mit massenhaft Geflecktem Schierling, mit Weg-
Warten und diversen Distel- und Malvenarten, die Spalier standen.
Eine Blütenorgie stand uns bevor. Schon die ersten seichten bis steilen Hänge sahen bereits von weitem sehr vielversprechend aus. Wir
konnten es kaum erwarten, aus dem Auto herauszukommen. Und
wer vermag auf Sand zu gedeihen, auf Lehm, in Steinbrüchen, in voller Sonne, aber auch im Halbschatten, wer lässt sich
treten oder auch nicht? Der **Gewöhnliche**
Wundklee (*Anthyllis vulneraria*) kann das
alles! Aber nicht er allein – wir unterschei-
den den Klee in sogenannte Unterarten,
korrekt «Sippen» genannt. In Deutschland gibt es mindestens fünf Sippen, eine
davon wächst nur auf den Nordseeinseln
(subspecies *maritima*), eine andere einzig in
den Alpen (subspecies *alpestris*). Das ist auch
Botanik, ziemlich kompliziert und eher etwas für
Fortgeschrittene. Der tolle Wundklee, goldgelb bis fast
hellorange blühend, mit rötlichen Blütenknospen, ist jedenfalls ein
Hungerkünstler. Nur 25 Zentimeter hoch, überzieht er oft teppichartig Sand und Gestein, ein unvergleichliches Bild. Wir sahen am
Kyffhäuser regelrechte Wundklee-Matten, ich bekam noch nie so
viele davon zu Gesicht. Früher wurde der Gewöhnliche Wundklee
als extrem wirksames Wundmittel verwendet, deshalb nannte man
ihn auch Soldatenheil.

Weil ich die längeren Beine habe, ging ich schon nach kurzer Zeit
wieder einmal ein Stück voraus. Steffi war fotografisch mit «ihren»
Disteln, Kälberkröpfen, Odermennigen und dem Ilse-Bilse-keiner-
willse-Kraut zugange, selbstverständlich mussten auch Tiere zur
Motivsteigerung her. Das kann dauern, sinnierte ich, und mein Vor-
sprung wurde immer größer. Diesmal hatte Steffi sich aber einen

Trick einfallen lassen, um nicht verloren zu gehen: Sie hatte einen großen blauen Regenschirm dabei, der in der brüllend heißen Sonne auch tadellos als Sonnenschirm durchging. Nun war das Licht an diesem Tag dermaßen hell, dass ich nach einigen Fehlversuchen den Schirm unbedingt für gute Fotos benötigte. Ich rief, sie möge doch aufschließen. Aber was machte Steffi da gerade? Tatsächlich versuchte sie, ein fulminantes Feldgrillenkonzert an den Sonnenhängen auf ihrem Smartphone zu verewigen. Ich fragte mich: Wie kann man sich in diesem Paradies nur mit Feldgrillen befassen? Die kann man noch nicht einmal sehen! Ich finde die ja auch klasse, aber hier gab es doch so viele spektakuläre Pflanzen! Nun war also Geduld gefordert – grad das Richtige für mich …

Nachdem ich Steffi mit Engelszungen über eine querende Rinderweide gelockt hatte – in Wahrheit verspürten die Viecher mehr Angst vor ihr als umgekehrt –, hatte sie aufgeschlossen. Und was sahen da unsere Augen? Auf einer weiteren Hangwiese goldgelbe Teppiche vom **Rauhaarigen Alant** (*Inula hirta*, RL 3), ich bekam eine Gänsehaut. Am liebsten ist ihm extensive Beweidung mit Schafen, Rindern und Pferden, da können ihn andere, saftigere Gewächse nicht so einfach verdrängen. Dann ist ihm noch die Sonne wichtig, aber wenn die gar zu sehr brennt, verzieht er sich in den Halbschatten umliegender Gebüsche, Waldsäume oder unter Einzelbäume.

Auch die **Dornige Hauhechel** (*Ononis spinosa*) war hier überall vertreten, die Pflanzen künden sich zur Blütezeit im Hochsommer mit reichlich Gebrumm und Gesumm umherschwirrender Insekten an. Steffi hatte nun ihre Krabbeltiere auf den Blumen und ich den Schirm für gelungene Fotos. Die recht großen Blüten von purpurfarbener bis weißer Färbung locken Bläulinge an, wobei der Hauhechel-Bläuling fast nur von dieser Art lebt. Sehr kräftige Dornen halten weidende Schafe und Ziegen weitgehend fern, und auch Menschen wie rastende Biotopkartierer setzen sich nur einmal auf solch eine Pflanze … Sehr schmerzhaft! Derart gut geschützt, kann sich die Dornige Hauhechel am Fuß von Dämmen und Deichen sowie auf Magerrasen perfekt behaupten, wenn er nicht zu früh abgemäht wird. Einst war sie eine sehr populäre (Arznei-)Pflanze, wovon noch Namen wie Weiberkrieg und Weiberzorn (wegen der starken Bedornung) oder Harnkraut und Ochsenbrech zeugen. Die Dornige Hauhechel wurde als Mittel gegen Gicht, Harnleiden, Rheuma und Wassersucht verwendet, die Wurzel ist Bestandteil von Blasen-und-Nieren-Tee.

Und dann, nach der Dornigen Hauhechel, erlebte ich an diesem Tag reichlich Premieren: So bekam ich erstmals den schneeweiß blühenden, fast kniehohen **Berg-Klee** (*Trifolium montanum*) zu Gesicht, einen Senkrechtstarter unter den Kleearten. Und erst diese entzückenden Blütenköpfchen mit den auffallend vielen zarten Einzelblütchen! Ich sagte zu ihnen: «Gerade ist ein kleiner Traum in Erfüllung gegangen», denn der Berg-Klee hing bereits in meiner Studentenbude – inmitten eines Riesenposters häufiger bis seltener Wiesenpflanzen Deutschlands. Das war 1984, und nun hatten wir 2013 …

Aber für Sentimentalitäten war nicht viel Zeit, die Marschroute musste im Blick behalten werden! An mehreren steilen Hängen, wo die unbarmherzige Sonne die Pflanzendecke regelrecht ausgedünnt

16. KAPITEL

hatte, fand sich der **Berg-Gamander** (*Teucrium montanum*). Er ist sensationell, fast hätten wir einen Sonnenstich bekommen, aber selbst in den hitzigsten Gefechten noch längst nicht die Pflanze. Auf den flachgründigsten, trockensten, kalkreichsten und am längsten besonnten Gebirgshangböden ist sie zu finden. Wo der Berg-Gamander wächst, erinnert die Landschaft an Winnetou und die Apachen. Nach kurzem Überlegen fand ich Alternativbezeichnungen für ihn: Blassgelber Kaninchenfeind, Gelblippiger Flachmann oder Gelbe Felsenlippe. Der Abschied fiel mir schon sehr schwer.

Einige Bergwiesen waren auf unserer Tour vom **Frühlings-Adonisröschen** (*Adonis vernalis,* RL 3) durchsetzt. Es hat bereits im März/April eine solche Kraft, dass es ganze Berghänge in sattes Gelb tauchen kann. Die Pflanze ist ein Hahnenfußgewächs mit auffallend hellgrünen, fein gefiederten Blättern, die in sehr schmalen Zipfeln auslaufen. Die eiförmigen Fruchtstände sehen wiederum wie Miniatur-Mikrofone im Bundestag aus. Schafe und Ziegen fressen die Pflanze nicht, besonders wenn die Weidezeit vorbei ist, fallen die nun freigestellten hellgrünen Bulte noch lange auf. Das Adonisröschen ist stark giftig und wurde früher vielseitig eingesetzt, jetzt hat man es für die Homöopathie wiederentdeckt. In erster Linie hat es die Wurzel in sich, sie soll blutreinigende und herzstärkende Wirkung haben.

Nach zahlreichen weiteren Arten, über die sich allein ein Buch schreiben ließe, hatten wir aber den Kanal voll – es war Zeit für einen Ortswechsel. Ich hatte von kalkweißen Steilhängen am Kyffhäuser

Am Kyffhäuser – hier tobt der botanische Bär

gehört, wo es dermaßen bergab gehen würde, dass man nicht überall hinkäme. «Das wollen wir jetzt aber mal sehen», sagte ich, und
nach einem raschen Fußmarsch zurück und tiefen Schlucken aus
unseren Wasserflaschen stiegen wir ins siedend heiße Auto ein. Und
richtig, nach wenigen Straßenbiegungen, vorbei an Äckern mit Millionen Klatsch-Mohnen, ragte die erste Bergnase vor. «Nun geht es
erst richtig los», erklärte ich Steffi, «dich erwartet jetzt die absolute
Hölle.» Da schmunzelte sie, denn solch martialische Ankündigungen
hatte ich ihr aus Spaß schon öfter gemacht, etwa in der Sächsischen
Schweiz. Und so schlimm ist es dann doch nie geworden.

Eine der schönsten deutschen Königskerzen ist die blassgelb bis
weißlich blühende, etwa 1,5 Meter hohe **Mehlige
Königskerze** (*Verbascum lychnitis*). Wenn
ich sie erblicke, denke ich an Eintänzer, die
mit wunderbarer Eleganz und gerader
Haltung nur darauf zu warten scheinen,
eine Pflanzendame zum Tanz auffor-
dern zu können. Tatsächlich hatte sie
uns bereits an Autobahnen um Halle
und Leipzig sowie im engen Saaletal in
Halle mit ihrer königlichen Erscheinung
begeistert. Nun sahen wir hier also Hunderte tolle Blühpflanzen an den steilsten Stellen.
Da muss man auch gar nicht näher heran, die erkennt
jeder fünf Meilen gegen den Wind – korrekt: gegen die Sonne.

Wir stiegen bergan, vorsichtig mussten die Füße aufgesetzt werden, hin und wieder versuchte ich auch mal kurz nach unten oder zur
Seite zu schauen, um die grandiose Artenvielfalt zu überblicken. Wie
eine Gämse graste ich die Hänge ab, hätte spontan ganze Vorträge –
gegen die Wand – halten können. Insgesamt zweiunddreißig neue
Arten sollten es werden, zahlreiche davon können hier gar nicht be-
handelt werden – das schmerzt vielleicht. Aber an einer gehe ich jetzt

nicht so einfach vorbei! Eine Schwalbe macht noch keinen Sommer, eine Sommerwurz aber wohl. Daher wollte ich schon lange mal eine Sommerwurzart in schönster Blüte sehen. Am Kyffhäuser wurden Träume wahr, an einem steilen Gipskarsthang bei Steinthaleben gab es fast dreißig Pflanzen der **Nelken-Sommerwurz** (*Orobanche caryophyllacea*, RL 3). Viele waren verblüht, aber zum Glück hatten sich noch mehrere mit blassgelber Blüte gehalten. Die Pflanzen weisen auffallend weitröhrige Blüten auf, die einen starken Geruch nach Gewürznelken verströmen (daher der Name). Die Nelken-Sommerwurz ist ein Vollschmarotzer, sie entzieht vor allem Labkrautarten Wasser und Nährstoffe, anderen Pflanzen außerdem das wichtige Chlorophyll (wodurch Pflanzen grün werden).

Auf Gräsern und Gehölzen parasitiert ein zierlicher, schwach giftiger Halbschmarotzer, der **Kamm-Wachtelweizen** (*Melampyrum cristatum*, RL 3). Als wir ihn erblickten, waren wir schon nahe dem Wald auf der Kuppe angekommen, danach begleitete er uns eine ganze Weile längs eines von Schafen getretenen Pfades. Er ist ein Angeber vor dem Herrn, denn neben seinen weiß-gelblichen Blüten mit purpurroten Oberseiten lockt er Insekten durch zahlreiche purpurrote Hochblätter an. Und auch mit den vierkantigen weißgrünlichen Fruchtständen kann kein anderer Wachtelweizen mithalten. Dazu hat er Deckblätter, die von einem Kamm aus spitzen Sägezähnen gesäumt werden. Insgesamt sieht er sehr bizarr aus, ziemlich einmalig in der heimischen Pflanzenwelt.

Am Kyffhäuser – hier tobt der botanische Bär

Dann entdeckten wir noch den seltenen **Diptam** (*Dictamnus albus*, RL 3) in großen Beständen an steilen Hängen, halb im Wald, halb außerhalb. In Niedersachsen ist er ausgestorben, Anpflanzversuche in Drahtkäfigen, um ihn gegen Wildverbiss zu schützen, schlugen gottlob fehl. Das über 1 Meter hohe unverzweigte Gewächs fällt zur Blütezeit weithin auf, wenn es rund zehn rosafarbene Blüten mit dunkelroten Streifen zieren, wobei vier etwa gleich geformte Blütenblätter nach oben stehen, ein kleineres wird nach unten abgewinkelt. Zehn lange Staubblätter erstrecken sich schräg nach unten, um sich dann noch nach oben abzudrehen. Einmalig, ein Blütenmeisterwerk von nah und fern! Leider war der Diptam am Kyffhäuser bereits verblüht. Die ganze Staude riecht nach einer Mischung aus Zitrone und Zimt. Blütenkelche und Stängel weisen nämlich zahlreiche Drüsen auf, aus denen vor allem in der Mittagshitze ätherische Öle entweichen. Dann umgibt eine Schleierwolke jede Pflanze, die angeblich brennen soll, ohne dass die Pflanze selbst geschädigt wird. Sicher eine Mär! Die geschützte Pflanze ist schwach giftig und war angeblich ein Allheilmittel gegen Blutkrankheiten, Hysterie, Epilepsie, Melancholie und Würmer. Zudem soll sie zur Herzstärkung und als Schönheitsmittel gedient haben.

Nachdem uns der wunderbare Pfad wieder ins Tal geführt hatte, an farbenfrohen Ackerrändern mit massenhaft Acker- und Blauem Gauchheil vorbei, wollten wir nun die berühmte Barbarossa-Höhle besichtigen. Natürlich hatten wir zwischendurch gerastet und die verschwitzten Klamotten gelüftet. Steffi hatte noch gar nicht wieder richtig Gas gegeben, da rief ich auch schon aufgeregt: «Halt, halt! Da ist ja das Mönchskraut. Ganz viele und fette Dinger!» Bei Begegnungen mit dem **Braunen Mönchskraut** (*Nonea pulla*) muss ich immer grinsen. Es ist der kuriose lateinische Name, vor allem der zweite Teil regt die Phantasie an … Es gibt nur wenige braun blühende Pflanzenarten, Tollkirschen und Knotige und Geflügelte Braunwurz gehören dazu. Aber so ein Braun? Ein derartig dunkles Kaffeebraun hat keine andere Art. Fast die gesamte Pflanze ist samtweich behaart – Blätter, Kelche und Stängel –, da muss ich stets an Mäusefelle denken. Die Behaarung schützt gegen die sengende Sonne, auffallend gern wächst sie an Stellen, wo Tiere buddeln (Dachs, Kaninchen, Mäuse).

Nach dem Höhlenerlebnis der besonderen Art – es handelte sich um eine Gipshöhle, wovon es weltweit nur noch eine weitere irgendwo in Russland gibt – sollte es eigentlich weitergehen. Aber nun war Steffi so erschöpft, dass sie im Auto bleiben wollte, um, wie sie sagte, etwas zu dösen. Schließlich verabredeten wir, dass ich um 18 Uhr zurück sein würde. Danach trabte ich los, um das Gelände südlich der Höhle zu erforschen. Sogleich begegnete mir an einem völlig verstaubten Weg – am Kyffhäuser musste es seit Wochen keinen Tropfen Regen mehr gegeben haben – der wunderbar weichwollig eingepackte schmutzig rot blühende **Deutsche Ziest** (*Stachys germanica*). Mit der Wolle trotzt er ähnlich wie die Tuareg in der Sahara mit ihren schwarzen Tüchern der glühenden Sonne und der Sommertrockenheit. Das ist auch vonnöten, denn auf hängigen Halbtro-

Am Kyffhäuser – hier tobt der botanische Bär

ckenrasen entstehen besonders während seiner Blütezeit von Juni bis August Temperaturen von fast 60 Grad Celsius. Samtweich sind die zungenförmigen Blätter, der vierkantige Stängel und die Kelche. Der Deutsche Ziest wird von Schafen und Ziegen nicht gefressen, die haben nämlich sonst hinterher ein fusseliges Maul.

Bevor ich ihn am Kyffhäuser sah, hatte ich den Deutschen Ziest schon 2001 bei Gronau an der Leine zu Gesicht bekommen, an einem steilen Eisenbahndamm. Danach nächtigte ich in Gronau im Auto, das ich vor einem aufgegebenen Bahnhof parkte. An jenem Tag fand in der nahegelegenen Schule ein vielbesuchtes Fest statt, angesichts des Lärms konnte ich kaum einschlafen. Plötzlich gab es einen lauten Knall. Ich schreckte hoch, öffnete die Fahrertür und rief: «Ist was?» Die Antwort kam prompt: «Nee!» Dies versicherte mir eine von zwei offensichtlich angetrunkenen Personen, die ich nur schemenhaft auszumachen vermochte. Am Morgen bemerkte ich, dass mein linker Scheibenwischer komplett abgebrochen war. Ihn hatten sie mit Wucht gepackt, bis zum Grund entfernt und danach wohl weggeworfen. Gut, dass ich im Auto geschlafen hatte, sonst hätte vielleicht auch noch der rechte Scheibenwischer dran glauben müssen.

Nach dem Deutschen Ziest sah ich noch so viele tolle Raketen, dass ich beschloss, diese Hänge und Äcker Steffi exklusiv zu zeigen – als besonderes Geschenk zu ihrem Geburtstag am nächsten Tag. In meiner Begeisterung hatte ich mich aber völlig verrannt, noch Unmengen Fotos geschossen, und auf einmal war es schon 18.45 Uhr. Ich war mal wieder zu spät. Aber als ich endlich am Auto war, grinste Steffi nur und sagte: «Das ist doch ganz egal, außerdem wusste ich es gleich!»

Auf dem Rückweg fuhren wir nicht am, sondern durch den Kyffhäuser, auf einer kurvenreichen Straße. Kein Auto fuhr hier, am nächsten Tag allerdings Hunderte donnernder Motorräder. Kurze Zeit später las ich, dass man die Bergstraße nun für die Biker sperren wollte. An diesem Abend stieß ich noch einen weiteren Jubelschrei aus, das schneeweiß blühende und bis zu 2 Meter hohe **Breitblättrige Laserkraut** (*Laserpitium latifolium*) hatte sich mir in die Beifahrersicht geworfen – mit unglaublich großen und flachen Dolden (hier können sich bis zu fünfzig Döldchen vereinen). Aufgrund seiner Blütenpracht wurde es früher als Weißer Enzian oder Weiße Hirschwurz bezeichnet. Gern exponiert sich die Pflanze mit ihren auffallend großen Fiederblättern an Berghängen, auch wir machten sie an einem solchen aus. Übrigens: Gelasert wird von dieser wunderbaren Wildstaude niemand. Im Gegenteil, die Wurzeln wurden früher als magenstärkendes und blutreinigendes Mittel eingesetzt.

Am Vorabend von Steffis Geburtstag genossen wir den Sonnenuntergang; auf und am Kelbraer See sahen wir viele Höckerschwäne, Teich- und Blesshühner sowie einige Haubentaucher. Mitten in der Nacht wurde ich dann plötzlich wach, das Zelt war auf und meine Freundin weg. Schlaftrunken wollte ich mich gerade aufrichten und die Lage peilen, als ich auch schon eine Stimme vernahm … ihre Stimme. Steffi führte offensichtlich Selbstgespräche: «Das ist ja so toll» und «Habe ich ja noch nie gehört». In der mondhellen, eher kühlen Nacht war sie anscheinend damit beschäftigt, ein ohrenbetäubendes Nachtkonzert von allerlei Vogelarten inklusive zahlreicher Frösche mit ihrem Smartphone aufzuzeichnen. Schemenhaft sah ich nur das Schilfröhricht vor mir und einige alte Silber-Weiden. Erst dachte ich: Oh nein, das fasse ich nicht! Dann war aber auch ich ergriffen und freute mich mit ihr an diesem unvergesslichen Naturschauspiel oder besser Naturhörspiel! Denn im Schilfmeer sah man wirklich nichts.

Morgens ließen wir uns Zeit, erst nach einem langen Frühstück ging es wieder an den Kyffhäuser – Blumen gucken! Dort empfing uns ein Acker, so einen traumhaften hatte ich wirklich noch nie gese-

Am Kyffhäuser – hier tobt der botanische Bär

hen. Der zarte, nur eine Handbreit hoch werdende **Gelbe Günsel** (*Ajuga chamaepitys*, RL 3) ist vielerorts ausgestorben, aber hier zeigt er sich keck, wenn man sehr genau hinschaut. Rapsgelb sind seine winzigen Blüten, die von Juni bis September erscheinen, graugrün, fast nadelförmig und behaart seine Blätter, die ihn wie ein Mini-Stachelschwein aussehen lassen. Ich hatte ihn an diesem Tag längst erwartet, aber Steffi fand ihn zuerst – sie ist bei einer Größe von 1,63 Meter ja auch viel näher dran. Der Gelbe Günsel ist ein Meister der Trockenheit, deshalb auch die vielen Haare und Drüsen, sogar auf Steinböden überlebt er.

Danach folgte eine Granatenpflanze, das **Rundblättrige Hasenohr** (*Bupleurum rotundifolium*, RL 1) – zu Zehntausenden entdeckten wir es auf Gerstenfeldern bei Rottleben. In Kniehöhe zeigten sich die goldgelben Blütenstände zwischen unzähligen Kornblumen. Nicht weniger umwerfend aber sind ihre blau-grünen Blätter. Wie die unterseitig mit oft bis zu fünfundzwanzig weißen Streifen geziert am ebenfalls bereiften Stängel drapiert sind – da fällt einem nichts mehr ein. Dieses Ackergold nimmt es allemal mit echtem Gold auf.

Zu den schönsten Federgräsern ist das **Grauscheidige Federgras** (*Stipa pennata*, RL 3) zu rechnen, die grauen Scheiden fallen aber leider nur auf den dritten Blick auf. Was aber sofort im Juni und Juli ins Auge sticht, sind die kurz vor der vollständigen Samenreife silbrigen, federfeinen und bis zu 35 Zentimeter (!) langen Grannen. Das sieht nach Weltrekord aus. Warum ist denn keiner auf Namen wir Silber-Federgras, Lang-grannen-Federgras, Fontänen-Federgras, Frauenhaar-Federgras oder auch Schimmelschwanz-Federgras gekommen? Für mich ist das völlig unverständlich. Oder auch glücksbringendes Federgras! Denn genau so sieht es aus. Der Samen wird von der Granne, die «federlos» und korkenzieherartig gedreht ist, im Wind fortgetragen. Was für ein Aufwand! Durch diese exorbitante Ausbildung fliegt der Samen aber nicht weit, rasch bleibt das Gefädele an anderen Gewächsen hängen. Wenn aber erst alle Samen «verfedert» sind und nur noch die Hüllen zurückbleiben, mutiert das einst so stolze Grauscheidige Federgras zum Aschenputtel, so erbärmlich sehen diese Reste nun an den vertrockneten Halmen aus.

Der Kyffhäuser war ein absolutes Erlebnis. In dieses Mittelgebirge werde ich sicher noch mehrfach und auch mal für länger fahren. Erstmals sollte man bereits Ende März in dieser Gegend Thüringens und Sachsen-Anhalts aufschlagen, denn die nach Süden und Westen exponierten Hügel und Steilhänge heizen sich dermaßen schnell auf, dass dort früh der botanische Bär tobt.

Die Pfalz –
viel Wein und manchmal
zum Niederknien schön

Dass Altkanzler Helmut Kohl aus Rheinland-Pfalz, genauer gesagt aus Ludwigshafen stammt, ist den Älteren unter uns bekannt. Wir nannten ihn damals ja einfach nur «Birne». Im Übrigen ist auch meine Freundin in dieser Chemiestadt aufgewachsen, allerdings nenne ich sie nicht Birne, sondern «(mein kleines) Kügelchen». Genauso reizvoll ist das ebene bis flachhügelige Land am Oberrhein zwischen Landau und Mainz sowie dem Pfälzer Wald. Vor allem an seinem Fuß wird außer Wein fast nichts anderes mehr angebaut. Weinort reiht sich hier an Weinort, es ist eine kleine Kunst, Auto zu fahren, ohne hier anzuecken. Diese Gegend, die durch niederschlagsarme heiße Sommer gekennzeichnet ist, besuchte ich im Juli 2013 zusammen mit Steffi. Unsere erste Station war der Mainzer Sand, der trotz Autobahnquerung zu den bedeutendsten Naturschutzgebieten Deutschlands zählt.

Am wohl heißesten Tag des Jahres 2013, es war der 28. Juli, an einer, der trockensten Stellen Deutschlands, ganz pünktlich zur Mittagszeit, erfuhren wir unser ganz persönliches High Noon. Noch gar nicht richtig im Naturschutzgebiet angekommen, schlugen uns bereits erste gelbe Meere der schönen **Sand-Strohblume** (*Helichrysum arenarium*, RL 3) entgegen. Sie setzt

236

Die Pfalz – viel Wein und manchmal zum Niederknien schön

sich gern in den Sand, und mich macht die Sonnenanbeterin immer richtig glücklich. Auch deshalb, weil diese von Franzosen als Immortelle (Unsterbliche) bezeichnete Pflanze in den alten Bundesländern lange Zeit eine große Rarität war. Erst durch die Wiedervereinigung änderte sich das, denn nun kamen Tausende neuer Wuchsstellen im Osten dazu. So begeisterten mich 1991 viele Sand-Strohblumen anlässlich einer landesplanerischen Begleitung der Anbindung der Stadt Brandenburg an die A 2 nach Berlin. Überall im Magerrasen, lückigen Hausrasen, in Gewerbe- oder in Kleingartengebieten leuchtete sie mit ihren gelben bis orangefarbenen Blüten. Mit ihren vielen, zu einem Schirm angeordneten Einzelblüten ist sie eine Zierde und auch hervorragend für Trockensträuße geeignet.

Die Sand-Strohblume steht für mich außerdem für ein Erlebnis der besonderen Art, das mir im Jahr 2000 im Nest Zicherie widerfuhr, nordöstlich von Wolfsburg, an der ehemaligen Grenze zur DDR. Auf einem etwas abgelegenen Friedhof mit vielen tollen Pflanzenarten (darunter die Sand-Strohblume) schlug ich an einem heißen Augustabend mein Nachtlager vor einer Kapelle auf. Gegen Mitternacht hörte ich plötzlich die Stimmen mehrerer junger Frauen. Drei etwa sechzehn Jahre alte Mädchen in schwarzer Kleidung schlichen über den Friedhof, ausgerüstet mit Laternen, Weihrauch und Wein. Als sie meine Anwesenheit bemerkten, erschraken sie keineswegs, stattdessen setzten sie sich seelenruhig neben meinen Schlafsack und drapierten ihre Mitbringsel um sich herum.

Danach unterhielten wir uns wohl zwei Stunden lang recht angeregt. Sie fragten, woher ich käme und was ich denn hier so mache. Die drei waren so begeistert von meiner Pflanzenverrücktheit, davon, wie ich meine Tage und Nächte verbrachte, und was ich alles schon in ihrem Landkreis Gifhorn gesehen hatte, dass sie immer zutraulicher wurden. Und zwar buchstäblich, denn auf einmal begannen zwei von ihnen, an mir herumzumachen, streichelten meine Haare und wollten mich küssen. Ich gab zu bedenken, ich sei doch schon vierzig und ob es denn niemanden in diesem tollen Dorf oder im angrenzenden Böckwitz auf Sachsen-Anhalt'scher Seite gebe, der in ihrem Alter sei und in Frage käme. Keine Antwort. Sie wollten in meinen Schlafsack krabbeln, und da er wegen der lauen Hochsommernacht längsseitig nicht geschlossen war, ging das auch ziemlich schnell. Ich musste am Ende reichlich Mühe aufbringen, um den «Angriff» der drei netten Grufties abzuwehren und für Vernunft zu sorgen. Irgendwie zeigten sie schließlich Einsicht, jedenfalls zogen sie fröhlich ab, wobei sie wissen wollten, ob ich in diesem Jahr noch einmal auf ihren Friedhof kommen würde. Ich bejahte mit dem Hinweis auf die Herbstkartierung. In dieser abenteuerlichen Nacht ließ sich das Trio zum Glück nicht mehr blicken – hin und wieder brauchte ich ja auch meinen Schlaf.

Apropos Grufties – Transsilvanien liegt in Rumänien, eingebettet zwischen den Wäldern der Beskiden und Karpaten. Ziemlich weit entfernt also, trotzdem ist das **Siebenbürger Perlgras** (*Melica transsilvanica*) bis nach Rheinland-Pfalz vorgedrungen. Die Ährenrispen des Perlgrases schimmern wunderschön weiß, so wie die Zähne von Graf Dracula! Ab Mitte Juli fallen die Samen heraus, um vom Wind verweht zu werden. Eher haften sie allerdings im Fell von Tieren (Schafen) und kommen so voran. Auf den hitzigen Mainzer Sanden musste sich dieses Gras sogar Deckung unter alten Bäumen suchen.

Auf der anderen Seite der querenden Autobahn begrüßte uns eine wunderbare Steppenpflanze, wahre Myriaden gab es dort von der **Steppen-Wolfsmilch** (*Euphorbia seguieriana*, RL 3), ein grünlich gelb blühendes Strahle-

············ Die Pfalz – viel Wein und manchmal zum Niederknien schön ············

männchen. Je länger wir diese Pflanze bewunderten, umso unerträglicher wurde jedoch die Hitze. Seit Wochen hatte es in und um Mainz offenkundig nicht mehr geregnet, die Bäume und Sträucher ließen erste Blätter fallen. Doch wie eine Eins stand auf dem heiß-trockenen Dünengelände diese Steppen-Wolfsmilch, vor allem im Saum nicht weniger Altkiefern. Einige Tage später sahen wir sie in einem Naturschutzgebiet nördlich von Bad Dürkheim (Rheinpfalz) wieder, da konnten wir sie besser genießen, hatten wir uns doch mit genügend Mineralwasser und Obst eingedeckt. Auch war es längst nicht mehr so heiß wie in den Mainzer Sanden.

Die **Sand-Silberscharte** (*Jurinea cyanoides*, RL 2) lernte ich erstmals in der Theorie kennen. 1994 wurde das linkselbische Amt Neuhaus, das nach der Wende wieder zu Niedersachsen gekommen war, von mehreren Experten und Expertinnen intensiv botanisch untersucht. Eine spannende Angelegenheit, denn ein weiterer Nutzen dieser Kartierung sollte sein, später – nach etwa zehn Jahren – Rück- und Zugänge von Pflanzenarten zu dokumentieren. Einige der Fragen waren: Was passiert in einem solchen Zeitraum mit einer in dieser Gegend sehr artenreichen Flora? Was hatte sich noch im Sozialismus gehalten, was würde nun dem Kapitalismus mit allen absehbaren Modernisierungen – etwa an Deichen, Straßen oder in den Siedlungen – zum Opfer fallen? Welche der sehr empfindlichen und sehr seltenen Arten sind dann noch vorhanden? Leider scheiterte die geplante Folgekartierung dann am fehlenden politischen Willen und wie so oft am Geld. Fakt war jedoch, dass mit dem Amt Neuhaus auch die Sand-Silberscharte nach Niedersachsen kam – leider nur als ausgestorbene Art. Wir fanden sie 1994 nämlich nicht.

Ich selbst hatte diese Art bisher also noch nie gesehen, das änderte sich aber am 8. August 2013, obwohl die Pfalz-Tour schon im Juli stattfand. Wie geht das denn? Klar hatte ich gehofft, diesen filigranen Sandbesetzer im Birne-Land zu entdecken, aber es sollte nicht sein. Die wenigen mir noch unbekannten Arten fotografierte ich einfach, um sie schließlich zu Hause in Ruhe zu studieren. Tage später machte ich unsere schönsten Funde via Internet publik und schrieb zum Schluss über unsere kleine Reise: «Nur die schöne Silberscharte fanden wir nicht!» Damit war das Kapitel beendet, dachte ich. Im August blätterte ich ohne besonderen Grund in meinem Foto-Pflanzenbuch herum. Plötzlich fiel mein Blick auf die gestochen scharf dargestellte Sand-Silberscharte. «Hey», rief ich aus, «das gibt es nicht, bin ich eine Schlafmütze!» Steffi und ich hatten sie doch gesehen, Heureka, und sogar fotografiert, aber glatt verkannt! Diese bis zu 70 Zentimeter hohe, wenig verzweigte Pflanze mit ihren fast blattlosen Stängeln und tief violetten Blütenköpfchen. Da es in ihrer Umgebung massenhaft die ähnlich aussehende Rispige Flockenblume (*Centaurea stoebe*) gab, hatte ich nur gedacht: Ach, noch so ein Vertreter aus dieser Artengruppe. Da hatte ich mich aber mächtig geirrt. Tatsächlich ist diese Pracht-Silberscharte die zweitwichtigste Art des ganzen Mainzer Sandes, und die war nun zu einem Erstfund am Schreibtisch mutiert. Dabei hatte ich nicht nur ein Foto von ihr gemacht, sondern gleich vier – und alle waren wunderschön. Die Sand-Silberscharte wurde früher sogar als eine Art Abortivum verwendet – so nannte man in der Naturheilkunde Pflanzen, denen eine abtreibende Wirkung zugeschrieben wurde. Wie das gemacht wurde, entzieht sich jedoch zum Glück meiner Kenntnis.

Aber zurück ins Gelände. Kurz darauf entdeckten wir eine der seltensten Pflanzenarten Deutschlands überhaupt, die **Sand-Lotwurz** (*Onosma arenaria*,

············ Die Pfalz – viel Wein und manchmal zum Niederknien schön ············

RL 1). Sie wächst nur im Mainzer Sand, und ich habe sie gesehen –
juuchuuu! Knapp vierzig Pflanzen standen da zusammen. Sie waren
der absolute Kracher meines bisherigen Forscherdaseins! Ihre Vorlie-
ben sind extreme Hitze, Trockenheit, außergewöhnliche Nährstoff-
armut bei gleichzeitig hohem Basengehalt auf Sand. So etwas gibt
es in dieser Kombination hierzulande kaum noch. Sehr stark weiß
behaart ist sie, filzig-zottig fast. Die gelben bis weißgelben Blüten
sind eher unscheinbar, dafür aber zahlreich. Auf solchen Sandböden
verrottet wenig, so fanden wir noch aus dem Vorjahr vertrocknete,
grauweiß zottige Pflanzen. Wie gesagt: Suchen an anderen
Stellen unseres Landes verlaufen buchstäblich im
Sande, die Lotwurz gedeiht sonst nur noch in
Südeuropa und Westsibirien.

Einen Platz an der Sonne braucht auch
die **Tauben-Skabiose** (*Scabiosa colum-
baria*). Schon vor der Blüte fällt sie auf, denn
der kopfige Knospenstand wird von silbrig-
blauen, borstigen und hübsch abgespreizten
Hüllblättern untermalt. Eine der schönsten
und elegantesten Vorblütenköpfe überhaupt.
Die Blüten selbst sind blassviolett, manchmal
auch taubenblau. Wie kleine zerfetzte Schirme
sehen sie aus, manchmal noch bis in den November hinein.

Schließlich hatten wir aber vom Mainzer Sand
die Nase voll. Dieses Mal war Steffi vorausgegangen
(«Du fotografierst immer so lange!»). Sie musste sich
dabei prompt verlaufen haben, denn entgegen meiner Erwartung
war sie nicht am Auto und löschte sich den höllischen Durst, den ich
jedenfalls hatte. Weit und breit war keine Freundin zu sehen und damit auch kein Autoschlüssel. Nun war guter Rat teuer. Meine Kehle
brannte wie Teufel, da rettete mich am Parkstreifen ein überreichlich

fruchtender Mirabellenbaum. Goldgelb gereifte Mirabellen hingen in den Zweigen oder lagen auf dem Boden – köstlich. Jetzt erst überlegte ich, wo ich Steffi nur suchen sollte. Ich begab mich also zurück an die Stelle, wo unser Glutofen-Marsch vor Stunden begonnen hatte. Und tatsächlich, nach einer halben Stunde kam Steffi dort gebeugt, völlig ermattet und mit hochrotem Kopf an. Um auf Nummer sicher zu gehen, war sie den ganzen Weg einfach wieder zurückgelaufen, dabei waren es nur 300 läppische Meter in die entgegengesetzte Richtung.

Unser Forscherdrang geriet kurz ins Stocken, aber dann drangen wir weiter in die Pfalz vor und besuchten tags darauf die alte Kaiserstadt Speyer. Steter Begleiter wurde plötzlich der **Hundszahn** (*Cynodon dactylon*), auch Hundszahngras genannt. Sehr weit hat es dieses Gras gebracht, denn es ist ein Vertreter des afrikanischen Florenkreises. Das ist phänomenal, da erobert eine Pflanze das Mittelmeergebiet und die gemäßigten Teile Westeuropas! Kompromisslos schritten die grau-grünen oberirdischen Ausläufer des monsterhaften Kriechgrases voran. In Italien, Frankreich und Spanien fehlt es heute in keinem Dorf; Bahn- und Straßenränder, Böschungen und Rasenflächen sind dort fest in Hundszahn-Hand. Und das zunehmend auch bei uns, etwa im gesamten Rheintal zwischen Freiburg und Duisburg und in der Pfalz massenhaft an Bahnlinien, Hauptstraßen, Autobahnen und in Stadtrasenflächen. Je mehr Tritt, je häufiger es gemäht wird, umso besser. Wo andere Arten aufgrund von Sommertrockenheit die Segel streichen, stehen die tollen Finger der Blüh- und Fruchtstände gen Himmel. Man muss schon fast mit dem Panzer anrollen, um dem Hundszahn zu schaden.

In Speyer war zu Millionen das **Vierblättrige Nagelkraut** (*Polycarpon tetraphyllum*) zu bestaunen, es stammt aus dem Mittel-

· · · · · · · · · · · · Die Pfalz – viel Wein und manchmal zum Niederknien schön · · · · · · · · · · · ·

meergebiet und bekommt von Sommerwärme nie genug. Aus diesem Grund hat es sich das Oberrheintal zwischen Freiburg und Mainz als zweite Heimat ausgesucht (aber erst nach dem 19. Jahrhundert). Favorisiert werden von ihm größere Städte, wo es sich in die Pflasterritzen von Gassen, Gehsteigen und Plätzen verdrückt (aber eher nicht betreten werden möchte). Das sind zwar die unwirtlichsten Wuchsstellen überhaupt, sie haben aber den Vorteil, dass dort sonst niemand hinwill und vor allem -kann. Die Blätter des vierblättrigen Nagelkrauts sind oben gegenständig und unten zu viert in Quirlen angeordnet. Weißliche Blütenblätter fallen in den grün-grauen Wattebäuschen kaum auf. Es ist ein echtes Pfälzer Mauerblümchen.

In Speyer waren wir dem Rhein schon sehr nahe gekommen, sodass wir uns fragten: «Wie breit ist denn hier nun der Fluss? Breiter als die Weser oder die Mittelelbe?» Nein, er ist etwas schmaler, und größere Frachter drifteten auch fast beängstigend nahe an den Prallhang. Hohe Manövrierkunst schien hier gefordert. Als wir genug von dem Schauspiel hatten, begegneten wir weiter nördlich einer in vielen Stromtälern Deutschlands altbekannten Pflanze. Kaum ein Gewächs bildet so wunderbar gelb blühende Teppiche aus wie der **Wiesen-Alant** (*Inula britannica*), eine Ufersonnenblume, die eher sitzt, als dass sie an langen Stängeln schwebt. Sie wird bis zu 60 Zentimeter hoch, und ihre Blätter und Stängel sind dicht behaart, eine Seltenheit bei nässeliebenden Arten.

Von Speyer aus ging es ins Hinterland, zumal die Rhein-Altwässer eher enttäuschend waren (botanisch, nicht landschaftlich). Aufbauhilfe leistete dabei der schöne Bahnhof in Haßloch bei Neustadt an der Weinstraße. Dort kam auch die **Sparrige Flockenblume** (*Centaurea diffusa*) daher, über fünfzig sehr vitale Individuen konnte ich hier zählen. So viele hatte ich noch nie gesehen! Vor der Blüte fällt sie überhaupt nicht auf, denn die Blätter sind von dezent grau-grüner Farbe. Doch dann erscheinen von Ende Juni bis August je Pflanze Hunderte von weißen Blüten mit dornig-abgespreizten Hüllblättern. Die tun richtig weh – kein Wunder, denn sie sollen Weidetiere abhalten. Das Reich der Sparrigen Flockenblume sind weniger Wiesen als lückig bewachsene Bahn- und Industrieflächen. Steffi und ich stellen uns vor jeder gemeinsamen Autofahrt einen Becher mit Wasser vorn in den Kaffeebecherständer. Dorthin wandern mit der Zeit schöne und zumeist häufige Wildblumen, sie erfreuen uns bei jedem Einsteigen. Einige Ästchen der Sparrigen Flockenblume überstanden auf diese Weise nicht nur unsere Tour, sondern blühten nach dem Urlaub noch wochenlang weiter. Dermaßen ungewohnt «unter Wasser gesetzt», produzierte diese zähe Art Blüte um Blüte, so schön weiß und ausgebreitet wie noch nicht einmal am Bahnhof selbst. Sie blühte wie im Rausch, der fast nicht enden wollte.

Die **Stinkende Hundskamille** (*Anthemis cotula*) stinkt nicht, auch wenn sie nicht so schön duftet wie die viel häufigere Echte Kamille. Die weißen Blütenblätter sind auffallend kurz im Vergleich zum uhrglasförmig gewölbten Röhrenblütenköpfchen. In Haßloch sah ich diese Pflanze erstmals am Bahnhof. Hundskamillen sind tückisch, weil verwechselungsträchtig. Die in

············ Die Pfalz – viel Wein und manchmal zum Niederknien schön ············

Deutschland insgesamt zurückgehende Stinkende Hundskamille hat fein-warzige, längliche Früchte mit zahlreichen zugespitzten Spreublättchen – das unterscheidet sie von anderen Kamillearten.

Um der Hitze aus dem Weg zu gehen, wanderten wir mehrfach durch den Pfälzer Wald. An einem Abend badeten wir im Speyer-Bach, wo wir einen prächtigen Flusskrebs erspähten. Wir kamen ihm ganz nah, drei Krebse also unter sich! Danach nächtigten wir in der Nähe von Lambrecht unter freiem Himmel auf einem kleinen Bahnhof inklusive Heuschreckenkonzert. Hier fuhr das sogenannte Kuckucksbähnle. Die Blicke gingen über den gluckernden Bach, duftende Mädesüßflure, dazwischen massenhaft Liebesgräser und Fingerhirsen zwischen den Gleisen. Am nächsten Tag erlebten wir dann an den Waldwegen zahlreiche farbliche Höhepunkte; neben braunblütiger Tollkirsche, knallgelbem Wald-Wachtelweizen und blassgelbem Salbei-Gamander imponierte das **Echte Tausendgüldenkraut** (*Centaurium erythraea*). Es ist zum Niederknien schön. Rosafarbene, an Erdbeereis mit Sahne erinnernde Blüten kontrastierten zu goldgelben, weit aus der Blüte ragenden Staubgefäßen. Wenn Steffi diese Pflanze entdeckt, sieht sie sogar mich nicht mehr. Das Echte Tausendgüldenkraut wird etwas bizarr als Pollen-Stieltellerblume bezeichnet, weil sie nur bei Sonne und erst ab 20 Grad blüht. Sie hat aber keinen Nektar zu bieten – wer so hübsch blüht, hat das auch gar nicht nötig. Trotzdem ist der Insektenbesuch reichlich. Bis heute ist das Kraut eine hochgepriesene bittere Arzneipflanze, vielfach Fieberkraut oder Erdgalle genannt. Das Wort «echt» steht für die herausragende Stellung in der Heilmedizin, das Tausendgüldenkraut war daher einst so viel wert wie tausend Gulden.

····················· 17. KAPITEL ·····················

Es gibt nur wenige deutsche Pflanzenartenbezeichnungen, in denen das Wort «schön» vorkommt («hübsch» gibt's überhaupt nicht). Dabei sind ungemein viele Wildblumen sooo schön und sooo hübsch. Es gibt noch die Schöne Winde, die ist wirklich schön mit ihren rosafarben und weiß gestreiften Blüten. Aber sonst? Das **Schöne Johanniskraut** (*Hypericum pulchrum*) ist auch wirklich schön, aber die Blüten bei anderen Johanniskräutern sind sogar noch schöner. Jedenfalls verschönt es an vielen Wegen den Pfälzer Wald. In Bremen fand ich die Art 2011 nach Jahrzehnten wieder, sie wuchs im Übergang einer Schlehenhecke zu einer orchideenreichen Rinderweide. Es waren nur acht Pflanzen, aber alle schön blühend – ich habe sogar daraufhin die Hecke mit meiner Rosenschere zurückgedrängt. Ist Gefahr im Verzug, wird gleich gehandelt.

Die Rheinpfalz ist eine Hochburg der halbkugelig, oft ineinander verwachsenen Büsche der **Sichelmöhre** (*Falcaria vulgaris*). Die sind so fulminant, dass sie niemand übersehen kann. Während unserer Pfalzfahrt habe ich zu Steffi bestimmt an die zehnmal gesagt: «Guck doch mal, da ist die Sichelmöhre!» Zahlreiche weiße Dolden an kahlen Sprossen verkünden die Schönheit dieser Pflanze. Ich kann nicht aufhören, jedes Jahr nach einem noch besseren Foto dieser Art zu suchen, noch üppigere Bestände «auf Platte» zu bannen. So auch dieses Mal, wo wir die Sichelmöhre an Äckern, Straßenböschungen, auf Bahnhöfen sowie in Weinbergen fanden. Sogar aus Mauerritzen wuchs sie dort heraus, das hatte ich so noch

Die Pfalz – viel Wein und manchmal zum Niederknien schön

nie gesehen. Im Herbst lösen sich fruchtende Pflanzen unten am Stängel ab und werden vom Wind verweht.

Unsere Pfalztournee hat mich total begeistert, wegen der hohen Artenvielfalt verpassten wir sogar den obligatorischen Gang ins größte Holzfass der Welt, das sich in Bad Dürkheim befindet. Auch viele Burgen am Rand des Pfälzer Waldes blieben unbesichtigt, steinerne Zeugen unruhiger Jahrhunderte und eines großen Reichtums dieser fruchtbaren Gegend. Ein Muss war dagegen der Besuch einer bundesweit bekannten Schlachterei im Weinort Wachenheim, *die* Schlachterei für den landestypischen Saumagen. Schon Fritz Walter und Altkanzler Kohl holten ihn sich hier persönlich ab. Im brechend vollen Laden kauften wir aber keinen Saumagen, sondern lieber diverse Wurstarten («Pälzer Lääwwerworscht»). Zurück im Auto erzählte Steffi mir noch Folgendes: Pfälzer sind freundliche und gesellige Menschen, von hier stammt vielleicht der Ausspruch: «Man muss die Feste feiern, wie sie fallen!» Der Pfälzer arbeitet eigentlich nur, weil er irgendwie muss. Viel lieber genießt er die Natur, das Essen, den Wein und das oft schöne Wetter. Wein ist übrigens kein Alkohol, sondern wird hier wie Wasser getrunken. Und noch etwas zum Lernen: Ein Wingert ist ein Weinberg mit den schönen Wegen, krummen Treppen und Stützmäuerchen – auch unbedingt schutzwürdig!

Ab in die Alpen und wieder zurück – in vierundzwanzig Stunden

Wer ein richtiger Pflanzenexperte ist, muss in den Alpen gewesen sein. Oder? Es ist nicht so, dass ich noch nie dort gewesen wäre, ich war in diesem Gebirge sogar schon mehrfach, aber leider nur zum Skifahren. Wahrscheinlich hatte ich um dieses Gebiet einen Bogen gemacht, weil ich fürchtete, dass diese Region weit hinter meinen üblichen Demarkationslinien lag und mich mit ihrer ganz eigenen Pflanzenwelt mit (allzu) vielen neuen Arten überfordern könnte.

Und natürlich kannte ich eine grüne Alm, nämlich die tiefstgelegene Alm Deutschlands. Die liegt nicht in Bayern, die liegt in Ostwestfalen, in Bielefeld, und ist die uralte Spielstätte von Arminia. Dahin ging's früher zu jedem Heimspiel, im Gegensatz zu heute war sie permanent ausverkauft, und der gefürchtete «Alm-Roar» war damals noch für so manchen Pluspunkt gut!

Am 2. September 2013 stand der Entschluss fest – nun aber mal so richtig ab in die Alpen! Und zwar ins Allgäu nach Oberstdorf. Dieser Ort liegt ganz praktisch auf dem Weg, man muss dazu nur die A 7 von Hamburg über Hannover, Kassel, Würzburg und Ulm nehmen. Sie führt direkt bis nach Füssen, und bis Oberstdorf ist es dann nur noch ein Katzensprung. Morgens um drei Uhr brach ich auf. Unterwegs suchte ich ganz entgegen meinem sonstigen Naturell nur drei Autobahnrastplätze nach Pflanzen ab, entdeckte aber nichts Bemerkenswertes. Auf diese Weise kam ich zügig bis nach Sonthofen. Doch dann wurde ich von Touristenströmen umzingelt, sodass ich weitere fünfundvierzig Minuten brauchte, bis ich Oberstdorf erreichte. Was war das für ein Gewusel, ich war schnell bedient. Also ließ ich das Nebelhorn, das ich mir eigentlich für meine Exkursion ausgesucht hatte, links liegen und fuhr weiter bis zum Fellhorn, wo sich schon weit im Voraus auf Hinweisschildern eine Seilbahn ankündigte.

Im Eifer fühlte ich, wie ich fast vor eine Wand fuhr, denn hier ist Deutschland zu Ende und der südlichste Punkt erreicht. Südlich der Iller geht's nimmer! Kurz darauf war ich mit der Seilbahn auf gut 2000 Metern angekommen – in der Gondel fühlte ich mich allerdings arg eingepfercht, wie in einer überdimensionalen Fischdose. Oben entschädigte mich ein atemberaubendes Panorama: wolkenloser Himmel, phantastische Weitsicht und kein Wind. Es hätte keinen besseren Tag geben können, ich hatte mal wieder voll in Gold gegriffen! Da fast alle anderen Ausflügler tatsächlich in kurzen Hosen gekommen waren, hatte ich kurz vor der Bergfahrt noch rasch meinen Wollpullover zurück ins Auto gebracht. Kräftige Waden bei Männlein und Weiblein ließen auf jahrelange Bergerfahrung schließen. Und nun war ich mitten unter ihnen – der Norddeutsche, in ihren Augen bestimmt der Fischkopp. Und das nicht einmal auf Skiern. Wenigstens hatte ich mir Wochen zuvor gute Wanderschuhe gekauft.

Kaum oben angekommen, wendete ich mich sofort den Pflanzen zu, einige kannte ich aus Büchern, viele waren mir aber absolut neu. Es gab unglaublich viele Steinbrechgewächse und Enziane und diverse Sauergräser und Zwergsträucher – ich kam kaum vorwärts. Am wenigsten behinderte mich noch der starke Besucherandrang um die Gipfelstation. Im Gegenteil, es war toll, dass hier so viele Wanderer waren, alles kernige Typen, braun gebrannt. Die hatte nun wirklich niemand vom Sofa herunterschubsen müssen, rein in die Natur. Einige hatten Ferngläser mitgebracht, aber mit der Artenbestimmerei befand ich mich allein auf weiter Flur, ähm, am gleißenden Gipfel.

······················· 18. KAPITEL ·······················

Noch keine fünfzig Meter war ich in meinen neuen Wanderschuhen losgestapft, als ich rechts und links am Gratweg in blasspurpurfarbene Augen sah: Der gefährdete **Deutsche Fransenenzian** (*Gentianella germanica*, RL 3) war gerade in Hochform und begleitete mich fortan oberhalb der Baumgrenze an exponierten Stellen. Und das in unglaublichen Mengen. Er ist auch so ein Sonnenanbeter vor dem Herrn und liebt die kurzwüchsige Vegetation. Da kann er mit seinen 5 bis 30 Zentimetern nicht untergehen. Parademerkmal sind fünf nach unten abgeschlagene Blütenblätter und eine Blütenröhre mit vielen langen weißen Härchen. Unterwegs sah ich auch einige Touristen, die die bunten Blumen aufs Korn nahmen, dieser Enzian wird oft fotografiert. An einer Stelle erblickte ich noch den Zarten Fransenenzian (*Gentianella tenella*), der mit seinen blassblauen Blüten und leicht aufgeblasenen Kelchen ebenfalls gefährdet ist. Es war nur eine einzige Pflanze, welch großes Glück.

Polsterpflanzen – halbkugelig oder teppichartig gedrungene Gewächse – sind in den Alpen weit verbreitet; je höher es geht, umso zahlreicher werden sie. Sie müssen sich vor den Unbilden der Natur schützen. Grund dafür sind die starken Temperaturunterschiede im Jahres-, aber ebenso im Tagesverlauf. Dazu kommt der häufige Wind in Höhen ab 1500 Metern, die starke Sonneneinstrahlung und abrutschender Schnee in Phasen des Auftauens und Wiederanfrierens. Etwas versteckt und eher dem Halbschatten zugeneigt gedeiht der **Fetthennen-Steinbrech** (*Saxifraga aizoides*), der wie ein Wohlfühlkissen aussieht. Seine beste Zeit hat er Anfang September schon

······················· *Ab in die Alpen und wieder zurück* ·······················

hinter sich, aber noch wenige goldgelbe Sternenblüten mit einem Hauch Orange blieben mir nicht verborgen.

Eine häufige Pflanze in den Höhen der Alpen ist der **Kalkalpen-Frauenmantel** (*Alchemilla alpigena*), auch Silbermantel genannt. Ihn kannte ich aus Hannover – von meinem Fach «Alpenvegetation» an der Universität. Das war 1987, so sieht man sich wieder! Meine Aufzeichnungen über dieses Seminar überlebten meine vielen Umzüge irgendwann nicht mehr, dauernd musste ich ja auf engstem Raum Platz für neue Sachen schaffen, die Alpenvegetation landete wohl im Altpapier. Rund sechzig verschiedene Frauenmäntel hat das Land, jedoch fast alle werden verkannt. Frei nach diesem Reim beschäftigen sich nur wenige Spezialisten mit dieser nahezu schwierigsten aller Artengruppen – es gibt einfach zu viele, die sich sehr ähneln. Da halten nur noch Habichtskräuter, Löwenzähne und Brombeeren mit. Bestechend beim Kalkalpen-Frauenmantel sind völlig unverwachsene, sternförmig angeordnete Blätter mit auffallend silberweißen Rändern. Einfach betörend! Polsterpflanzen wie diese sind im Gebirge besonders wichtig, denn sie schützen den steinigen Boden vor Erosion. Aus einem winzigen Erdrutsch kann schnell eine große Erd- und Gesteinslawine werden, was man sehr gut an umliegenden Gipfeln erkennen konnte.

Zu den wertvollen Bodenbewahrern zählt auch die verbreitete **Weiße Silberwurz** (*Dryas octopetala*), ein Zwergstrauch, der kaum größer als eine Hand wird. Wie verbissen er sich mit zahlreichen verholzten Stängeln und glänzend dunkelgrünen Blättern am

18. KAPITEL

Untergrund festkrallt! Auffallend weiße Blüten mit vielen gelben Staubgefäßen geben ein wunderschönes Bild ab. Auf meinem Alpenausflug sah ich aber nur noch zwei Blüten – für diese Art war ich zu spät dran. Nein, doch nicht: Denn die vielen weißen, federartig zieselierten Fruchtstände waren noch genialer. Dreht man die niedlichen Blätter um, kommt eine weißfilzige Blattunterseite zum Vorschein. Jetzt versteht man auch die deutsche Bezeichnung.

Das anfängliche Nachschlagen und Notieren ließ ich allmählich bleiben, es kostete viel zu viel Zeit. Stattdessen stürzte ich mich aufs Fotografieren, zu meiner eigenen Beruhigung ließ ich fünfe gerade sein bei allen unscheinbaren beziehungsweise bereits verblühten Arten. Nach einem Gipfelrundkurs auf schmalen Graten beschloss ich, zur Talstation zu Fuß hinunterzugehen, trotz Rückfahrkarte. Die letzte Gondel sollte schon um kurz nach vier abwärtsschweben. Da würde ich doch erst richtig mit den Pflanzen warmgeworden und in Fahrt gekommen sein! Und genau dann sollte ich schon wieder zurück? Nee! Außerdem war mir das viel zu einfach, viel zu unsportlich. Meine Mutter sagte früher: «Och Jürgen, Skifahren ist doch kein Sport, wenn ihr wenigstens eure Skier geschultert hättet und zu Fuß wieder auf die Berge gegangen wärt ... Aber so doch nicht!» Ein bisschen recht hatte sie. Daran erinnerte ich mich jetzt und nahm diesmal den unbequemeren Weg.

Beim Abstieg zog mich ein sehr verzweigtes gelb blühendes Gewächs in den Bann, vor allem die weiße Behaarung der Blütenköpfe blendete mich fast. Das **Starkbehaarte Habichtskraut** (*Hieracium valdepilosum*), das genau so ist, wie es heißt, identifizierte ich erst zu Hause, anhand meiner Fotos und einiger Spezialwerke. Neben den Blüten triumphieren ebenfalls stark behaarte Stängelblätter. Ganz erstaunlich ist die Vielfalt der Habichtskräuter mit

Ab in die Alpen und wieder zurück

ihren zahlreichen Zwischenarten – je weiter
man in Deutschland nach Süden gelangt,
umso zahlreicher werden sie. Es ging nun
nur noch im Galopp weiter. Ich kam nicht
einmal dazu zu rasten.

Als hätte er gelernt, für die Kamera zu
posieren: Der allgegenwärtige **Gewöhnliche Augentrost** (*Euphrasia officinalis* ssp.
rostkoviana) lächelte mit weißen und gelblichen
Blüten in die Sonne. Das Purpurfarbene, das er in der
Blüte auch noch hat, fällt erst bei genauer Betrachtung auf. Irgendwie
erschien er mir wie ein Almengnom oder ein Bergwiesenknecht. In
höheren Lagen mit steinigen Stellen hat er nur kurze Triebe, doch
erreicht man tiefere Lagen, umso zahlreicher und länger werden sie.
Falls man das bei einer Wuchshöhe bis zu 25 Zentimeter überhaupt
sagen kann. Alle Augentroste sind Halbschmarotzer. In den Alpen
gibt es mehrere Unterarten (wie gesagt, wir Botaniker nennen das
Sippen), die schwer auseinanderzuhalten sind. In
solchen Fällen ist eine gute Lupe im Gelände
wichtiger als eine Flasche Wasser. Na ja, fast.

Seit geraumer Zeit war mir schon eine
tolle Art aufgefallen, deren Mengen ich hier
oben gar nicht fassen konnte. Das bis zu
30 Zentimeter hohe **Sumpf-Herzblatt**
(*Parnassia palustris*, RL 3) kannte ich bereits aus Niedersachsen – aus dem Weserberg-
land, von Norderney und von zwei Stellen um
Bremen. Die mehr als 1000 Pflanzen 2003 auf Norderney waren ja auch schon richtig was zum sattsehen gewesen, aber
hier nun diese Millionen. An jedem Hang, an vielen Quellen, Sick-
erstellen und Wegrändern – Sumpf-Herzblätter bis zum Abwinken!
Mein Hunger auf das Sumpf-Herzblatt konnte so für die nächsten

······························· 18. KAPITEL ·······················

Jahre gestillt werden! Die bis zu 2 Zentimeter breiten flachen Blüten sprangen einem entgegen, solange die ersten beschattenden Bäume noch nicht erreicht waren. Licht, Kalk und Feuchtigkeit liebt diese phantastische, geschützte Pflanzenart.

Unverkennbar war auch hier der recht häufige **Blaue Eisenhut** (*Aconitum napellus*), eine Alpenpflanze par excellence. Viele mögen ihn, oft steht er in Gärten mit dem Rittersporn zusammen. Der coole Blaue Eisenhut leuchtete an diesem Tag mit dem blauen Himmel um die Wette (nur noch einige Enzianarten haben diese königsblaue Blütenfarbe). Er kam mir vor wie ein unerschütterlicher Alpensoldat aus einem vergangenen Jahrhundert, wie ein Alpenritter mit Rüstung. Zwischen 30 und 200 Zentimeter wird er hoch, sehr variabel und für eine Hochalpenart erstaunlich groß.

Weiß und gelb sind *die* Blütenfarben im Gebirge. Ziemlich häufig entdeckte ich dann auch den gelb blühenden **Schabenkraut-Pippau** (*Crepis pyrenaica*). Da die Grund- und Stängelblätter bei diesem bis zu 70 Zentimeter hoch werdenden Gewächs kaum auffallen, sah ich nur Gelb, Gelb, Gelb. Überall kleine Körbe, die sich in der Mitte verdichten, als wollten sie, dass man nie den Blick von ihnen abwendete.

Knapp unterhalb vom Gipfel des Fellhorns hatte ich schon den **Grauen Alpendost** (*Adenostyles alliariae*) entdeckt, dort oben war er jedoch bereits verblüht und zeigte mir nur seine traurig herabhängenden, vom Wind

256

Ab in die Alpen und wieder zurück

zerzausten Fruchtstände. Weiter unten, in geschützteren Berglagen, wuchsen dagegen noch einige Singles dieser purpurrot leuchtenden Pflanze und waren in bester Verfassung. Es hat immer einen gewissen Reiz festzustellen, wie hoch ein Gewächs in den Alpen klettert – bei diesem Alpendost ist erst bei 2410 Metern Schluss.

Stammgast in den Alpen ist die **Wald-Witwenblume** (*Knautia dipsacifolia*), sie geht bis auf eine Höhe von 2100 Metern. Am Grund langer, stark gesägter Blätter sammelt sich Tau- und Regenwasser, ein Vorratsdepot, um der Verdunstungskraft der Bergsonne zu begegnen. Die blau-violetten Kugelblüten dagegen sehen gar nicht aus, als würden sie in Trauer sein, eher haben sie etwas Aufmüpfiges an sich.

War ich bisher brav auf den schmalen Wegen geblieben und entgegenkommenden Touristen artig ausgewichen – beim Fotografieren hatte ich sogar meinen Rucksack immer rücksichtsvoll seitlich gelagert –, so war all das mit einem Schlag vorbei. Jetzt war querbeet angesagt, wie sonst auch. Nur weil ich in den Alpen war, musste ich ja nicht mein Verhalten ändern. Aber der eigentliche Grund war: Etwas weiter unten entdeckte ich eine blau blühende Pflanze. Über verblühte Alpenrosen und dichte Teppiche von Rausch- und Heidelbeere, vorbei an flach auf dem Boden liegenden Wacholdern rutschte ich auf diesen Blaublüher zu, mehr als dass ich ging. Es waren zwei Exemplare vom **Schwalbenwurz-Enzian** (*Gentiana asclepiadea*, RL 3). Spektakulär sind bei ihm die trichterförmigen königsblauen Blüten. Der meist kniehohe Enzian ist als Gebirgspflanze sogar so formidabel, dass er weit entfernt von den Alpen, in Sachsen-Anhalt,

····························· 18. KAPITEL ·····························

vor Jahrzehnten angepflanzt wurde (um den Brockenbahnhof!). Aber derartige Ansalbungen mögen wir Botaniker ja nicht. In den Alpen zählte ich insgesamt über hundert Pflanzen, selbst noch in oder an den lichten Fichtenwäldern unterhalb der Baumgrenze. Dort waren die Exemplare sogar oft üppiger entwickelt, da die unbarmherzig helle Sonne weniger Einfluss hat. Laut meiner Fachliteratur sollte er nur bis zu einer Höhe von 1870 Metern wachsen, aber ich sah die Pflanze am Fellhorn noch darüber hinaus. Ein Schwalbenwurz-Enzian sozusagen im Höhenflug!

Der absolute Kracher war dann der **Gelbe Enzian** (*Gentiana lutea*, RL 3), mit bis zu 1,4 Meter Höhe ist er der Gigant unserer Enziane, ein wahrer Almen-Enzianhäuptling. Fast alle Pflanzen waren leider schon abgeblüht, nur ganz vereinzelt sah ich noch gelbe Blüten mit extrem schmalen Blütenblättern. Umso mehr kamen die wuchtigen Fruchtstände zur Geltung, sie wirkten wie Keulen. Spektakulär sind auch die Blätter mit den stark hervortretenden Blattnerven. Früher wurden die Wurzeln zu Schnaps verarbeitet.

Neugierig wie ich bin, hatte ich schon während der Gondelfahrt und auf der Gratwanderung von oben aus mehrere versumpfte Senken und einige flache Stillgewässer ausgemacht. Bislang war ich nicht an ihnen vorbeigekommen, doch nach einigen Absitzern auf dem Hosenboden gelangte ich endlich an ein solches Flachgewässer: auf einer Kuhweide, fast völlig ausgefüllt mit **Scheuchzers Wollgras** (*Eriophorum scheuchzeri*), das in Deutschland von allen Wollgräsern am spätesten blüht und erst ab August weithin sichtbar fruchtet. Zu Tausenden bedeckten weiße Bommel große Flächen, ihr Wuchsort

·················· *Ab in die Alpen und wieder zurück* ··················

war – obwohl im Gebirge – fast tischeben. Nur die Randbereiche wurden von den Kühen betreten, der Boden war schlammig und für einen Wollgrasstandort erstaunlich nährstoffreich. Es wächst in Deutschland nur in den Alpen und bis auf 1980 Meter Höhe.

Unterhalb der Bergstation entdeckte ich zwei Weiher mit massenhaft **Schmalblättrigem Igelkolben** (*Sparganium angustifolium*, RL 2) auf einer Höhe von 1720 Metern. Das ist der am höchsten gelegene Standort Deutschlands für diese Pflanze – ich nun davor und alles ganz spontan! Im flachen, trüben Wasser bildete er ufernahe Kränze aus bis zu zwei Meter langen, nur bleistiftbreiten Blättern. Die Blattenden lagen flach auf dem Wasser, wie vom Wind gekämmt. Dazwischen waren nur auffallend wenige Blüten- oder Fruchtstände auszumachen. Egal, diese Wasserpflanze begeistert mich durch ihre extreme Seltenheit. Wieder hatte ich voll ins Schwarze getroffen, ohne jegliche Vorinformation.

Und immer weiter ging es abwärts, meist auf einem kurvenreichen, gut begehbaren Asphaltweg. Zwischendurch hängte mich im Nu eine Gruppe walkender Frauen in den Mittvierzigern ab. Kurz darauf düste ein talwärts bretternder Mountain-Biker mich beinahe über den Haufen, mein abgestellter Rucksack wäre ihm fast zum Verhängnis geworden. Trost fand ich an vielen Stellen durch die ästhetische **Perücken-Flockenblume** (*Centaurea pseudophrygia*), wobei die violetten Blüten wundervoll aufgedonnert wirkten. Nicht wie eine kompakte Perücke, dafür fransig auftoupiert. Die Flockenblume zählt im Spätsommer zu den augenfälligsten Bergwiesenarten. Ich verehre sie seit Jahren, im Hochharz hatte ich sie schon 1998 in großen Mengen gesehen.

18. KAPITEL

An den Böschungen der schmalen Straße gesellte sich nun der **Klebrige Salbei** (*Salvia glutinosa*) hinzu. Er ist eine typische Alpenpflanze mit langen hellgelben Blüten, in die gerade zahlreiche Hummeln krochen. Weil diese Rachenblüten so groß sind, schien es, als würden sie fast verschlungen werden. Wen es interessiert: Dieser Salbei gedeiht sogar noch im Himalaya, aber auch seit vielen Jahren – wohl angepflanzt von einem übereifrigen «Naturfreund» – an einem Forstweg nördlich von Bremen.

Etwas war dann doch irritierend, seit längerem war mir nämlich kein Mensch mehr begegnet. Letztlich war das nicht so schlimm, aber es fiel auf, denn zuvor entgegnete ich einem «Grüß Gott» mit meinem üblichen norddeutschen «Moin». Regelmäßig zuckte ich zusammen, mein Gegenüber wohl auch. Bei einem Blick in die weite Ferne stellte ich schließlich fest, dass die Sonne meine Bergseite schon in tiefe Schatten gestellt hatte, während die gegenüberliegende noch in gleißendes Sonnenlicht getaucht war. Ich fröstelte leicht, aber bislang war es um mich herum nicht dunkel und die Pflanzen bestens zu erkennen.

Nachdem ich mich auf einer Wiese mit flächigem Wiesen-Kümmel (*Carum carvi*) an dessen Früchten gelabt hatte, passierte ich oberhalb der Talstation einen größeren Quellsumpf. Er hinterließ einen sehr hoffnungsfrohen Eindruck. Nach Gewöhnlichem Fettkraut, Gewöhnlicher Simsenlilie (beide leider längst verblüht), Breitblättrigem Wollgras und Sumpf-Herzblatt stieß ich hier völlig unerwartet auf einen kleinen Bestand vom **Ruprechtsfarn** (*Gymnocarpium robertianum*), den ich zu Tausenden von einem

·················· *Ab in die Alpen und wieder zurück* ··················

Steinbruch im Deister bei Hannover und einer alten Ziegelsteinmauer in Goslar am Harz kannte. Die feinen mattgrünen Wedel bestehen aus drei Teilen, wobei die unteren beiden Seitenfiedern bedeutend kleiner sind als die Endfiederung. Dekorativ ist hier noch glatt untertrieben! Mit diesem schönen Fund wollte ich eigentlich meinen kleinen Seitensprung in die Wiese beenden, aber wo war denn nur wieder mein Rucksack? Mit Sicherheit hatte ich ihn irgendwo geistesabwesend deponiert, doch wohl an keinem feuchten Ort? Geschlagene fünfzehn Minuten benötigte ich, um ihn wieder dingfest zu machen. Meine Wanderschuhe waren für diesen nassen Sumpf auch nicht geeignet, nun hatte ich «zur Strafe» noch feuchte Füße.

Vor geraumer Zeit hatte ein Heuschreckenkonzert eingesetzt. Erst allmählich, dann fast ohrenbetäubend – ich bekam schon leichte Kopfschmerzen. Inmitten dieser Heuschreckenwiesen stand in großer Anzahl die **Große Sterndolde** (*Astrantia major*). Dieser Alpen-Sterntaler ist so schön, dass es ihn seit langem auch als Zierpflanze gibt. Die Große Sterndolde wird tatsächlich nicht so groß, höchstens bis etwas über einen Meter. Die rosa-weißen Blüten wirken sehr anmutig – inspirierte das die Heuschrecken? Nicht minder anmutig sind die Hüllblätter, oben blassrötlich bis weiß und unten weiß mit schwarzen Spitzen. Die dunkelgrünen Blätter am Grund erinnern entfernt an Storchschnäbel. Übrigens duftet die Große Sterndolde lieblich nach Honig.

Als ich schließlich im Tal ankam, war es richtig frisch und schattig (meinen Wollpullover hätte ich jetzt gut gebrauchen können), dennoch gaukelten erkennbar auf wenig gemähten Wiesen noch zahlreiche kullerköpfige **Trollblumen** (*Trollius europaeus*, RL 3). «Unser» großer Papst der Pflanzenbenennung war im 18. Jahr-

261

hundert ja Professor Linné, jener schwedische Botanikprofessor, den Sie vielleicht noch in Erinnerung haben. Ihm verdanken wir die sogenannte «binäre Nomenklatur», nämlich ähnlich unseren Vor- und Zunamen die Einteilung bei Pflanzen in Gattungsnamen (hier: *Trollius*) und Artnamen (hier: *europaeus*). Weltweit hat die Pflanze noch mindestens einen Verwandten in einem anderen Erdteil, einer davon kommt in Asien vor (*Trollius asiaticus* – sehen Sie, so einfach geht Botanik!). *Trollius* wiederum muss von «Troll» kommen, den rundlichen Gebirgskobolden, Trollblumen ähneln nämlich gelbkugeligen, drolligen Lampions. In Niedersachsen ist diese Art stark gefährdet, hier trollt sie sich immer mehr davon.

Der am Morgen proppevolle Besucherparkplatz war jetzt bis auf ein paar Autos verwaist. Ich beschloss, etwas Schönes zu essen, was ich mir im nächsten Supermarkt besorgen wollte. Bevor ich aber nach Oberstdorf fuhr, machte ich noch ein paar Fotos von der Iller, an einer Stelle war sie künstlich verbreitert und diente unfreiwillig als Ausschlachtlager für massenhaft Kalk-Flussgeröll. Ein derart gravierender Eingriff ist ein Unding, wer genehmigt eigentlich so etwas? In Oberstdorf fand ich einen Supermarkt, sogar mehrere, doch ich ignorierte sie. Plötzlich wusste ich: Nebelhorn bleibt Nebelhorn, *ich* will sofort nach Hause. So stoppte ich nur noch an einer Tankstelle und fuhr unverzüglich und bestens gelaunt nach Bremen. Fast nonstop! Nur an der A-7-Raststätte Allertal musste ich erneut tanken – beim Aussteigen wäre ich vor Steifheit fast umgefallen! Innerlich schüttelte ich über meinen spontanen Entschluss den Kopf, aber er war gar nicht so verwunderlich. Am liebsten fahre ich heute irgendwohin und komme gestern schon wieder! Tatsächlich schloss mich Steffi, für sie ganz unerwartet, nachts um drei, nach genau vierundzwanzig Stunden und 1590 Kilometern, in die Arme. Solche Überraschungen liebe ich! Kurz vor dem Einschlafen dachte ich noch stolz: Klasse, alles geschafft, ganz viel gesehen, fast 400 Fotos gemacht und wieder mal so schnell. Richtig rekordverdächtig.

Fahrn, fahrn, fahrn – auf der Autobahn …

Weil ich gerade Autobahnen erwähnte: Sie sind laut, staubig, oft auch dreckig, und es stinkt. Dennoch begebe ich mich an diesen vordergründig unwirtlichen Orten besonders gern auf Pflanzensuche – gerade hier! Schmuddelig und salzig treffen an Autobahnraststätten zusammen, Pflanzen finden sich an Tankstellen, um Toilettenhäuschen, im Pflaster unter parkenden Autos, um Müllcontainer und an Rasenrändern. Hier werden kleine (und nachts auch große Geschäfte) oft einfach an Ort und Stelle erledigt. Von mir beim Pinkeln ertappte Lkw-Fahrer stören sich noch nicht einmal daran. Zum Glück gibt es aber kaum Hundekot – sonst tritt der Jürgen Feder an Straßen und im Rasen garantiert immer in einen Haufen. Auch wenn es davon weit und breit nur einen einzigen gibt …

Fahrzeuge und Insassen bringen im Autobahnbereich Samen mit, Kehr- und Mähmaschinen verteilen diese nicht minder, manchmal gleich ganze Pflanzenteile. Spritz- und abfließendes Wasser, gern mit Tausalz(resten), schaffen Nährstoffe und Boden heran. Autobahnen sind also ein Eldorado für Botaniker, wenn man sich was traut. Von Lebensfeindlichkeit hier jedenfalls keine Spur! Sogar Erst- und Wiederfunde von Arten gelingen. Sie wandern ein und einfach immer weiter. Selbst an Bundes-, Landes-, Kreis- und Dorfstraßen finde ich mein Glück.

Als eine der ersten Pflanzen im Jahr tritt das gelb blühende **Gewöhnliche Barbarakraut** (*Barbarea vulgaris*) auf den Plan. Es ist ein treuer Begleiter an Hauptstraßen, vor allem an Autobahnen mit

Fahrn, fahrn, fahrn – auf der Autobahn …

ihren Böschungen, Gräben, Ein- und Ausfahrten. Vermutlich verträgt es etwas Salz – Nährstoffe, Sonne und Feuchtigkeit mag die Pflanze mit ihren dunkelgrün glänzenden Blättern jederzeit. Rauschen jedoch zu viele Konkurrenten heran, ist nach einiger Zeit Schluss mit dem gelben Blütenmeer. Die Samen besitzen einen Anteil von 30 Prozent Öl, das Kraut wird auch Winterkresse genannt (der Barbaratag ist der 4. Dezember), da die jungen Blätter einst als wohlschmeckender Salat ein willkommener Vitaminlieferant waren.

Das zierliche **Dänische Löffelkraut** (*Cochlearia danica*) ist inzwischen richtig berühmt geworden, vor Begeisterung soll ich es angeblich sogar geraucht haben. Das behauptete jedenfalls Stefan Raab, nachdem ich im Januar 2013 das kaum handhohe Gewächs bei ihm in der Sendung vorgestellt hatte. Als salzliebende Pflanze, die eigentlich in den Dünen von Nord- und Ostsee (hier oft nur mit Mühe zu finden) ihre Heimat hat, tauchte sie 1987 erstmals an einer Autobahn in Niedersachsen bei Vechta auf. Binnen weniger Jahre hat das Dänische Löffelkraut dann praktisch alle Autobahnen wintermilder Tieflagen erobert, es ist ungemein reisefreudig und schreckt vor nichts zurück. Das Dänische Löffelkraut ist so niedlich – die kleinen Blüten, die Staubgefäße, die Fruchtstände, die silbrigen Schotenwände nach dem Herausfallen der Samen und die dunkelgrünen siebenzipfeligen Blätter –, das kann man nicht malen. Da ich ja trotz Führerschein bis 2002 nur mit dem Fahrrad (und der Bundesbahn) unterwegs war, konnte ich ihm auf meinen Expeditionen lange nur an querenden Au-

······························· 19. KAPITEL ·······························

tobahnbrücken auflauern. Aber ich guckte nicht nur von oben auf die Mittelstreifen, sondern lief auch manchmal Hunderte Meter seitlich entlang. Später (ab 2003) traute ich mir sogar zu, sonntags, ganz früh am Morgen, längs der Autobahnmittelstreifen entlangzuhetzen, wo ich stets das Dänische Löffelkraut begrüßte.

Klein, aber fein, möchte man zum nur etwa 1 Zentimeter hohen, aber weit ausgebreiteten, dicht am Erdboden oder Gestein anliegenden **Kahlen Bruchkraut** (*Herniaria glabra*) sagen. Hellgrün und tatsächlich fast immer kahl, liegt es furchtlos in der Sonne. Autobahnrastplätze, Pflasterwege und Bahnsteige mag es heiß und innig. Und da ich in dieser Hinsicht mit ihm einer Meinung bin, trafen wir uns oft. Mit der Folge, dass dieses zerbrechlich wirkende Nelkengewächs aus der Roten Liste entlassen werden konnte.

1996 geschah an einem Hochsommertag auf dem Bahnhof Scheeßel zwischen Bremen und Hamburg Folgendes: Auf dem alten Pflastermittelbahnsteig suchte ich nach Liebesgräsern, Fingerhirsen und eben auch nach dem Kahlen Bruchkraut. Doch ich war so in Gedanken bei den Pflanzen und mit dem Auszählen der Bestandsgrößen beschäftigt, dass ich erst spät einen hinter mir langsam auf mich zurollenden Zug hörte. Etwas erschrocken bewegte ich mich von ihm weg in Richtung der anderen Bahnsteigseite. Fast hatte ich die erreicht, als mit Vollkaracho ein ICE an mir vorbeirauschte, der Lokführer hupte ohrenbetäubend. Jetzt hatte ich mich erst richtig erschrocken, sodass ich mich erst mal auf eine Bank setzen musste (und das will was heißen). Das war knapp! Unzählige Male zuvor hatte ich Bahngleise überquert oder war lange Strecken auf ihnen gegangen – bis heute ist zum Glück nichts passiert.

Der fast 2 Meter hoch wachsende **Färber-Wau** (*Reseda luteola*) fällt am besten auf Autobahnmittelstreifen auf, aber eigentlich

266

············· Fahrn, fahrn, fahrn – auf der Autobahn ... ·······················

gedeiht er überall dort, wo der Mensch ist: Er ist ein echter Kulturfolger. Der Färber-Wau bildet unendlich lange Reihen mit vielen gelben Kerzen, die von Ende Mai bis August das Autobahnregiment führen. Und fehlt der Mensch zur weiteren Verbreitung, übernehmen wühlende Tiere die Arbeit, am besten die unermüdlichen Kaninchen. Die Art bringt zuerst eine hellgrüne Blattrosette aus langen, schmalen und gewellten Blättern hervor. Der einzelne Fruchtstand sieht aus wie ein Teller mit drei Kugeln Waldmeistereis, angeordnet im Dreieck.

Der **Mauer-Doppelsame** (*Diplotaxis muralis*) ist ein Zwerg aus dem Mittelmeerraum und der kleine Bruder vom Schmalblättrigen Doppelsamen. Neben Autobahnen schlägt er auch in Häfen, Industriegebieten, auf Pflasterflächen und Verkehrsinseln Wurzeln. An Stellen, wo es so richtig schön schmiert und stinkt, da erwischt man ihn. Er verträgt eine ganze Menge, selbst den Tritt durch Menschen oder gelegentliches Befahren – die goldgelben Blüten lassen sich dadurch nicht beeindrucken. Immer wenn ich diese Pflanze sehe, pflücke ich ein Blatt ab und reibe daran. Augenblicklich steigt mir – wie bei seinem großen Bruder – der Duft von Schweinebraten in die Nase, mmmmh, lecker.

Noch so ein Winzling ist die **Gefleckte Zwergwolfsmilch** (*Chamaesyce maculata*), platt wie eine Flunder vegetiert sie zwischen Bordsteinen oder in Pflasterritzen. Seit 1877 ist sie in Deutschland, ursprünglich stammt sie aus Australien und Amerika. Stängel und Früchte sind stark behaart, die unscheinbaren Blüten, die von Juni bis Oktober erscheinen, rot. Hat man aber das Glück, Hunderte bis Tausende dieser Pflanze zu entdecken, will man keine einzige Pflanze entfernen.

Anfang August 2013 wurde ich vom NDR auf das Rote Sofa bei *DAS!* eingeladen, einer täglichen Sendung, die über das, was im Norden Deutschlands passiert, informiert. Vorher besuchten Steffi und ich noch die Boberger Dünen, ein tolles Naturschutzgebiet am Elbtalrand. Auf dem Weg in die City von Hamburg war sie wieder da, in Billstedt und bei Stillhorn, dieser letzte Schrei entlang von (Stadt-)Autobahnen: die salztolerante **Breitblättrige Kresse** (*Lepidium latifolium*). Ihre Heimat ist Westeuropa, nicht wie so häufig bei anderen Neueinwanderern Ost- oder Südeuropa oder Asien beziehungsweise Amerika. Das ist insofern sehr bemerkenswert, als diese bis zu 1,8 Meter hohe Kresse mit starken Ausläufern hervorragend Sommertrockenheit verträgt. Die wie weiße Wolken wabernden Bestände in Autobahnmittelstreifen können mich begeistern. Und die Art breitet sich unnachgiebig aus, so habe ich sie massenhaft an der Autobahn zwischen Köln und Neuwied (A 3), zahlreich an der A 42 zwischen Dortmund und Schalke und bestandsbildend an der A 14 zwischen Köthen/Anhalt bis fast nach Dresden gesehen. Weiterhin vielfach an der A 45 zwischen Schwerte und Lüdenscheid-Süd, und mehrere hundert Meter lange Bestände entdeckte ich auch an der A 2 Höhe Rastplatz Zweidorfer Holz (Kreis Peine). 2013 sah ich von der Breitblättrigen Kresse rund fünf Quadratmeter inmitten der B 243 bei Herzberg am Harz, sogar Bestände mitten in Essen (B 224, Höhe Kraweystraße). Da kann sich ein Erbsenzähler wie ich nach

·················· *Fahrn, fahrn, fahrn – auf der Autobahn ...* ··················

Herzenslust austoben. Die vielen «Blütenkügelchen» duften intensiv nach Parfum oder Süßigkeiten.

Wieder aus Südeuropa und Vorderasien kommt die silbriggraue **Drüsige Kugeldistel** (*Echinops sphaerocephalus*), eine unvergleichliche Erscheinung. Weiß-bläuliche Einzelblüten wachsen von oben nach unten auf kugeligen Blütenköpfen. Vor allem im Juli und August werden sie von zahlreichen Insekten angeflogen. Die Blätter sind oberseits dunkelgrün und unterseits weiß-filzig spinnennetzartig verwoben – fast die ganze Pflanze ist drüsig behaart. An Autobahnen auch noch bei Tempo 150 zu erkennen! Dazu ein Kuriosum: Im so renommierten *Brockhaus* (Ausgabe von 2011) wird auf Seite 574 im Eintrag zur «Großen Klette» doch tatsächlich diese markante Distel anstatt der ebenso markanten Großen Klette gezeigt. Eigentlich unmöglich, aber wahr. Nun müsste ich denen das mal melden, aber vielleicht hat das ja schon jemand gemacht ... Die Große Klette jedenfalls ist – für alle – in diesem Buch auf S. 26 zu finden.

Ein Holunder, der nicht verholzt? Gibt's nicht. Gibt's doch! Der oft nur hüfthohe **Zwerg-Holunder** (*Sambucus ebulus*) riss mich erstmals 1990 an der Biscaya-Küste im Südwesten Frankreichs vom Hocker. Von der spanischen Grenze bis nach La Rochelle, überall wuchs da Zwerg-Holunder. Im Mittelgebirge ist er an leicht beschatteten Säumen beheimatet, in Deutschland findet derzeit ein Marsch nach Norden statt, wobei Autobahnen zu seiner weiteren Verbreitung beitragen. Von Juni bis Juli sind weiße Blüten mit roten Staubgefäßen in schirm-

······························· 19. KAPITEL ·······························

bis scheibenartigen Blütenständen typisch, später schwarze Früchte. 2013 bemerkte ich ihn im Autobahnmittelstreifen im Kreis Vechta, ein Autobahnerstfund in Nordwestdeutschland!

Der **Krähenfuß-Wegerich** (*Plantago coronopus*) hat inzwischen überregionale Bekanntheit gewonnen, selbst Moderator Stefan Raab kennt jetzt diese Pflanze, die eigentlich nur an den Küsten von Nord- und Ostsee wächst. Im Januar 2013 sagte er in seiner Sendung *TV total*: «Dass die FDP in Niedersachsen bei der Landtagswahl zehn Prozent der Stimmen bekam, hat alle überrascht. Dass aber der Krähenfuß-Wegerich dort auch an Klohäuschen von Autobahnrastplätzen wächst, das haut dem Fass den Boden aus.» So ist es! Dieses entzückende Gewächs mit oft vielen bogig aufsteigenden unbeblätterten Stängeln und walzenförmigen Blütenständen hat jetzt auch an Autobahnen des Binnenlandes seine Matten ausgerollt.

2004 war ich im Emsland unterwegs, für eine vom Landesamt bezahlte Nachkartierung für den großen Landes-Pflanzenatlas. Irgendwann musste ich mal ganz dringend, genau vor einer Autobahnbrücke bei Heede. Beim Tagträumen fiel mein Blick goldrichtig auf Krähenfuß-Wegeriche. Und als ich mich so umschaute und die nahen Säume dieser querenden Landesstraße absuchte, entdeckte ich ihn zu beiden Seiten tausendfach, Zehntausende sogar an der danach in Angriff genommenen Autobahnausfahrt.

Nach diesem Erlebnis beschloss ich, an den nächsten Wochenenden alle Abfahrten der A 31 im Emsland abzugehen. Ich griff sogar die Mittelstreifen an, indem ich schnell von der Brücke herunterlief, unerschrocken so 100 Schritte auf dem Mittelstreifen unternahm und dann schnell wieder zurück zur Seitenböschung und auf die Brücke huschte. An der nächsten Brücke wiederholte sich das Spiel. Das alles erledigte ich zwischen sechs und acht Uhr morgens, danach

Fahrn, fahrn, fahrn – auf der Autobahn ...

rollte selbst mir der Verkehr zu stark. Und Sie glauben es nicht, es wurde kaum gehupt – vermutlich vor Schreck. Seitdem bin ich dem Krähenfuß-Wegerich auf der Spur, und ich bin der Einzige, der ihn sieht. Er erhellt mich einfach, vielleicht habe ich deshalb schon so vielen anderen davon erzählt. Ob inzwischen auch Stefan Raab nach ihm sucht?

Meines Wissens ist der Krähenfuß-Wegerich inzwischen in Brandenburg, Hessen, Mecklenburg-Vorpommern, Niedersachsen, Nordrhein-Westfalen, Sachsen-Anhalt, Sachsen und in Schleswig-Holstein schon sehr weit gekommen. Er gedeiht sowohl in der Mitte als auch am Rande der Autobahnen, genau dort, wo im Wasser gelöste Streusalze sandige Bereiche kontaminieren. Oft wächst er dicht gedrängt, gleich Ölsardinen in der Dose, nur dass die einzelnen Pflanzen eher an Seesterne erinnern. Diese grau-dunkelgrünen Bänder fallen mir noch bei Tempo 100 und darüber auf. Beim Autofahren sind meine Augen extrem fixiert und konzentriert – mit dem Kopf mache ich kreisende Bewegungen nach vorne und wieder zurück bis auf Höhe meines rechten Seitenspiegels. So gelingen mir mehrere Ausblicke auf die gleiche Stelle. Trotzdem echt schade, dass ich nicht sechs Augen habe, alle chamäleonartig unabhängig voneinander kreiselnd. Noch beim Fahren werden alle Funde sofort von mir aufgeschrieben oder im Kartenatlas eingetragen, der oft auf meinem Schoß liegt.

Den ungewöhnlichsten Krähenfuß-Wegerich-Fund machte ich jedoch, als ich mit Steffi in der Pfalz im Urlaub war (siehe S. 236). In Kallstadt, einem Dorf bei Bad Dürkheim, wollte sie für ihre Schwester eine Flasche Wein und sogar einen Rebstock erstehen. Und da dies nicht der erste Besuch einer Vinothek war, bat ich sie, dieses Mal allein hineinzugehen, ich würde mich lieber draußen irgendwo hinsetzen. In heißer Sonnenglut machte ich es mir am Eingangspfeiler der Vinothek auf dem Hosenboden bequem. Natürlich huschte mein Blick wie immer über die Pflasterritzen des Parkplatzes. Prompt erfasste ich direkt neben mir doch tatsächlich ein schönes Pflänzchen vom Krähenfuß-Wegerich. An der südlichen Weinstraße, nicht auf Norderney oder so! Derzeit der einzige Krähenfuß-Wegerich in Rheinland-Pfalz? Ein Erstfund? Vielleicht! So etwas erfüllt mich mit Stolz, gleich einer Erstbesteigung des Matterhorns im Kleinen!

Wo wir grad bei Wein sind: Was hat denn der **Klebrige Alant** (*Dittrichia graveolens*) mit einem Besuch 1990 in Bordeaux zu tun? Bisher gar nichts, dachte auch ich. Ein Foto dieser Art, aufgenommen am Parkplatz des dortigen Hauptbahnhofs, schlummerte lange als mir unbekannte Art in meinem Archiv. Dass der Klebrige Alant seit etwa 1995 ein neues Zuhause an unseren Autobahnen gefunden hat, bekam ich irgendwann auch als Nichtautofahrer mit. Inzwischen hat er riesige Bestände bundesweit aufgebaut, unglaublich. 1990 in Bordeaux noch verkannt und 2013 zu Tausenden an Bremer Autobahnen – eine feine Sache! Der Klebrige Alant könnte ebenso Klebriger Alberich heißen, besser noch Alberner Kleberich, denn er wird manchmal nur 5 Zentimeter groß. Und er klebt wirklich wie hulle, noch nach Stunden kann man ihn an den Händen spüren. Auf diese Weise schützt er sich gegen lebensfeindliche Einwirkungen.

Der Klebrige Alant ziert wie dunkelgrüne Mini-Tannenbäume vor allem die schmalen, besonders umkämpften Ränder der Autobahnmittelstreifen – so beginnt Weihnachten für mich schon Ende August mit dem Autobahntannenbaum. Ab und zu pflücke ich ein Exemplar und nehme es mit in meinen Škoda, denn die hübsche Art mit den rötlich gelben Blüten duftet noch lange stark aromatisch nach Hustenbonbons oder Tee. Und wie zäh diese Art ist – wer eine abgepflückte, fast vertrocknete Pflanze zu Hause in ein Wasserglas stellt, kann zugucken, wie sie sich wieder erholt. Danach blüht sie noch vier Wochen ungeniert vor sich hin.

Fahrn, fahrn, fahrn – auf der Autobahn ...

Es war kein Zufall, dass ich 1997 im Hafengebiet von Leer (Ostfriesland) als einer der Ersten in Deutschland das **Japanische Liebesgras** (*Eragrostis multicaulis*) entdeckte – zu Tausenden wuchs es um den alten Schlachthof. Noch heute hat es außer mir kaum jemand auf dem Schirm. So hagelt es dann Erstfunde, je nach Reiseziel. 2006 hatte das Japanische Liebesgras Premiere in Hamburg (dort fand ich es 2013 zahlreich um das Pförtnerhaus vom NDR nahe Hagenbecks Tierpark), 2011 in Mecklenburg-Vorpommern und Sachsen-Anhalt. In Nordrhein-Westfalen erblickte ich es an Bordsteinen auf dem A-1-Rastplatz Münsterland – ich nenne das Japanische Liebesgras daher nur noch Bordsteinschwalbe. Auch weil das konzentrierte Katalogisieren von Liebesgräsern schon einiges Geld geschluckt hat: mit der Zeit vier rechte Vorderreifen beim Überfahren hoher Bordsteine (es machte nur noch ppffffhhht) sowie eine völlig zerkratzte rechte Seite beim Touchieren eines Bushaltestellen-Papierkorbs. Einmal hätte es mich sogar fast mein Leben gekostet. In einem Dorf im Süden von Niedersachsen (Rühen im Kreis Goslar) geriet ich 2010 auf abschüssiger Hauptstraße in einer scharfen Rechtskurve voll auf die Gegenfahrbahn. Ich war damit beschäftigt gewesen, Liebesgräser und ihre Mengen im Kartenatlas von Niedersachsen einzutragen (der mal wieder auf dem Schoß lag). Die Kurve vor mir hatte *ich* nicht im Visier gehabt, dafür aber ein mir entgegenkommender Pkw-Fahrer. Auf einem von mir sonst immer kritisierten, überbreit gepflasterten Dorf-Pflasterbürgersteig rauschte er an mir vorbei. Glück gehabt – aber nicht das letzte Mal.

Eine Pflanzenart, die auf allen Verbreitungskarten Deutschlands vor etwa 1980 noch völlig fehlt, ist das aus Südafrika eingewanderte **Schmalblättrige Greiskraut** (*Senecio inaequidens*) – eine der

······················· 19. KAPITEL ·······················

ersten «untypischen» Pflanzen und damit der Held an Autobahnen. Dieses giftige Kraut, das ich dauernd präsentiere (auf Exkursionen, Vorträgen, bei Fernsehauftritten), gelangte über drei große Hafenstädte nach Europa: Antwerpen, Bremen und Genua – bei Lieferungen von Schafswolle war es mit dabei. Nach Bremen kam es schon vor über 120 Jahren, denn einst gab es in der Stadt zwei Wollkämmereien. Das Schmalblättrige Greiskraut produziert massenhaft Samen aus massenhaft gelben Blüten, die vom Wind weit transportiert werden. So haben sich die ehemaligen Teilareale längst zu einem gesamteuropäischen Verbreitungsgebiet vereinigt, sogar in Moskau hat es sich schon eingelebt. Ist man heute mit dem Zug oder mit dem Auto unterwegs, kann man *Senecio inaequidens* nicht übersehen (der Artname bedeutet «ungleichzähnig», wegen der Blattränder) – weithin leuchten gelbe Säume oder Mittel- und Randstreifen an den Autobahnen. Goldgelber Autobahndauerblüher könnte man ihn auch nennen. Und da die Pflanze von der Südhalbkugel stammt, blühte sie zuerst vom Spätsommer bis in den milden Januar hinein (in Südafrika ist dann Sommer). Inzwischen hat sie sich aber notwendigerweise umgestellt: Erste Blüten sieht man bei uns jetzt bereits Ende Mai, dafür macht die Art auch etwas eher Schluss.

Kaum eine deutsche Bezeichnung passt so gut wie die der **Fuchsroten Borstenhirse** (*Setaria pumila*). Wenn im Spätsommer und Herbst die Grannen der Scheinähren ausgebildet werden, leuchten diese vor allem im sonnigen Gegenlicht wunderbar weiß (zur Mitte hin) und orangefarben (nach außen hin). Auch reife Früchte sind dann gut sichtbar. Das sieht aus, als würden fette Raupen mit feuerfarbenen Haaren an einem Halmende herumkriechen und alles in Brand setzen wollen. Das wärmeliebende Gras findet man auf Müll- und Schuttplätzen und in (Vor-)Gärten, dort insbesondere in Erdbeerbeeten und unter Vogelfutterstellen. Gütergleis- sowie Hafenbereiche sind ebenfalls ihr Ding – im Hafen von Bremen finden sich eindrucksvolle Bestände längs der Hafengleise. Autobahnen hat sie ebenso entdeckt, und hier inzwischen nicht nur die Aus- und Zufahrten. So habe ich sie 2013 in sehr großen Mengen an der A 1 in West-Niedersachsen und im Münsterland sowie an der A 7 südlich vom Main erspäht. Bei Kartierungen an Straßenrändern ruhe ich nicht eher, bis ich dieses «Leuchtgras» gefunden habe.

Autobahnen wie auch andere Hauptstraßen sind spannende Kartierobjekte – Krähen, Mäusebussarde, Tauben, Füchse, Rehe und Wildschweine haben das längst spitzgekriegt. Hier hält sich niemand freiwillig auf, Deckung und Nahrung gibt es also im Überfluss. Gestört werden sie nur von einem übereifrigen Botaniker. Na, wenn es mehr nicht ist!

An Autobahnen wird sich in den nächsten Jahrzehnten noch viel ereignen, drei- bis vierspurige Fernstraßen werden das Bild prägen, wahre Betonstränge mit besonderen Wuchsbedingungen entstehen. Meine Datenautobahnen sind schon seit langem mit auffallenden und auch unscheinbaren Pflanzen gespickt. Oft werde ich gefragt, wie ich die denn so erkenne, bei schneller Fahrt. Erstens fahre ich nicht so rasant wie viele andere, zweitens halte ich an erfahrungsgemäß hoffnungsvollen Stellen einfach an, und drittens sehe ich die eben auch ständig. Ich mach doch fast nichts anderes! Freund, Freundin, Bruder, Schwester, Mutter oder Vater erkenne ich ja auch sofort, ohne dass ich ihnen lange in die Augen schauen muss.

Dorf- und Stadtguerilleros – Ausnahmezustand in der Welt der Pflanzen

Mit der Anarcho-Szene hatte ich nie was am Hut, aber was heute so in großen und kleinen Städten kreucht und fleucht, das ist reinste Libertinage. Völlige Gesetzlosigkeit. Das verstößt gegen jegliche Regel. Würde man längst verstorbene Tier- und Pflanzenkundler heute in Städten loslassen, die würden Bauklötze staunen – so viel Neues! Nicht nur Amseln, Möwen, Kormorane, Eichelhäher, Elstern, ja sogar Dompfaffe, Grünspechte, Mönchsgrasmücken und Schwanzmeisen treiben sich heute in städtischen Zentren herum – um 1900 gab es so etwas noch nicht –, auch Hunderte neuer Pflanzenarten sind wie Pilze aus dem urbanen Boden geschossen. Und ein Ende der Entwicklung ist nicht abzusehen. Kaum zu glauben, aber am artenreichsten sind in vielen Regionen Deutschlands gerade die Städte. Gespickt von Stadtguerilleros, die bereit sind, jeden Platz zu kapern, ihn zu behaupten, sich weiter auszubreiten, andere Arten zu verdrängen. Egal ob Bahnhof, Bauhof, Hinterhof oder Kellerschacht, Regen-, Straßen- oder Pinkelrinne – ihre Samen gelangen überallhin. Sie schrecken vor nichts zurück, sie belagern Fried- und Kirchhöfe, Industriegebiete, Häfen und Müllplätze, nur zu gern auch Burgen, Schlösser und städtische Wallanlagen. Fast jede deutsche Großstadt liegt strategisch an einem Fluss (ausgerechnet Bielefeld und Karlsruhe bilden eine Ausnahme), und entlang dieser Flüsse preschen die Pflanzen vor.

Stadtguerilleros wollen natürlich Aufmerksamkeit, und die bekommen sie von mir. Ich bin nämlich auch gern dort, wo es stinkt und der Boden schwitzt, tapfer stapfe ich im Unrat, um Misthaufen herum, inspiziere Güllelagunen und Müllkippen. Wo besonders viele Nährstoffe sind, gepaart mit Trockenheit und viel Sonne, gibt es die interessantesten Gewächse, darunter viele Gänsefuß-, Melde-, Nachtschatten- und Raukenarten. Gerade die «Schmuddelkinder am Straßenrand», die Winzlinge an Bordsteinen, in Gossen oder in den Platten- beziehungsweise Pflasterritzen sind phänomenal. Wie oft habe ich hier vor dem Hinknien und Fotografieren erst einmal alte Zigarettenkippen, zusammengeknülltes Plastik, dreckige Papierfetzen oder mit dem Fuß auch Essensreste sowie Hundewürste weggekickt! Und würden nicht so viele Spinner diesen Spontis in den Städten mit Taschenmesser, Kärcher oder Giftspritze zu Leibe rücken, wäre die spontane Begrünung noch viel schöner.

Wie tanzende Märchenwesen trumpft im urbanen Dschungel der **Elfen-Krokus** (*Crocus tommasinianus*) auf. Gemeinsam mit Schneeglöckchen und Winterling ist er die erste ernstzunehmende Blühpflanze des Jahres. Ursprünglich aus dem Balkan stammend, hat er sich praktisch über Nacht bei uns eingeschlichen. Seit dreißig Jahren kannte ich blaue, gelbe, dunkelviolette oder weiße Krokusse (oft durch Züchtungen verändert). Diesen ungemein adretten Krokus mit der hellvioletten Fliederfarbe verkannte ich nicht, er war nur einfach noch nicht vorhanden. Aktuell hat er sich in Dörfern und Städten auf Zierrrasen verrannt, teilweise ist er auch schon auf Wiesen und in Wäldern angekommen. Er hat überhaupt keine Stängel, die tollen breiten Blüten mit drei Staubgefäßen und einem Stempel – alle in Knallorange – kommen manchmal zu Tausenden wie aus dem Nichts aus dem Boden. Die Blätter bleiben im Vergleich zu anderen Krokussen bis zuletzt auffallend dünn, nach der Blüte werden sie dann, schlapp über dem Boden, bis zu 30 Zentimeter lang.

Zu meinen besonderen urbanen Lieblingspflanzen gehört die **Gewöhnliche Osterluzei** (*Aristolochia clematitis*). Typisch sind herzförmige graugrüne Blätter und hellgelbe, pfeifenartige Blüten; diese sind sogenannte Kesselfallen, Insekten werden von ihnen in die glattwandige Falle gelockt. Diese werden aber nicht verdaut, ihnen wird nur das schnelle Wiederverlassen der Blüte erschwert. Derart eingeschlossen, kommt es zur optimalen Bestäubung, Fluginsekten werden mit Blütenpollen im wahrsten Sinne des Wortes überschüttet und eingepudert. Nach getaner Tat ist der kurzfristige Gefängnisaufenthalt beendet, weil die Blütenblätter erschlaffen (sogar verwelken) und der Blüteneingang wieder frei wird. Die giftige, ursprünglich im Mittelmeergebiet beheimatete Osterluzei wurde im Mittelalter gern zu Klöstern und Burgen gebracht, teilweise dort sogar bewusst angebaut. Man erkannte ihre heilende Wirkung gegen Venenleiden, sie wurde zur Wundheilung benutzt, aber auch um eine Geburt einzuleiten. Oder man setzte sie aufgrund ihrer wehenfördernden Wirkung zur Abtreibung ein. 1982 wurde ihre medizinische Verwendung durch das Bundesgesundheitsamt verboten, die Osterluzei steht im Verdacht, krebserregend zu sein. Erstmals sah ich diese attraktive Pflanze 1988 in Schwarmstedt nördlich von Hannover, unzählige Pflanzen zierten Zäune und Gebüsche nahe der Kirche. Ein Teil der Bestände wurde später leider mit Platten und Verbundsteinpflaster versiegelt, heute wachsen nicht wenige Pflanzen wieder aus den Ritzen. Die konkurrenzstarke Art ist dennoch in Niedersachsen/Bremen stark gefährdet, da historisch alte Stadt- und Dorfkerne immer mehr «durchgestylt» werden.

······················ *Dorf- und Stadtguerilleros* ·······················

Von ganz weit her kommt der **Australische Gänsefuß** (*Chenopodium pumilio*).
Darum mag ich ihn und nicht weil er so
besonders schön ist, denn das ist er wirklich nicht. Eher mickrig und leicht introver-
tiert sieht er aus: Am Grund von dunkelgrünen Blättern wachsen nur unscheinbar
grau-grünliche, knäuelartige Blüten heran.
Die Pflanze kann platt auf dem Boden liegen
oder eine Schräglage einnehmen, zum November hin
bildet sie peitschenartig verlängerte Triebe aus. Diese Vielgestaltig-
keit ist typisch, und weil es so viele Gänsefüße gibt, gelten sie als
schwierig zu bestimmende Gattung. Aber solche Herausforderungen
liebe ich! Der Australische Gänsefuß, der 1890 erstmals
in Deutschland entdeckt wurde, wächst auf Bahn-
geländen und Müllplätzen, an Halden, in Häfen
sowie Straßengossen.

Wer kann sich denn eigentlich für den **Guten Heinrich** (*Chenopodium bonus-henricus*,
RL 3) begeistern? Meine Freundin Steffi jedenfalls nicht. Und auch andere lächeln mich
nur müde an, wenn ich mich für ihn ins Zeug
lege. Es ist auch bei diesem Gänsefuß nicht unbedingt sein Äußeres, das meinen Enthusiasmus
weckt, es ist seine Schlichtheit und vor allem sein Standort. Früher war der Gute Heinrich in vielen Dörfern beheimatet und so häufig wie in diesen der Name Heinrich. Für mich ist
der Gute Heinrich ein verkannter Dorfkönig, der letzte Mohikaner
alter Dorfstrukturen. Er bevorzugt nämlich hofnahe Kuhweiden,
Stellen, wo die Kühe lagern und ihre Fladen fallen lassen. Auch vor
Scheunen, an Hühnerställen, Straßen und Wegen findet er (s)ein
gemütliches Plätzchen. Von Nährstoffen bekommt er nie genug, er ist

ein Stickstoff-Junkie. Und weil Viehweiden heute leider als störend empfunden werden, Tiere und gelagerter Mist oder Stroh stinken, hat man viele alte Wuchsorte vernichtet. Der Gute Heinrich ist mit seinen grau-grünen Scheinähren, oft überhängenden Blütenständen und charakteristisch runzeligen Blättern ein Relikt aus vergangenen Jahrhunderten. Und was er alles konnte! Junge Triebe aß man früher wie Spargel, die jungen Blätter wie Spinat. Er half gegen Schmerzen, Schwindsucht und Entzündungen, seine Wurzeln verwendete man bei frischen Wunden, Geschwüren und Hautausschlägen, die großen Blätter wurden sogar als Pflaster aufgetragen.

Oft werde ich gefragt, wieso mir denn diese unscheinbaren Gänsefüße dermaßen am Herzen liegen. Dann muss ich immer lächeln, denn einer *muss* sie ja schön finden. Außerdem lohnt es sich, die rund zwanzig verschiedenen Gänsefüße Deutschlands sauber voneinander zu trennen. Und von wegen «unscheinbar», «langweilig» oder «nur grün und grau»! Zwei der *Chenopodium*-Arten haben auch farbig was drauf. Zum einen der häufige Vielsamige Gänsefuß mit oft lilafarben überlaufenen Blättern, Blütenständen und Stängeln, zum anderen der sehr viel seltenere **Erdbeerspinat** (*Chenopodium foliosum*), auch Echter oder Durchblätterter Erdbeerspinat genannt. Kaum eine Pflanze beeindruckt in fruchtendem Zustand so sehr wie der Erdbeerspinat, wenn er am Sandboden massenhaft knallerdbeerrote, aber ungenießbare Fruchtstände entwickelt. Dazwischen befinden sich – schön abgesetzt – spießförmige dunkelgrüne Blätter. Einfach klasse! Diese einjährige Pflanze muss sich dauernd aus Samen regenerieren. Und die sollen auch bitte auf den Boden fallen und nicht einfach in irgendwelchen Mägen verschwinden – deshalb ungenießbar. Gefunden habe ich den Erdbeerspinat auf stark besonnten Böden von Baubrachen, auf Lagerplätzen, Schutthalden und Sandgruben. (Ja, alte Sandgruben sind oft tolle Fundgruben.) Es können Jahre vergehen, ohne dass man auf diese Art trifft. Der deutsche Name rührt von seiner Vergangenheit als vitaminreiches Spinatgemüse her.

Jetzt wieder ein Tapetenwechsel, der für jeden Pflanzenfreund unabdingbar ist; und nirgends hat man den so schnell wie in Städten Seit 1985 lasse ich mich besonders von der bunten Vielfalt auf Güterbahnhöfen oder entlang freier Bahnstrecken mitreißen. Das wird noch Jahrzehnte so bleiben. Ich kann mich da einfach nicht sattsehen. Vor allem im norddeutschen Tiefland, wo es von Natur aus so gut wie keine Felsstandorte gibt, haben die Bahnstrecken mit ihrem stark aufheizbaren und kalkhaltigen Gesteinsmaterial vielen Pflanzen den Weg geebnet. Bahnlinien fahre ich mit dem Fahrrad ab, laufe an Bahnübergängen oft 100 oder 200 Meter in jede Richtung oder gehe auch zwischen den Schienen auf den Bahnschwellen entlang. Dabei nimmt mein linkes Bein immer einen Schwellenabstand in Angriff, das rechte zwei. So kann ich mich mit meinem linken Bein kräftig abdrücken, schon aus alten Fußballerzeiten ist es mein Schokoladenbein. Das rechte Bein habe ich dagegen nur, damit ich nicht umfalle … Auf Gleisen kann man so überraschend schnell sein, aber natürlich muss man seine Lauscher aufstellen, halt wie die Indianer.

Eine meiner Gleis-Favoritinnen ist die **Doldige Spurre** (*Holosteum umbellatum*), die bereits im April blüht. Sie sieht sehr putzig aus, ganz drollig. Wenige unbehaarte, sparsam beblätterte Sprossen heben meist zwei bis sieben weiße Einzelblüten in einer Scheindolde in die Höhe. Sind sie abgeblüht, schlagen die Stängelchen nach unten ab. Sehr zu meiner Freude breitet sich dieses Nelkengewächs aus und hat bereits die Autobahnränder für sich entdeckt.

Nahe der Doldigen Spurre wächst mit Vorliebe der **Sand-Mohn** (*Papaver argemone*) – farblich kommt kein anderer Mohn gegen ihn an. Bereits Ende April erscheinen kleinere dunkelrote Mohnblüten mit jeweils vier Blütenblättern. Innendrin beglücken pechschwarze Blütenabschnitte und Staubgefäße – ein schönes Teufelsauge. Die Blütenblätter berühren sich nicht und sind auffallend hinfällig, allein durch den Zugwind können sie zu Boden fallen. Die Fruchtkapseln sind schlank und mit vielen Borsten versehen, aber selbst noch vertrocknet erkennbar. Die Samen werden, typisch für Mohngewächse, oben wie aus einer Streubüchse entlassen.

Zu Sand-Mohn und Doldiger Spurre gesellt sich oft ein weiterer Zwerg, der nur 5 bis 25 Zentimeter hohe **Dreifinger-Steinbrech** (*Saxifraga tridactylites*), zusammen sind sie die drei Bahn-Grazien. Der Dreifinger-Steinbrech hat mich 1987 neben einigen anderen Pflanzenarten endgültig zum eingefleischten Botaniker werden lassen, er hat mich gleichsam um den Finger gewickelt. Ich weiß noch genau, wie ich damals, Anfang April, im sonst trostlosen Gleisschotter vom Güterbahnhof Hannover-Linden die ersten 500 Pflanzen dieser tollen Art entdeckte. Überhaupt war dieser Güterbahnhof für mich ein *locus classicus*, ein typischer Ort, der mich über mehrere Jahre stark geprägt hat. Der Kontrast der Farben zum düsteren Schotter, Güterbahnhöfe als Eingangstore neuer Arten, der unbändige Kampf der Pflanzen gegen ausgebrachte Spritzmittel, das Rebellische der oft kleinen Gewächse – all das hat mich fasziniert.

······················· *Dorf- und Stadtguerilleros* ·······················

Als ich also an einem schönen Frühlingssonntag die weißen Blüten an roten Stängeln des Dreifinger-Steinbrechs sah, diese grün-roten dreiteiligen Blätter mit zahlreichen Drüsen (ganz schön klebrig!), da beschloss ich, meine Diplomarbeit über die Bahnhofspflanzenwelt in und um Hannover zu schreiben. Den damals noch stark gefährdeten Dreifinger-Steinbrech fand ich dann auf fünfunddreißig von siebenundsechzig Bahnhöfen. Inzwischen wächst die Pflanze auch in Pflasterritzen und macht selbst vor freien Bahnstrecken nicht halt. Diese früher als Roter Steinbrech oder Händleinkraut bezeichnete Pflanze wurde mit Bier gekocht und gegen Gelbsucht sowie verhärtete Drüsen eingesetzt. Sie wurde sogar als Salat gegessen, und weil sie so schön klebt, lieferte sie zudem Leim.

Kaum eine andere Blütenpflanze prägt den Sonderstandort Bahnhof so sehr wie der **Gewöhnliche Natternkopf** (*Echium vulgare*), ein mit den Vergissmeinnichtarten und mit Borretsch verwandtes Raublattgewächs. Er blüht so hinreißend, er hat mir botanisch die Augen geöffnet. Zunächst bildet er eine Rosette aus schmalen behaarten Blättern aus, ein Schutz gegen starke Hitze und Tierfraß. Diese Rosette überwintert, bis zu sich mit dem Frühsommer ziemlich plötzlich oft 1 Meter hohe, am Anfang nickende Blütenstände mit königsblauen und rötlichen Blütenteilen erheben. Die Pflanze wurzelt bis zu 1,5 Meter tief und gelangt so an feuchtere Bodenschichten. Und immer summt und brummt es um sie herum, vor allem Hummeln sind stete Blütenbesucher. Apropos Bienen – es gibt ja sogar Bienenvölker in Gewerbegebieten und auf Dächern von Hotels. Kein Wunder, denn der Gewöhnliche Natternkopf steht stellvertretend für den großen Artenreichtum der (großen) Städte, hier gibt es inzwischen einen höheren Blütenreichtum als in ländlichen Gegenden mit ihren fast nur noch öden Monokulturen aus Grasäckern, Kartoffeln und Mais. Leider liegen heute viele alte Bahnhöfe im Dornröschenschlaf: Gebäude werden abgerissen oder sind hässlich ungenutzt, Gleisflächen wachsen zu oder werden bis auf wichtige Haupttrassen abgerissen. Dann geht es auch dem Natternkopf an den Kragen, weithin blau leuchtende Natternkopfszenarien sind daher selten geworden.

Eine weitere auffallende Pflanze inmitten öder Bahnschotterstreifen ist der purpurrot blühende **Schmalblättrige Hohlzahn** (*Galeopsis angustifolia*). Nun hat nicht eine der Hohlzahnarten wirklich breite Blätter, aber die schmalsten hat tatsächlich dieser hier. Seinen Namen trägt er zu Recht, denn an seiner purpurroten Unterlippe stechen zwei weiße «Zähne» hervor. Im nordwestdeutschen Tiefland ist er stark gefährdet, dennoch kann er dort erstaunliche Bestände aufbauen. Vorkommen mit über tausend Exemplaren an einem kurzen Bahnabschnitt habe ich schon mehrmals entdeckt, etwa in den Kreisen Celle, Gifhorn, Göttingen und Verden. Entgegen anderen Bahnpflanzen ist dieses schöne Gleislichtlein viel weniger an Güterbahnhöfe gebunden – auf freien Strecken sieht man es häufiger.

Juni-Zeit ist absolute Bocksbart-Zeit, da trifft man häufig auf den **Großen Bocksbart** (*Tragopogon dubius*) – an Bahnlinien, auf Bahnhöfen, in Häfen und Industriegebieten sowie weiterwandernd an nahegelegenen Straßen und Böschungen. Er blüht hellgelb, leider nur von etwa acht Uhr morgens bis mittags, danach schließen sich die Blüten, und der Große Bocksbart ist dann viel schwerer auszumachen. Um 1980 war er aus Niedersachsen schon fast verschwunden, doch seitdem hat er sich wie von Geisterhand wieder stark ausgebreitet und konnte inzwischen sogar aus der Roten Liste entlassen werden. Die Blüten sind nicht der Grund, warum er «groß» genannt wird. Groß sind beim Großen Bocksbart die keulig verdickten Stängel direkt unterhalb des Blütenbodens und die exorbitanten «Fruchtkugeln» (mit langen Samen) – reinste Kullerköpfe und so groß wie Tennisbälle. Blüten, bläuliche Hüllblätter und Fruchtstände sind toll anzusehen, vor allem in trister Umgebung vor Ziegelmauern. In Bremen wächst er bereits vor Lärmschutzwänden von Autobahnen.

Die trapezförmigen bis abgerundeten Blätter vom **Scharfen Mauerpfeffer** (*Sedum acre*) schmecken wirklich scharf wie Pfeffer, er kann noch Stunden später im Hals kratzen. Bei Exkursionen biete ich ihn gern unbedarften Schülern oder Hausfrauen an und freue mich diebisch im Voraus auf ihre Reaktion. Ja, ich kann auch mal hinterlistig sein – aber nur selten. Die Blätter des Scharfen Mauerpfeffers und seine kissenförmig gedrungene Wuchsform sind hervorragende Anpassungen an seine Wohnräume – trocken-warme Bahnanlagen, Deiche, Mauern, Sandgruben, Steinbrüche und Straßenränder. Als Sonnenanbeter mag ich die gelben sternförmigen Blüten, die filigranen Staubgefäße sind ebenfalls entzückend. Samen bildet er kaum aus, denn er ist ein wahrer Meister der Ausbreitung durch abgerissene Pflanzensprosse. Im Nu sind diese wieder eingewurzelt und bilden neue kleine Teppiche. Er ist ein ausgesprochener Lückenbüßer, im sandig-trockenen Zierrasen von Hausbesitzern sieht man ihn ab und zu im Juni und Juli. Hier sollte er unbedingt geduldet werden, denn sonst würde an diesen Stellen bald gar nichts mehr wachsen. Deshalb finde ich diesen Mauerpfeffer echt scharf.

20. KAPITEL

Wirklich – kaum eine Pflanzenart hat mich so in den Bann gezogen wie das nur etwa 35 Zentimeter hoch werdende **Kleine Liebesgras** (*Eragrostis minor*). An wärmebegünstigten Stellen mit Pflasterritzen von Großparkplätzen oder Bahnsteigen kommen ab Ende Juni seine schokoladenbraunen Ährchen wie Miniatur-Zigarren zur Geltung. Seine phänomenale Ausbreitung setzt sich bei uns etwa seit dem Jahr 2000 fort, an Straßen und Wegen, sogar in Dörfern und auch an Autobahnen. Im Vergleich zu 1985, als ich die Pflanze erstmals in Hannover auf dem inzwischen abgerissenen alten Bahnsteig vom Bahnhof Herrenhausen fand, tritt sie jetzt aufgrund milderer Temperaturen immer früher im Jahresverlauf in Erscheinung. Dieses seltsam nach Maschinenschmiere riechende Liebesgras mit seinen von kleinen Warzen überzogenen Blatträndern breitet sich von Süden nach Norden aus. Vor allem entlang der Bahnlinien, sozusagen von Bahnhof zu Bahnhof «springend». Mit unscheinbaren Arten wie dem Kleinen Liebesgras halte ich zusammen wie Pech und Schwefel, sie machen mir besonders viel Freude – auch 2013 noch so richtig mit Gänsehaut: Anlässlich eines Autobahnfilms für RTL-West «stolperte» ich geradezu über das Kleine Liebesgras auf dem mir bis dahin noch gänzlich unbekannten A-1-Rastplatz Münsterland. Enthusiastisch berichtete ich über diesen Fund, nur meine Gänsehaut konnte der Kameramann nicht so schnell einfangen.

«Dieser Wuchs, diese Kraft weckt in mir die Leidenschaft» – dieser bekannte Schlager von Margot Werner fällt mir ein, wenn ich die schwach rosafarbene bis weiß blühende **Armenische Brombeere** (*Rubus armeniacus*) sehe. Als Chef-Guerillero gehen alle Kräuter vor ihr in die Knie, sie ist ein wahrer Wüstling, eine Brombeerwalze, ein Erstickungstod für Pflanzen. Die ersten damals noch so genannten Gastarbeiter aus der Türkei brachten den im Kaukasus und Umgebung heimischen Fruchtstrauch zu uns. Aus gutem Grund: Keine andere Wildbrombeere hat so große und süße Früchte wie diese. Aus Gärten verwilderte sie und eroberte rasch urbanes Brachland sowie die Säume von Bahnlinien, Böschungen, Ufern, Straßen und Wegen. Diese Art ist nicht zu stoppen und kann binnen weniger Jahre dichte Bestände von mehreren hundert Quadratmetern aufbauen. Wie alle Brombeeren bildet sie Schösslinge, die erst im zweiten Jahr fruchten. Insbesondere Vögel verbreiten die Samen, denn was die Art nicht mit ihren Ausläufern besorgt, erledigen vor allem Amseln. Und ist die Armenische Brombeere erst einmal fest im Boden verankert, ist sie nicht mehr zu bekämpfen. Dicke Wurzeln und starke, auffallend rötlich gefärbte Stacheln tun ihr Übriges. Nichtsdestotrotz waren und sind die schmackhaften Beeren (nicht nur für mich) eine willkommene Erfrischung an durstmachenden Spätsommertagen – vor allem in Städten. Ich behaupte, in sämtlichen deutschen Städten ab 50 000 Einwohnern ist sie nun die mit Abstand häufigste Brombeere! In Cuxhaven, Emden oder Wilhelmshaven etwa gab es von Natur aus keine einzige Brombeere – dort müssten Sie jetzt aber mal gucken …

Es gibt die Federblume, das Feder-Gras, Feder-Mohn, Feder-Nelke, Wasserfeder und das Feder-Leuchtmoos. In Griechenland wächst noch der Federkropf, in Indien die Feder-Winde, ebenso dort und in Südamerika Vertreter des Federharzbaumes. Jedoch kamen sie fast alle für dieses Buch nicht in Betracht, sie mussten schöneren Pflanzen weichen und gleichsam Federn lassen. Das tat ich schweren Herzens. Federführende Arten wie der federleicht im Winde überhängende **Mäuseschwanz-Federschwingel** (*Vulpia myuros*) fanden dagegen Berücksichtigung. Dieses aparte Gras begleitet mich nun schon seit dreißig Jahren und schmückt sich nicht mit fremden Federn, es ist eine Triebfeder auf Bahnhöfen und in Häfen, auf Kies- und Pflasterflächen. Federnden Schrittes oder per Fahrrad näherte ich mich der Pflanze, die in Nordwestdeutschland um 1980 noch selten war. Im Hochsommer verfärbt sie sich schlohweiß, fast wie Federweißer; ist sie vertrocknet und hat sich ihrer Samen entledigt, macht sie einen eher kläglichen Eindruck, wie alte, gerupfte Federn. Der Mäuseschwanz-Federschwingel verzieht sich im September und Oktober, um sich aber schon ab März wieder mit federfeinen Grasblättchen zu verraten, etwa auf Bahnschotterflächen.

Hin und weg war ich auch 1990, als ich bei La Rochelle nahe der Biscaya auf einem Gleisgelände das aparte **Durchwachsenblättrige Bitterkraut** (*Blackstonia perfoliata*, RL 3) sah. Diese kaum kniehohe und goldgelb blühende Pflanze wird auch Durchwachsener Bitterling genannt. Es trug sich zu, dass ich mit meiner damaligen Freundin Barbara (die dann siebzehn Jahre lang meine Ehefrau war) kurz entschlossen für eine Woche per Bahn ins Ausland nach Südwestfrankreich fuhr. Da es schon September war, erkundeten wir die nahe und weitere Umgebung, statt am Strand zu liegen, und entdeckten das Bitterkraut. Das Enziangewächs hat sensationelle, am Stängel fast wie ein Kelch verwachsene Blätter von blaugrüner Farbe. Dabei wechselt dieser Blattquirl am Stängel immer kreuzweise. Die ganze Pflanze ist unbehaart, der Stängel bläulich bereift, und auch die Kelche weisen diese blaue Farbe auf. Sie wirkt fast unecht, vor allem im Hintergrund eines öden Bodens (Asche, Kies, Sand, Schotter). Bis heute habe ich das schöne Bitterkraut nie

························· *Dorf- und Stadtguerilleros* ·························

wieder gesehen, leider auch nicht in der Rheinpfalz. Denn es wächst in Deutschland nur am Rhein oder besser gesagt nahe vom Rhein zwischen Lörrach und Wiesbaden.

Und immer wieder Hannover. Ein unvergessliches Highlight war dort 1990 in Döhren an gleich zwei Stellen der **Gewöhnliche Andorn** (*Marrubium vulgare*, RL 2). Mir kam es vor, als würde die Glücksgöttin Fortuna mir zulächeln. Kuschelig weich behaart sind die grau-grünen Blätter, dazu stark runzelig durch unterseits hervorstehende Blattadern – ein hervorragender Schutz gegen Sonneneinstrahlung und Austrocknung auf seinen meist sandigen und steinigen Standorten auf Bahnanlagen, dem Brachgelände oder Müllplätzen. Wühlende Kaninchen wie auch einige andere Tiere fördern die Pflanze, indem sie die Pflanze selbst nicht fressen, aber die Samen verbreiten, sozusagen untergraben. Als ich 2013 die Talkshow *Tietjen und Hirschhausen* besuchte und dort gerade über einen Strauß bunter Blumen dozierte, erhob sich der neben mir sitzende Karl Dall und riet mir, doch mal als «Samenspender» zu arbeiten. Das habe ich schon hie und da gemacht. So bei Odermennig, Ochsenzunge und Hundszunge, aber auch bei dieser Art. Trotzdem gab es vom Gewöhnlichen Andorn, übrigens völlig ohne Dornen, in Hannover 2013 nur sieben Pflanzen – sie leidet darunter, dass in den Städten zunehmend Hunde koten, Brombeeren vorrücken und die wühlenden Kaninchen fast verschwunden sind. 150 Exemplare waren es noch 1990, jetzt keine 20 – die Natur lässt sich nicht überlisten.

Nein, für die fabelhafte **Stundenblume** (*Hibiscus trionum*) hat noch nicht das letzte Stündlein geschlagen. Sie entdeckt man nicht, wenn man immer nur kreuz und quer sucht – sozusagen nach Federart –, man muss sie schon speziell im Blick haben. Die Stundenblume blüht nämlich nur wenige Stunden am Tag, zudem zeigt sie sich nur auf Müll- und Schuttplätzen, an Gleisanlagen, in Häfen oder in der Umgebung von Vogelfutterwerken. Und dann auch nur alle Jubeljahre mal blühend! Sie ist sozusagen eine tickende Zeitbombe, man kommt fast immer zu spät. Auf der Bremer Blockland-Mülldeponie wachsen ein, zwei Pflanzen, zuletzt hat man mir 2012 eine am Hafenrandgleis bei Bremen-Walle vorgeführt. Die Stundenblume entwickelt im Hochsommer fünf wunderbare gelbe Blütenblätter, die am Grund purpurrot sind. Dieser lilafarbene Fleck wird garniert mit mehreren blutroten Staubgefäßen. Großartig sind die durch die Fruchtkapseln aufgeblasenen Kelche, bei dieser kleinen Art wirkt das richtig überdimensioniert. Außen sind sie grün und rot und schwarz und weiß, in fleckenhafter bis strichiger Ausbildung – einfach mal wieder wie gemalt.

Dass man sich, zumindest eine Zeitlang, davon ernähren kann, was einem die Natur so bietet (natürlich am besten zwischen April und Oktober), ist kein Geheimnis. Wer sehr viel draußen ist, bekommt aber auch zur ungünstigsten Jahreszeit und an unmöglichen Orten Hunger. Mitten in Berlin fand ich anlässlich eines Fernsehdrehs Anfang November 2013 um das bekannte Kaufhaus KaDeWe noch zwölf essbare Wildpflanzenarten – auf Straßenmittelstreifen, um Bäume und Gebüsche, sogar in Plattenritzen. Giersch, Knoblauchsrauke und Sauerklee waren noch nicht einmal dabei, aber es hätte trotzdem gereicht für zahlreiche Öko-Salate. Dass ich mir zur Kirschenzeit im Juli stets den Bauch vollschlug, Möhren ausgrub (und natürlich roh aß), dass ich in der Zeit um Wimbledon herum kein Erdbeerfeld verschonte oder zur Zwetschgenreife am richtigen Ort war, muss ich nicht betonen. Mundraub beging ich in der Abenddämmerung oder ganz früh morgens. Manchmal lagen auf diese Weise stibitzte Mirabellen oder Äpfel noch am nächsten Tag im Fahrradkorb, gehamsterte

······················· *Dorf- und Stadtguerilleros* ························

Notrationen! Bei meiner «Nahrungsergänzung» gehe ich aber umsichtig vor, ich bin nämlich ein gebranntes Kind. Als ich neun Jahre alt war, machte ich mich an einem Sonntagmorgen mit meinem besten Freund Bernd über Nachbars Erdbeeren her – und wurde erwischt. 80 Pfennig sollte ich der geschädigten Familie vorbeibringen, so befahl es mein Vater. 1969 war das sehr viel Taschengeld!

Eine häufige, ebenfalls essbare Art ist der **Giersch** (*Aegopodium podagraria*). Irgendwo habe ich einmal gelesen, dass jeder Deutsche im Durchschnitt sieben Automarken, aber nur vier Pflanzenarten kennt. Dagegen muss man etwas tun! Für den Giersch ist das nicht notwendig, denn den kennen schon sehr viele. Doch beliebt ist er nicht gerade, er wird gefürchtet, gar gehasst, und zwar wegen seiner schneeweißen unterirdischen Ausläufer – genau genommen sind das Rhizome. Er ist nämlich ein echter Wuchsmeister, besonders ausgeprägt zeigt sich sein Talent bei Hausgarten- und Parzellenbesitzern. Ich selbst wurde schon unzählige Male gefragt, was man denn gegen diese weiß blühende Gartenpest tun könne. Meine Antwort: «Ausgraben oder lieben lernen und einfach wachsen lassen.» Natürlich hatte auch ich als Landschaftsgärtner so meine liebe Mühe und Not mit ihm und nannte diesen Kumpan Unduldsamer Gärtnerfeind oder Unbarmherziger Wurzelsepp. Gegen mich gewann er (fast) immer, worauf ich mich kurzerhand entschloss, ihn als höchst brauchbaren Bodendecker zu akzeptieren. Noch heute lasse ich ihn, wo er ist (meistens jedenfalls), stutze ihn auch nicht mehr zurecht, sondern freue mich, dass er dafür andere lästige Arten im Nu unterdrückt. Beim Giersch hält sich nämlich nur der Giersch! Respektabel, wie rasch er – hat man ihn auf winzige Reste zurückgedrängt – wieder

······················· 20. KAPITEL ·······················

zur Seite vorprescht. Man kann direkt dabei zusehen, wie er Lücken besetzt und sich im Juni/Juli ungemein blühfreudig präsentiert. Zum Glück macht er immer schön halt vor Rasenrändern, denn Abmähen und Bodenverdichtung verabscheut er.

Das **Tellerkraut** (*Claytonia perfoliata*), auch Kubaspinat genannt, kann jeder als Gemüse essen. Der aus Nordamerika stammende, unsere Städte erobernde grüne Krieger fällt bereits im milden Spätherbst auf. Er ist ein Frostkeimer, dieser eingebürgerte Neophyt. Bei genauem Hinsehen finden sich in Rabatten rosettig angeordnete hellgrüne, zunächst schmale und schlappe Blätter, da ist er noch eher unscheinbar wie ein Partisan. Im Frühjahr erwachsen daraus langstielige Blätter, aus denen rasch rispenartige weiße Blütenstände emporstreben über einem von zwei Hochblättern verwachsenen, meist rundlichen Teller. So fängt er auch Tau und Regenwasser auf. Da hat sich die Natur einen echten Balancierstab einfallen lassen. Starke Sonneneinstrahlung lässt das Tellerkraut rasch welken, es mutiert dann zum müden Krieger. Trotzdem steht es inzwischen zu Millionen an Autobahnböschungen oder im heißen Bahnschotter. Diese eigentümliche Pflanze hat sich in den letzten drei Jahrzehnten massiv in milden Regionen ausgebreitet, sie ist aufgrund ihrer hohen Zahl kaum zu bekämpfen, vor allem nicht in Baumschulen und Gärtnereien. Mit der Pflanzware holt man sich dann dieses Kraut in die Gärten. Und wenn man nicht aufpasst, hat man – im Preis inbegriffen – ziemlich lange was davon.

Bemerkenswerte Pflanzenarten gibt es ebenso in städtischen Gärten, sofern sie nicht ununterbrochen intensiv gepflegt werden. Hin und wieder kommen hier sogar Ackerarten zum Zuge, weshalb ich regelmäßig Gemüsebeete inspiziere, auch Kleingartenanlagen oder unordentliches Grabeland, als wüstes Land in Siedlungsnähe.

294

····················· · *Dorf- und Stadtguerilleros* ························

Selbst in ungedüngten Rasen landet man solche Treffer. Eine typisch urbane Gartenpflanze ist inzwischen der **Efeu** (*Hedera helix*), wohl jeder kennt ihn. Diese allgegenwärtige Kletterpflanze rankt an Zäunen, Mauern, Rabatten und in Gehölzen, sie überzieht einfach alles. Aber gar nicht so toll finde ich, dass der Efeu meinen geliebten Mauerfarnen auf die Pelle rückt und diese über kurz oder lang überwächst und erstickt. Mit meiner Rosenschere ziehe ich zur Verteidigung der Mauerfarne ständig an alten Fried- und Kirchhöfen, Schlössern, Gutshöfen oder in gründerzeitlichen Vierteln gegen ihn zu Felde. Für mich ist er ein Baum-, Fassaden- und Mauerwürger, ein verdammter Klettermaxe. Andererseits bewundere ich, wie er so schnell wächst, auch trockene Stellen besiedelt, hässliche Mauern eingrünt und dicke «Stämme» an alten Kirchen ausbildet. Einmal habe ich einen fast 20 Zentimeter dicken «Stamm» durchgesägt, um Mauerfarne hoch oben am Kirchendach zu retten. Obwohl nun ohne Bodenkontakt, hat er weiter gewürgt und gedrängelt. Also, er kann von Luft und Liebe leben, genau wie ich. Und dann diese Massen von Blüten ab September, das wird kaum von jemandem beachtet. Zu dieser Jahreszeit ist Efeu besonders wichtig, er spendet Bienen, Hornissen, Wespen und allerlei Schmetterlingen letzte Nahrung – vor allem meinem heißgeliebten Admiral mit der traumhaft schönen schwarzen, weißen und roten Zeichnung. In der griechischen Götterwelt war der Efeu ein Symbol ewiger Heiterkeit, Jugend und Kraft, man weihte ihn dem Gott der Ekstase, Dionysos, der schmückte sich mit einer Krone aus Efeu. Gewonnenes Harz soll den Geschlechtstrieb beflügelt haben (aha!). Einst half Efeu gegen Verbrennungen, Geschwüre, Wechselfieber und bei Kopfkrankheiten (er ließ etwa die Fontanellen bei Babys sich schließen). Weiterhin konnte man seine Haare damit schwarz färben.

20. KAPITEL

Alte Mauern aus Ziegel- oder Natursteinen haben etwas an sich, sie haben viel erlebt, oft eine lange Geschichte hinter sich – wenn sie nur erzählen könnten … Und bewachsene Mauern faszinieren mich besonders. Eigentlich müsste ich deshalb sofort auswandern, am besten ins Mittelmeergebiet, um dort mein Mauerschwärmen richtig auszuleben. Aber auch bei uns haben es einige Farn- und Blütenpflanzen bis in die Mauerfugen von Dörfern und Städten geschafft. Und Städte mit reicher Mauervegetation sind nicht nur für mich ein Qualitätsmerkmal. Sie haben mich ja schon als Farnfan kennen gelernt, aber mein absoluter Lieblingsfarn kommt erst jetzt, das ist der **Braunstielige Streifenfarn** (*Asplenium trichomanes*). Wie er so grazil und mutig bröckelnde Mauerfugen besiedelt – das hat schon was. Flach angedrückt hockt er da, im Schatten oder Halbschatten, an Mauern gern auf der dem Sonnenlicht abgewandten (Straßen-)Seite. Er ist der Seestern unter den Farnen und benötigt wohl deshalb eine höhere Luftfeuchtigkeit, aus diesem Grund favorisiert er die Gischt an bachbegleitenden Mauern oder nebelige Lagen. An dunkelbraunen Blattspindeln, die wie Rosshaar aussehen, stehen fast gleichmäßig eiförmige Blättchen ab. Unter den Stadtrebellen ist er der Mauerbesetzer, aber mir kommt er eher wie ein zierlicher Fugenaufheller vor. Der Farn ist so schön, dass ich einmal alle mir bekannten Vorkommen im gesamten nordwestdeutschen Tiefland abklapperte und jede Pflanze einzeln auszählte. Ich hatte 2003 genau 5713 Exemplare in vierundzwanzig Landkreisen und kreisfreien Städten gezählt (inklusive Bremen).

Bei diesem Farneauszählen kam es im November 1993 zu einem Unfall. Ich war in Hannover-Ricklingen unterwegs, es hatte geregnet,

Nebel waberte im Leinetal, und es waren nur so drei Grad. In Ricklingen wohnen wohlhabende Leute, daher weisen einige niedrige Ziegelsteinmauern aufwendige Eisenzäune mit vielen rostigen Spitzen auf. Nur mit «halbem Fuß» hatte ich auf einer dieser feuchten Ziegelmauern Tritt gefasst, um bewaffnet mit Spickzettel und Stift und weit übergebeugt Farne zu zählen – sehr viele Farne. Ich glaube, ich war bei 250 Exemplaren angekommen, als ich plötzlich abrutschte. Augenblicklich bohrte sich eine der widerlich dicken Zaunspitzen durch meine Jacke in die Brust. Rasch riss ich mich hoch und schaute nach, um das Ausmaß meiner Erdolchung festzustellen. Blut quoll aus einer etwa 10 Zentimeter langen Wunde. Sofort zog ich die Jacke aus, formte sie zu einem Ball und quetschte sie unter mein Unterhemd. So radelte ich ins nahegelegene Friederikenstift, wo kurz zuvor unser zweiter Sohn Tim zur Welt gekommen war. Nie hätte ich gedacht, nach nicht einmal neun Monaten dieses Krankenhaus erneut von innen zu sehen. Nach Auskunft der Ärzte hatte ich Schwein gehabt, kurz vor der Lunge war Schluss gewesen, und es war auch «nur» die rechte Brustseite betroffen. Bereits nach einer Woche verließ ich das Hospital.

Seitdem betrachte ich «Spießzäune» mit Argwohn, vom Farnezählen hat mich dieses Malheur aber keineswegs abgehalten. Übrigens bin ich beim Zählen der folgenden Farnart auch einmal mit der rechten Schulter gegen ein Verkehrsschild geradelt (ebenfalls in Hannover, zur Abwechslung in Herrenhausen). Dabei hat es mich heftig nach links geworfen, auf den Rücken und einen Bordstein. Dieser Unfall hat mich sogar vier Wochen außer Gefecht gesetzt, sehr zum Leidwesen von Farnen und Familie.

Als inniger Freund alter Ziegelsteinmauern trifft man an ihnen auf die niedliche **Mauerraute** (*Asplenium ruta-muraria*), die häufige, aber weniger schöne Schwester vom

20. KAPITEL

adretten Streifenfarn. Diese Raute ist mein ganz spezieller Pappen-
heimer, mein Mauerspezi und fast überall zu finden: auf Fried- und
Kirchhöfen, an Deichscharten, Fabriken, Gefängnissen, Bahnsteigen,
Laderampen und Brücken, Kaimauern, Kasernen, Kriegerdenkmä-
lern, Schlachthöfen, Schleusen, Schornsteinen, Schulen und Wohn-
häusern. Lang ist die Palette der Mauerrautenstandorte, da hat man
viel zu tun. Aber alt müssen die Mauern schon sein, der Putz muss zumindest etwas bröckeln. Und das lassen sich die Leute nicht dauernd
gefallen, es wird nachgearbeitet, gesäubert, saniert und nicht selten
auch abgerissen. Aber oft, manchmal erst nach Jahren, lugen aus den
neuen Fugen wieder erste Farnwinzlinge hervor. Sie ahnen es schon:
Ich bin ein ausgesprochener Freund durchlässiger Mauern beziehungsweise nachlässiger Maurer.

Die Mauerraute ist hart im Nehmen, denn neben dem obligaten
Abreißen und Rauspulen durch Menschen kommen noch Boden-
armut, Frost, Trockenheit, Wind und sein allergrößter Feind – der
vorher erwähnte Efeu – hinzu. Der bärtige Hausbesetzer, dieser son-
derbare Mauerhocker, trotzt trotzdem bravourös aller Unbill. Meist
wird er handbreithoch, ist wintergrün und hat dreieckige, unsymme-
trische und mattglänzende Blättchen. Ursprünglich wuchs er nur
an natürlichen Felsen, später auch in Steinbrüchen, dann ist der Farn
dem Menschen in die Dörfer und Städte gefolgt. Und weil ihm so
oft nachgestellt wird, steht er auf einigen Roten Liste norddeutscher
Bundesländer. Ich selbst habe im Tiefland und im Küstengebiet die
vielen im Lauf der Zeit verzeichneten eigenen Fundorte einmal alle
erneut abgesucht. Zwischen Borkum im Nordwesten und Stade im
Nordosten, zwischen Bad Bentheim und Helmstedt fand ich im Zeitraum von 2004 bis 2007 insgesamt genau 161 437 Mauerrauten in
siebenunddreißig betroffenen Landkreisen, kreisfreien Städten sowie
im Land Bremen. «Korinthenkacker», sagt da Steffi zu mir – und da
hat sie auch recht. Eine solche Unternehmung wird es allerdings bei
mir nie wieder geben.

············· *Dorf- und Stadtguerilleros* ·············

Lingen, gelegen im Emsland, ist ein Ort mit ziemlich viel Mauerraute. Während einer Kartierwoche 1999 verlor mein hinteres Rad im Emsland ständig etwas Luft. Das beunruhigte mich zunächst noch nicht, ich dachte nur, na gut, dann werde ich in dieser Woche wohl öfter die Fahrradpumpe im Einsatz haben, eine ziemlich kurze Hartplastikpumpe, die mich bislang auf allen Touren begleitet hatte. Schon am zweiten Tag zog ich jedoch dermaßen schwungvoll und grobmotorisch energiegeladen am Griff, dass ich plötzlich zwei Teile in Händen hielt. Mein Fahrrad schien das wenig zu interessieren, es verlor weiter an Luft. In Lingen war klar: Ich steh gleich auf'm Schlauch!

In meiner Not, mit sehr wenig Geld dabei, stahl ich am nächsten Supermarkt von einem Kinderfahrrad (ja, ich weiß!) so eine kleine Luftpumpe. Eigentlich wollte ich sie nur ausleihen, aber ... Sollte diese Person das jetzt lesen und sich daran erinnern, würde ich die Pumpe nachträglich gern bezahlen, zumal sie noch ein ganzes Jahr hielt. Ich erinnere mich auch, dass ich irgendwo in Niedersachsen sogar noch ein weiteres Mal aus Not eine fremde Luftpumpe «borgte». Jetzt schäme ich mich ein wenig, denn eigentlich bin ich ein ehrlicher Mensch, der, wenn ihm beim Bäcker ein Euro zu viel herausgegeben wird, das sofort sagt. Aber was glauben Sie wohl, wie oft *mir* in all den Jahren schon die Luftpumpe geklaut wurde?

Das **Mauer-Zimbelkraut** (*Cymbalaria muralis*) ist in den Gebirgen von Oberitalien und Slowenien heimisch und gilt unter den Wildpflanzen als diejenige, die wohl als erste gezielt bei uns ausgebracht wurde. Der um 1880 bekannte Ingenieur und Schriftsteller Heinrich Seidel (*Leberecht Hühnchen – eine Steglitzer Idylle*) hatte das Hobby, von seinen Reisen Blumensamen mitzubringen. Er soll dazu aufgerufen haben, das schöne Mauer-Zimbelkraut an Mauern und in Steingärten auszusäen – mit offensichtlich ungeahntem Erfolg. Jedes Dorf und jede Stadt in den deutschen Mittelgebirgen und auch im angrenzenden Vorland kann mit diesem aparten Mauerlöwenmäulchen wuchern, wenn es von Mai bis Oktober hellviolett blüht. Dieser Langblüher (bis November!) mit seinen bis zu einen halben Meter herunterhängenden «Bärten» ist eine Zierde. Daher ist es unverständlich, dass er immer wieder restlos entfernt wird. Ich kenne keine einzige Mauer, die durch eine Zimbelkrauteuphorie ins Wanken gebracht worden wäre. Und was den Namen betrifft: Die immergrünen Blätter sehen aus wie Zimbeln, das sind diese kleinen Schlaginstrumente.

Kirch- und Friedhöfe sind oft alt, hier wird nicht gedüngt und nur sehr selten gespritzt. Sie strahlen Ruhe aus, wenn nicht gerade Kirchenglocken läuten oder Botaniker auf Grabumrandungen herumtreten. Häufig entdeckt man dort den **Gehörnten Sauerklee** (*Oxalis corniculata*), er besticht durch die Fähigkeit, sich gleichzeitig durch Samen, Tochterpflanzen und Ausläufer breitzumachen. Man kann aber auch an ihm verzweifeln, als Gärtner wälzte ich zahlreiche Platten und Quadratmeter von Pflasterbelägen, in der Hoffnung, alle Wurzeln und Würzelchen entfernt zu haben. Aber schnell kam er wieder und lächelte mich an mit seinen goldgelben fünfteiligen Blüten, die über braun-roten bis rot-grünen Blättern hervorlugten. Er blüht von Mai bis Oktober und wächst und wurzelt aufgrund seiner geringen Größe oft unbemerkt vor sich hin. Hinreißend sind auch seine zahlreichen bräunlich grünlichen Fruchtstände, aufrecht wie Hörnchen (daher der Name!) stehen sie da, verziert mit vielen weißen Härchen. Also: Blüten, Blätter und Früchte sind bei dem Säuerling einfach ein Gedicht. Dieser Ansicht bin nicht nur ich, aus diesem Grund hat man ihn vor Jahrzehnten als Zierpflanze aus dem Mittelmeergebiet nach Deutschland eingeführt.

Weil ich ja viele Jahre am liebsten auf Friedhöfen übernachtete, eröffnete oder beendete der Gehörnte Sauerklee mehrfach meinen Tag, in seiner Nähe war die Nachtruhe stets angenehm. Wer außer den drei Gruftie-Frauen treibt sich hier sonst schon nachts herum. Ich vergaß, noch einen großen Vorteil von Friedhöfen zu erwähnen: Auf ihnen gibt es Wasserhähne und seltener Regentonnen. Die brauchte ich abends zum Hände- und morgens gelegentlich auch zum Haarewaschen. Letzteres bedeutete immer Stress, denn das Problem war, danach den auffälligen Shampoo-Schaum vom Boden zu entfernen. Dabei hat mich in all den Jahren nur in Hage (Ostfriesland) eine ältere Frau beobachtet, glücklicherweise ohne Kommentar. Eine Überwindung war im März/April oder im Oktober/November auch das eiskalte Wasser am Schädel – Schädelreißen war dann angesagt. Mit dem Wasser habe ich allerdings nie die Zähne geputzt, das erledigte ich mit Fanta & Co oder ich aß dann doch lieber einen Apfel.

Auf Friedhöfen fand ich aber noch andere Gesellschaft – die von Fledermäusen, Glühwürmchen, Igeln, Katzen, Maikäfern und Mardern. In Lutten im Kreis Cloppenburg pinkelte einmal ein Hund nachts um eins an meinen Schlafsack, denn sein Besitzer, ein älterer Herr, wollte in diesem katholischen Zentrum noch nach seinen Grablämpchen schauen. Er hatte nichts von meiner Anwesenheit bemerkt, und der Hund knurrte zudem nur kurz.

Einmal erwischte mich aber doch noch so ein ungebetener Zweibeiner, ein Dorfbewohner aus Friedeburg (Kreis Wittmund), im Oktober 1998 um zehn Uhr abends am Geräteschuppen des Dorffriedhofs, wo ich Quartier bezogen hatte. Es trieb ihn dorthin, weil er sich in dem Schuppen ein Bierlager eingerichtet hatte (Mutti durfte davon nichts mitbekommen). In den nächsten Stunden bot er mir mehrere Bierflaschen an, die ich nach längerem Zögern auch trank. Wir unterhielten uns über Gott und die Welt. Dabei wurde immer klarer, dass er etwa das war, was man früher und auch noch heute «Dorftrottel» nennt. Zu vorgerückter Stunde zückte er sein Feuerzeug, um mich bei Licht zu betrachten. Nachdem er mich ausgiebig studiert hatte, meinte er: «Mensch, du siehst ja aus wie Schumacher, genau so ein Kinn.» Ein bisschen recht hatte er schon, mal abgesehen von meiner sich bekanntermaßen in Grenzen haltenden Autoleidenschaft. Gegen drei Uhr morgens erhob er sich schließlich, nicht ohne herrisch Geld für meine drei Biere zu fordern. Nun war ich hellwach (und verteidigungsbereit). Um keinen Streit anzuzetteln bezahlte ich schnell die geforderte Summe (ohne Trinkgeldaufschlag). Danach trollte er sich friedlich.

Eine Rote-Liste-Art der ersten Stunde (von 1983 bis 2002) war in Niedersachsen/Bremen die **Blutrote Fingerhirse** (*Digitaria sanguinalis*). Schließlich war sie in Hannover und Bremen sowie auf umliegenden Bahnhöfen und Friedhöfen um 1995 derart zahlreich, dass sie von der Liste gestrichen werden musste. So schwer ist es auch wirklich nicht, bei ihr fündig zu werden, denn das schöne Gras mit schokoladenbraunen und fingerförmigen Blüten- beziehungsweise Fruchtständen ist auffallend stark behaart. Noch im Dezember – die Pflanze ist bereits ziemlich verrottet – verraten die von Tau silbrig glänzenden Haare die Blutrote Fingerhirse. Seit 1995 hat sich diese wärmeliebende Art wohl durch die Klimaveränderung noch viel weiter ausgebreitet, vor allem im mittleren, südlichen und östlichen Teil von Niedersachsen. Quadratmetergroße Teppiche sind zunehmend auch an Landstraßen zu beobachten. Die Samen des Süßgrases wurden einst als «Mannagrütze» genutzt, also wie Reis zu einem nahrhaften Brei verkocht.

······················· *Dorf- und Stadtguerilleros* ·······················

Jedes Jahr infizieren mich alle Gelbsternarten aufs Neue, im März sind sie wahre Türöffner in die Natur. Wir Botaniker pflegen dann zu sagen: «Jetzt geht es in die Gelb-sterne.» Mit anderen Worten: Der Frühling hat nun richtig begonnen, und magnetisch ange-zogen zieht es uns nach draußen. In vielen Gegenden Deutschlands ist der nur 10 Zen-timeter hohe **Acker-Gelbstern** (*Gagea villosa*, RL 3) jedoch sehr selten. Auf Äckern ist er seit langem im steten Rückgang, aber seit einiger Zeit hat er sich auf alten Friedhöfen, Kirch-höfen und in städtischen Parkanlagen als Ersatzlebens-raum eingenischt. Den Acker-Gelbstern verraten hellgelb leuchtende Blüten und stark behaarte Blütenstiele sowie Hochblätter. Er sieht aus wie ein zotteliger Stern, der ständig blink-blink macht, denn sämtliche Blüten blü-hen – wie bei allen Gelbstern-Arten – etwa zur gleichen Zeit.

Meine Begeisterung für Friedhöfe – zu-nächst nur aus botanischem Interesse – be-gann unter anderem mit einem zierlichen Löwenzahn, dem **Geschlitztblättrigen Löwenzahn** (*Taraxacum lacistophyllum*). Über 800 verschiedene Löwenzähne soll es in Deutschland geben, kein Botaniker kennt auch nur annähernd die Hälfte davon. Der muss erst noch geboren werden und dann schon mit zehn Jahren anfangen, sie zu suchen. Vielleicht kommt er am Ende seines Lebens gerade mit allen durch. Die 800 Lö-wenzähne werden in vierzehn Obergruppen aufgeteilt – so gibt es zum Beispiel Adam-Löwenzähne, Flecken-Löwenzähne, Haken-Löwenzähne, Kapuzen-Löwenzähne, Sumpf-Löwenzähne, Schwie-len-Löwenzähne oder Wiesen-Löwenzähne. Der Geschlitztblättrige

Löwenzahn zählt zu den Schwielen-Löwenzähnen, zu erkennen ist er in mageren Zierrasen, Trockenrasen oder an Wegen daran, dass er rote Früchte und auffallend filigrane hellgelbe Blüten hat sowie zerschlitzte Blätter. Auf dem unteren Ende der Hüllblätter befinden sich meist braune Höcker, das sind in Wahrheit jedoch diese Schwielen. Beschreiben kann man das nicht, das muss man gesehen haben.

Nur staunen kann man, wenn man im Vorfrühling in alten Parks oder auf Friedhöfen oft herdenartig auftretende schmale Blätter von blau-gräulicher Farbe entdeckt. Auch später wird man kaum schlauer, da dieses Zwiebelgewächs nur selten blüht. Passiert das aber, lässt die **Wilde Tulpe** (*Tulipa sylvestris*, RL 3) alle Herzen höherschlagen. Sie ist so unglaublich anmutig, man muss sich nur diese Knospen mit der braunen und gelben Längsstreifung ansehen – und wie sie nicken, ganz anders als die aus Kulturen stammenden Tulpen. Die goldgelben, zuerst trichterartigen, dann strahlenden Blüten zeigen sich um den 1. Mai herum – oft nachmittags, wenn die Sonne am höchsten steht und die größte Tageswärme erreicht wird. Wildtulpen-Hauptstadt im Norden ist Celle an der Aller, zu Millionen wächst sie hier! Früher wurde die Wilde Tulpe auch Waldtulpe genannt. Die unsymmetrischen Zwiebeln kochte und aß man, sie dienten aber auch als Brechmittel.

Der **Gemüse-Portulak** (*Portulaca oleracea*) hält, was er namentlich verspricht. Einst baute man ihn an, denn er ist eine vorzügliche, leicht salzig schmeckende Salatpflanze mit fleischigen braungrünen, fast eiförmigen Blättern und dicken hellbraunen Stängeln. Die unscheinbaren Blüten sind gelb, doch scheint die Sonne nicht, gehen die Blüten nicht auf. Der Gemüse-Portulak fruchtet trotzdem, im Verborgenen sozusagen, nach innen und vom Licht weg, etwa wenn es regnet – wir Floristen nennen das kleistogam. Kleistogamie besteht bei einigen niedrigen, zunächst rosettenartig wachsenden, oft sonnenhungrigen Pflanzen. Auf Friedhöfen sieht man den Gemüse-Portulak immer mal wieder auf sandigen Wegen (zahlreich auf dem Zentralfriedhof Münster), in Speyer in der Pfalz sah ich 2013 von der Art überhaupt so viel wie nie zuvor.

Es gibt Standorte an Straßen, in Häfen, um Kalihalden, im Erztagebau und in der Nähe von Kohlehalden, die sind dermaßen lebensfeindlich, dass man kaum glauben kann, dass dort noch Pflanzenwuchs möglich ist. Zu den Alleskönnern auf Salz, in Hitze und Staub, im Knochentrockenen bis Quellnassen, im nährstoffreichen wie nährstoffarmen und sauren Milieu zählt die **Mähnen-Gerste** (*Hordeum jubatum*), ein sogenannter Industriophyt. Ich bekomme immer leuchtende Augen, wenn ich das Gras vor mir habe. Kaum ein anderes hat im Verhältnis zu der stricknadelfeinen Samenspindel so schön lange Grannen wie dieses. Es ist ein Vorzeigegras, zuerst hellgrün bis leicht silbrig glänzend. An Autobahnen sieht es aus wie kleine Pferdemähnen im Fahrtwind (speziell denke ich da an Haflinger). Später werden die Grannen strohfarben und spreizen sich zur Reifezeit stark ab, so fallen sie auch herab und werden verweht. Wenn der Wind über die Gräser auf einer Brachfläche streicht – einfach himmlisch!

Ursprünglich stammt die Mähnen-Gerste aus Nordostsibirien und Alaska, ein eindeutiges Zeichen für eine ehemalige Landverbindung zwischen Asien und Amerika. In und um Chicago und Detroit sah ich dieses

······························· 20. KAPITEL ································

Gras dann 2002 und 2006 zu Hunderttausenden zwischen den acht-
spurigen Interstate-Verbindungen mit den dort viel breiteren Mittelstreifen als bei uns. Es waren teilweise richtige Getreidefelder, wenn
auch schmale, die sich da im ewig trockenen Sommerwind wogen.

Oh, 2002 in Detroit, das war Abenteuer pur … Drei Monate war
ich da, genau zum ersten Jahrestag des 11. Septembers 2001. Ich
reiste zum 100. Gründungsjubiläum der Firma Ford in die Stadt im
US-Bundesstaat Michigan. Diese Weltfirma hatte zu viel Geld übrig:
Zum Jubiläum sollte eine exorbitante neue Fertigungshalle mit Vegetationsmatten belegt werden, von uns aus Old Germany. Es ging um
vierundfünfzig fußballfeldgroße Pflanzenmatten, die vorher auf einer
riesigen Ford-Deponie flach auf dem Boden vorgezogen wurden. Ich
musste also dahin, war allein mit Kojoten, bei 50 Grad Hitze, kolos-
salen Gewittergüssen, diesem elenden Mattenmeer und noch mehr
Heimweh (nur von Hurrikans blieb ich verschont). Der Arbeiter, der
vor mir dort tätig gewesen war, hatte nichts gemacht, kein Unkraut
gezupft, schlecht gewässert, viel zu viel gedüngt. Um meinen Chef in
Deutschland zu betrügen, fotografierte er die Matten immer im Liegen, sodass alles sehr vital aussah. Dabei war der Großteil von ihnen –
von oben betrachtet – nur sehr lückig bis gar nicht bewachsen.

Der Chef brüllte mich am Telefon an: «Mehr düngen, noch mehr
düngen!» Ich sagte, nein, der Dünger könne schon jetzt gar nicht
aufgenommen werden, er zerstöre (versalze) nur noch die letzten
Pflanzen. Außerdem hatte ich auf den Wegen schon am zweiten oder
dritten Tag neben dünnen Salzkrusten sogar Salzpflanzen entdeckt.
Geschmacksproben räumten letzte Zweifel aus: alles versalzen, die
ganze Deponie. Meine Firma hatte keine Bodenproben gemacht,
sich vorher nicht abgesichert. Die Dollargier ließ alle zu Amateuren
werden. Statt die Matten noch länger liegen zu lassen, mussten sie – so
unfertig sie waren – sofort auf die Dächer. Das wurde auch gemacht,
und mit Nachsaaten und künstlicher Bewässerung konnten die gröbs-
ten Schäden behoben werden.

······················· *Dorf- und Stadtguerilleros* ·······························

2006 war ich dann wieder auf den Dächern von Ford. Sie glauben
es nicht: ein Farbenmeer allererster Güte, lückenlos! Aber wozu? Damit Ford per Hubschrauber seine neuesten Modelle in einer Schein-
natur bewerben kann, für die allbekannten, gefakten PS-Hochglanz-
prospekte. Ich hatte jedenfalls die Matten gerettet. Detroit hat mich
auch sonst «beeindruckt» – neben den Mähnengersten-Straßen gab
es noch die vielen Golfplätze in der Stadt, riesige Friedhöfe, die alle
nur mit dem Auto befahren wurden, verkohlte Stadtteile aus Zeiten
der Rassenunruhen in den sechziger Jahren (man war einfach wei-
tergezogen), vermüllte Elendsviertel und gleich auf der anderen
Seite die Viertel der Reichen mit Rasensprengern an jeder Straße.
Natürlich konnte ich kein Fahrrad auftreiben; in den Einkaufszen-
tren waren die Waren bis unters Dach gestapelt, und ich, der schlanke
Deutsche, musste sie den krass übergewichtigen Amis mit Leitern
herunterholen. Das Land der unbegrenzten Möglichkeiten erschien
mir vielmehr unbegrenzt unmöglich.

Nicht nur Schuttdeponien, auch Kalihalden sind sehr spezielle
Sonderstandorte – sie entstanden um die vorletzte Jahrhundertwende als überirdische Rückstandsberge
bei der unterirdischen Gewinnung von Dünge-
salzen. Schneeweiß glänzen sie von weitem,
etwa im Raum Hannover, in Sachsen-Anhalt, Hessen oder Thüringen. Trete ich näher, werde ich regelmäßig stark geblendet,
so ein intensives Weiß. Wie im Hochgebirge
bei Sonnenschein bräuchte man hier eigentlich eine Sonnenbrille. Aber dann würde man
ja kaum etwas sehen – keine klaren Farben, keine
Kontraste, viel weniger Pflanzen. Diese eigentümliche Umgebung hat neuerdings der **Schlitzblättrige Stielsame**
(*Scorzonera laciniata*, RL 2) gepachtet, ein besonderes Unikum, ein
Vabanquespieler im Salz. An dieser Pflanze habe ich regelrecht einen

Narren gefressen. Zunächst bilden sich über dem Boden an Mäuse-schwänzchen erinnernde Rosetten mit fadenförmigen Blättern aus, später dann, ab Mai, an behaarten Stängeln hellgelbe Blüten, ähnlich Löwenzähnen. So weit ist dieser Stielsame nichts Besonderes, aber dann fruchtet er, und die Fruchtstände mausern sich im Verhältnis zur nicht mal 30 Zentimeter hohen Pflanze zu exorbitanten «Schnee-bällen», die fast 5 Zentimeter Durchmesser aufweisen können. Das wirkt etwas lächerlich, fast grotesk, als wäre sie vom Wahnsinn befal-len. Hoffentlich hält sie sich noch lange auf Kalihalden, nicht wenige davon hat sie sogar erst in den letzten fünfzehn Jahren erreicht. Wie überbrückt diese Art nur die weiten Entfernungen zwischen den einzelnen Salzhalden? Wir nehmen das, wenn auch etwas ratlos, als Bereicherung gern zur Kenntnis.

Urbane, also besonders stark vom Menschen überformte Lebens-räume sind wie Wundertüten: Man weiß nie, was einen da so erwar-tet, wo und wie viele Überraschungen einem Städtetouren bieten. Vieles ist auch nicht direkt einsehbar, man braucht ein Adlerauge, einen gewissen Mut, ja Dreistigkeit. Wie ein Großstadtindianer gehe ich da mit List und Spucke vor. Trotzdem bleibt die Dunkelziffer sich einnistender Stadguerilleros in Kleingartenanlagen und Hinterhöfen, auf Industriegeländen, Lagerplätzen und Gefängnishöfen hoch. Ein Ansporn für die Zukunft!

Das Ende eines Tages –
diesmal sogar mit einer Leiche

In Jaderberg, am Westrand der unteren Wesermarsch gelegen, hatte ich mich 1996 für mehrere Wochen eingenistet, um hier landesweit wertvolle Biotope ausfindig zu machen. Diese schutzwürdigen Areale mussten dazu in Karten im Maßstab 1:25 000 (sogenannte Messtischblätter) abgegrenzt, deren Arteninventar aufgenommen und etwaige Störungen (etwa Müllablagerung, Fichten im Laubwald, Düngung, Entwässerung, zu hoher Tierbesatz) notiert werden. An einem herrlichen Junitag war ich also wieder mit dem Rad auf Achse, hatte gute Laune und war gespannt. Diese küstennahe Gegend zählt nämlich nicht gerade zu den mit tollen Pflanzenarten gesegneten Landstrichen. Gebietsweise stieß ich aber auf das winzige **Sumpf-Veilchen** (*Viola palustris*), das mit fast kreisrunden Blättern bereits ab April weißlich blau blüht, wundervoll sind die manchmal ausgedehnten Teppiche in Feuchtwiesen und -wäldern. Wird es ihm zu schattig, stellt es das Blühen ein und kriecht durch Ausläufer weiter.

Außerdem kollidierte ich auf dem Wesermarsch-Trip mehrfach mit dem **Bunten Hohlzahn** (*Galeopsis speciosa*), ein richtiger Spezi von mir. Auf

310

Das Ende eines Tages – diesmal sogar mit einer Leiche

Äckern mit lehmigem Boden, an Gräben und an Waldwegsäumen konnte ich Orgien aus weißen, gelben und purpurroten Blüten beobachten. Er trägt seinen Namen völlig zu Recht (lat. *speciosa* = herausragend), er ist eine unserer schönsten Blütenpflanzen. Wie wild hab ich ihn schon fotografiert, jedes Jahr kommen neue Aufnahmen hinzu. So wie ein Maler seine Muse hat, so habe ich den Bunten Hohlzahn. Hohlzahn heißt die Pflanze deshalb, weil die Kelche nach Verlassen der Früchte wie hohle Zähne zurückbleiben.

Der auch als Ziegelroter Fuchsschwanz bekannte **Gelbrote Fuchsschwanz** (*Alopecurus aequalis*) besticht durch seine von Juli bis September erscheinenden orangeroten Staubgefäße an bis zu 7 Zentimetern langen Ähren. Aus sehr nährstoffreichem, feuchtem, oft schlammigem Untergrund steigt dieses Süßgras hin und her gebogen auf. Die Blattscheiden sind leicht aufgeblasen, fast die ganze Pflanze ist bläulich grün. Es kann passieren, dass man dieses hübsche Gras jahrelang nicht zu Gesicht bekommt, und dann häufen sich die Funde wieder in den Tälern großer Flüsse und Ströme.

In der Wesermarsch sind sie weit verbreitet, unter Botanikern sind sie aber eher unpopulär: die Lebensräume der Zweizahnarten. – schlammige Ufer von Flüssen, Gräben, Seen und Teichen. Manchmal kann man nicht recht an sie herantreten und versackt tief im nassen Boden. Dabei tut man zumindest dem **Nickenden Zweizahn** (*Bidens cernua*) unrecht, denn diese Sumpfsonnenblume, dieser Schlammaufheiterer, streckt so fröhlich seine Zungen heraus, besser gesagt seine acht gelben Zungenblätter.

21. KAPITEL

Doch Zunge hin, Zunge her, am unangenehmsten sind die Früchte, die weisen nämlich zahlreiche rückwärtsgebogene Widerhaken auf. Sie dürfen gern im Fell vorbeistreifender Tieren haften bleiben, aber doch nicht immer so penetrant an Hosen und Jacken. Man merkt's aber erst, wenn's pikt. Passt man zwischen September und November nicht auf, hat man Hunderte dieser Früchte eingesammelt und kann sich danach minutenlang als unfreiwilliger Samenspender verdingen. Aber so komme ich mal zu einer Pause ...

Weiter radelte ich nach Westen, das Gelände stieg nun an. Aus der Weserniederung gelangte ich auf die etwa zwanzig bis dreißig Meter hohe Oldenburger Geest. Sie ist der Kern der Halbinsel zwischen Ems und Weser mit ihren sandigen und lehmigen Böden. Die weiten Weidelandschaften vom Morgen wurden nun von Parklandschaften aus Äckern, Wiesen, Wäldern und den typischen nordwestdeutschen Wallhecken abgelöst, jenen baumbestandenen Erdwällen zur früheren Grenzziehung von Ländereien. Auf diesen Wallhecken, aber auch im feuchteren Laubwald hatte die merkwürdige **Schwarze Teufelskralle** (*Phyteuma nigrum*) Quartier bezogen. Kaum zu glauben, aber wahr: ein Glockenblumengewächs. Botaniker haben wirklich Humor, denn die Schwarze Teufelskralle blüht ab Mai dunkellila, also gar nicht schwarz. Auch glockig ist sie nicht, eher erinnert sie an wild nach oben und zur Seite greifende Tentakel. Leicht unheimlich, vor allem aus der Nähe betrachtet. Später wachsen aus den Blütenröhren lange zweizipfelige Griffel heraus, die den Vergleich zu gespaltenen Schlangenzungen nicht scheuen müssen. Ich jedenfalls bin bei ihrem Anblick immer hellauf beglückt. Ein Jahr später war ich ganz aus dem Häuschen, als ich die Schwarze Teufelskralle ebenfalls im weiter nördlich angrenzenden Landkreis Friesland, im Michelhorn und im Zeteler

312

Das Ende eines Tages – diesmal sogar mit einer Leiche

Wald entdeckte. Diese scharfen Arealgrenzen, oft bestimmt durch bodenspezifische und kleinklimatische Besonderheiten, begeistern mich. Vor allem, wenn ich die vermeintlichen Grenzen durch genaues Beobachten noch etwas verschieben kann! In Bremen-Nord bettelte ich 1995 einmal einen Hausbesitzer an, der damals keine fünfundzwanzig Teufelskrallen in seinem von alten Bäumen bestandenen Moosrasen hatte. Der Mann mähte ihn stets zu früh, und ich bat ihn, das doch zu unterlassen, natürlich mit einem erklärenden Hinweis. Sogleich unterließ er das Mähen – und was geschah? Heute gibt es dort über tausend blühende Teufelskrallen. Jedes Jahr muss ich mir die Blütenorgie ansehen. Im Internet war die Art dann auch in meiner Rubrik «Ungewöhnlichster Pflanzenstandort des Monats» zu sehen. Am meisten freute sich darüber das Hausbesitzerehepaar.

Eines Abends kam ich auf meiner Wesermarschtour am Schulzentrum von Zetel an, um dort «Schlafstellung» zu beziehen. Es war Herbst, schon dunkel, keiner konnte mich erkennen. Am nächsten Morgen wollte ich ganz früh wieder abhauen. In Zetel hatte ich aber die Rechnung ohne einen übereifrigen Hausmeister gemacht. Er trat mir, der ich direkt vor dem Haupteingang nächtigte, in aller Herrgottsfrühe voll auf mein rechtes Ohr. Allerdings ohne Absicht, er hatte mich schlichtweg übersehen. Der Hausmeister erschrak kurz und hörte sich meine Erklärungen an. Und da er ein netter Friese war, gab es in Zetel kein Gezeter.

An jenem Tag ging es weiter nach Nordwesten, wo sich in einigen Laubwäldern die sehr schöne **Einbeere** (*Paris quadrifolia*) zeigte. Kaum stiefelhoch, kann fast keine andere Wildpflanze gegen sie anstinken. Eine Ansammlung grobkonstruierter, himmelwärts gerichteter Modellflugzeugpropeller steht da! Oft Hunderte, nicht selten Tausende Pflanzen auf einen

······················· 21. KAPITEL ·······························

Schlag. Schattenliebend ist diese meist vierblättrige Zwiebelpflanze, nur selten wagt sie sich ins grelle Licht, etwa auf kaum genutzten Wegen, an Gräben oder auf feuchte Wiesen. Die zugespitzten dunkelgrünen Blätter fallen durch Runzeln auf, die von zahlreichen Blattadern hervorgerufen werden. Absolute Krönung aber ist die im Zentrum wie aufgesteckt wirkende Blüte aus vier grünen, sternförmig abstehenden Kelchblättern und grün-gelblichen Staubgefäßen. Ein wahrer Diamant! Die blau-schwarze rundliche Fruchtkapsel enthält vier Samen, danach hat sie es aber sehr eilig und vergilbt rasch.

Die Böden wurden unterwegs immer sandiger und nährstoffärmer, darüber gab mir die **Wald-Kiefer** (*Pinus sylvestris*) sofort Auskunft. Sechs bis sieben Kiefernarten gibt es in Deutschland, die Wald-Kiefer ist die mit Abstand häufigste. Ich mag sie, weil sie – wie ich – ziemlich genügsam ist. Ich mag aber auch die oben fuchsrote Rinde, ihre vom Wind krummgeschorenen Kronen und die zahlreichen hängenden Zapfen. Alte Kiefern weisen im unteren Stammteil noch diese schöne schwarz-grau gefelderte Rinde auf, die mich an Giraffenhälse erinnert. Die Äste fallen nur im engen Stangenwald rasch ab, auf (Wander-)Dünen gibt es hingegen wunderschön knorrige Exemplare, gleich struppigen Kratzbürsten. Nahezu in Vergessenheit geraten ist, dass in der ehemaligen DDR viele ältere Kiefernwälder zur Harzgewinnung genutzt wurden. An V-förmigen Einritzungen hingen Eimer und Töpfe an den Bäumen, und wer vor der Wende mit dem Auto nach West-Berlin fuhr, für den war das ein fast vorsintflutlicher Anblick.

Auf meinem Kartenblatt hatte ich – bereits in Hannover – im nun folgenden Bockhorner Wald einen Waldweiher markiert, der von seiner Größe und Abgeschiedenheit her

314

············· Das Ende eines Tages – diesmal sogar mit einer Leiche ···············

ein wertvoller und somit schutzwürdiger Landschaftsteil hätte sein
können – und so war es dann auch. Das Gewässer war offensichtlich
kaum genutzt, schon beim Herantreten sah ich massenhaft die bundesweit gefährdete **Sumpf-Calla** (*Calla palustris*, RL 3). Volltreffer!
Die giftige und geschützte Sumpf-Calla, nicht selten Schweinsohr
(wegen der Blätterform und ihrer einstigen Verwendung als Schwei-
nefutter), Schlangen- oder Drachenwurz genannt, ist
ein tropisch anmutendes Aronstabgewächs.
Das verraten die Blütenstände mit weißem
Hochblatt und die roten klebrigen Beeren
an kolbenartigem Fruchtstand.

 Doch die Freude währte nur kurz,
denn es kam nun ganz dick – eine Begegnung der besonderen Art. Nachdem ich auf meinem Formblatt einige
Pflanzenarten wie die Sumpf-Calla angestrichen hatte, sah ich am Südostrand
des Weihers eine Art menschliche Puppe.
Die deutete ich ohne Argwohn mal wieder als Vogelscheuche, zumal das Gewässer zur Entenjagd genutzt wurde. Als
ich aber immer näher an die «Vogelscheuche» gelangte, erschrak
ich gewaltig: Offensichtlich handelte es sich vielmehr um den Suizid
eines jungen Mannes. Ein Schaudern durchlief mich, und im ersten
Moment schrie ich den Toten empört an: «Das gibt es doch nicht!
Bist du bescheuert? So früh schmeißt man sein Leben nicht weg!»
Doch er musste da schon mehrere Tage baumeln, Gesicht und Hände
waren stark angeschwollen und dunkellila angelaufen.

 Mit dem Rad dauerte es über eine Stunde, bis ich die Polizei an
den Ort meiner Entdeckung gelotst hatte. Noch eine weitere musste
ich in der Nähe dieses Mannes, der nicht mehr hatte leben wollen,
zubringen, bis alle Formalitäten erledigt waren. «Was haben Sie hier
überhaupt zu suchen?», fragte mich ein Beamter – kurzzeitig galt ich

21. KAPITEL

sogar als tatverdächtig. Ich erklärte ihm meinen Job, auch er hatte wie so viele noch nie davon gehört. «Hä, Landespfleger, was?» Was eine App ist, weiß die Nation schon nach wenigen Wochen, was ein Landespfleger ist, nicht nach vierzig Jahren.

Wochen später erfuhr ich, dass es sich bei dem Toten um einen erst dreiundzwanzigjährigen Gärtnermeister handelte, dessen Betrieb pleitegegangen war. Seinen Namen und sein Geburtsdatum weiß ich bis heute! An jenem Tag habe ich nur noch wenig auf die Reihe bekommen, meine Gedanken kreisten ständig um das traurige Erlebnis. Zwar vervollständigte ich weiter meine Geländelisten, schließlich radelte ich aber langsam wieder in die nun ziemlich entfernte Wesermarsch zurück. An einen Weiher mit massenhaft Pillenfarn erinnere ich mich noch, in Bockhorn fand ich an der Kirche meine geliebte Mauerraute. Später streifte ich über einen kaum genutzten Militärflugplatz bei Conneforde. Schönlinge wie Buntes Vergissmeinnicht, Kleiner Klappertopf, Kriech-Weide, Nelken-Haferschmiele, Purgier-Leinkraut und unerwartet viel Feld-Beifuß konnten mich jedoch kaum aufmuntern.

Eine menschliche Leiche habe ich danach nie wieder gesehen, aber dafür noch ganz viele andere «Leichen». Ernüchtert, schlecht gelaunt und traurig bin ich, wenn ich verfüllte Tümpel, gerodete Wälder mit neu aufgeforsteten Nadelbäumen, frisch dränierte Felder und Wiesen, in gehölzarmen Gegenden gerodete Graben- und Straßenränder, von Bauern vermüllte Quellwälder und Bachränder, mit Strauchschnitt achtlos abgedeckte Flachgewässer, mit Bauschutt «ausgebesserte» Waldwege oder die x-te Flurbereinigung sehe. Als ich Kind war, wurden im Wald sogar Motorräder, Autowracks und bergeweise Hausmüll entsorgt. Glücklicherweise kommt das heute kaum noch vor.

Als Fahrradfahrer begegne ich an und auf Straßen auch immer wieder überfahrenen Erdkröten, Enten, Füchsen, Hasen, Igeln, Katzen, Mäusen, Ratten, Bussarden und allerlei Kleinvögeln – im Wendland

Das Ende eines Tages – diesmal sogar mit einer Leiche

kürzlich sogar einem Dachs, lebend sah ich noch nie einen! Öfter beseitigte ich dann per Hand oder Schuhspitze frisch überrolltes Getier von der Straße, etwa Hase oder Katze, mit einem großen Blatt in der Hand, am Schwanz gefasst und wenigstens in den Graben gezogen. Ist das nun extrem? *Mich*, den Extrembotaniker, beschäftigt auch dies wirklich extrem. Ich kenne sogar einen Mann im schönen Ostfriesland (Herrn Rettig aus Emden), der alljährlich jedes überfahrene Tier von jeder Tour registriert. Und dies seit 1966 – jede Kröte, jede Ratte, selbstredend alle Vögel und Säugetiere. Dagegen bin ich ein Waisenknabe.

Also, diese Todesfallen durch immer neue Verkehrswege gehören dazu, die Zeit wird kommen, da hat jede Kleinstadt ihre eigene Autobahnauffahrt. Oft ertappe ich mich dabei, dass ich eigentlich noch viel zu wenig tue. Müsste ich nicht im März beim Bau der Krötenzäune helfen, in Aktionsgruppen bei der Biotoppflege helfen, noch öfter Sanitäter für bedrohte Arten am Wegesrand spielen, Schulklassen führen, Naturschutzbehörden beraten, Baubehörden ermahnen, Sendern und Studenten mein Wissen liefern? Nein, dazu braucht es eine große Bewegung, einen deutlich höheren Stellenwert von Natur und Umwelt in Volkes Meinung. Zwar ist in vielen Köpfen das Wissen um Natur- und Umweltbelange vorhanden, sind viele für naturnahe Lebensräume («Auch der Yuppie sitzt ganz gern im Grünen»), aber nach wie vor steht das in gar dramatischem Missverhältnis zum konkreten Handeln. Diese ewigen Absichtserklärungen, Ausnahme- und Übergangsregelungen, Luftschlösser und Worthülsen – ich höre das alles schon mein Leben lang! Das muss sich in den nächsten Jahrzehnten unbedingt ändern. Und ich hoffe, dass dieses Buch dazu einen kleinen Beitrag leistet.

Glossar

abkartieren – möglichst alle Pflanzenarten eines abgegrenzten Gebiets restlos erfassen

abplaggen – abschaben des Oberbodens von Heideflächen. Die Plaggen kamen in die Ställe und wurden anschließend zusammen mit dem Tierkot als Dünger auf die Felder verteilt.

Ähre – Blüten- beziehungsweise Fruchtstand von Gräsern, bei dem sich die Einzelblüte (Ährchen) sitzend an der Hauptachse befindet

alpine Art – Art der Hochgebirge

annuelle Pflanze – einjährige Samenpflanze

Apomixis – ungeschlechtliche Vermehrung, Samenbildung ohne Befruchtung

Archaeophyt – nicht einheimische Art, die aber bereits vor etwa 1500 in Mitteleuropa einwanderte

Aspekt – von einer oder wenigen dominanten Arten beherrschter Eindruck, etwa vom Busch-Windröschen im Frühlingswald, von der Besenheide in Sandheiden

atlantische Art – vor allem im Nordsee-Gebiet oder am Atlantik verbreitete Art

ausgerandet – Blätter/Früchte (Schötchen) mit oben eingebuchteter Spitze

basenhaltig – Böden mit erhöhten Basengehalten, Gegenteil von *sauer*

bienne Pflanze – zweijährige Art; zunächst wird eine Rosette ausgebildet, im zweiten Jahr stirbt die Pflanze nach dem Fruchten ab

Bult – siehe *Horst*

······························· *Glossar* ·······································

disjunktes Areal – Verbreitungsgebiet mehrerer unverknüpfter Teilareale

Dolde – mehrere Einzelblüten entspringen einem Punkt

1A-Aspekte – wunderbar aussehend

eingebürgert – bei uns dauerhaft wachsender Pflanzenimmigrant

entkusseln – Heiden oder Magerrasen von Gebüschen und Bäumen befreien

fertil – fruchtbar

Fiederblatt – einer Blattmittelrippe entspringen seitlich mehrere kleinere Blätter, meist gegenständig (paarig gefiedert). Ist an der Spitze noch ein sogenanntes Endblättchen vorhanden, wird von «unpaarig gefiedert» gesprochen.

Fingerblatt – aus einem Mittelpunkt entspringen mehrere Teilblättchen, wie bei der Rosskastanie

Florist – Wildblumenfreund, heute leider vor allem der Blumenverkäufer

frisch – Bodenwassergehalt zwischen trocken und feucht (mittlerer Wassergehalt)

ganzrandig – Blattränder glatt, ohne Einschnitte etc.

gebuchtet – Ein- und Ausbuchtungen am Blattrand etwa von gleicher Größe

gekerbt – Blattrand aus mehreren halbkreisförmigen Einschnitten

gesägt – Blattrand mit zahlreichen spitzen Sägezähnen

Grabeland – im Gegensatz zu geordneten Kleingartenanlagen ungeordnetes Kulturland am Rande der Städte und Dörfer

Granne – haarähnliche Verlängerungen an Deck- und Hüllblättern, (Spelzen) der Gräserblüte

Habitus – Gestalt einer Pflanze, vor allem von Bäumen

Hallenwald – ein Wald, der nur noch aus einer Schicht hoch aufgeschossener Bäume besteht

hinfällig – Blütenblätter mit nur kurzer Haltbarkeit, sozusagen leicht vom Wind zu verwehen

320

··· *Glossar* ·······································

Hochblatt – grüne Blätter im Blütenstand; sie sind in der Form von den Stängelblättern abweichend

Horst – ohne Ausläufer wachsend, einfach und gerade zum Licht (wird auch als *Bult* bezeichnet). Sonst ein aus der Mode gekommener männlicher Vorname, ein Greifvogelnest, eine Ansammlung von alten Bäumen oder von Häusern (in Delmenhorst, Freckenhorst, Sendenhorst).

Industriophyt – sehr anpassungsfähige Art auf Bahnhöfen, Industrieanlagen etc., man kann auch von urbanophil sprechen

kleistogam – Pflanze mit Zwitterblüten, die sich selbst bestäuben

kontinentale Art – eher östlich oder südöstlich in Europa verbreitete Pflanze

Liane – Kletter- oder Schlingpflanze, benötigt andere Arten, Mauern oder Zäune als Stützobjekt

locus classicus – keine Toilette, sondern ein besonderer Ort! In erster Linie der originäre Wuchsort einer Pflanzenart, an dem sie erstmals wissenschaftlich beschrieben wurde. Für mich der Ort, der am Anfang meines bunten Pfades durch die Botanik stand.

maritime Art – Art der Küstenregionen

montane Art – Pflanze der Mittelgebirge

Mumienbotanik – Erkennen von Pflanzenarten im abgestorbenen Zustand

nemophil – schattenliebend

Neophyt – erst nach etwa 1500 bei uns eingewanderte Pflanze

NSG – Naturschutzgebiet

Ölblume – Pflanzenarten, die Bienen statt Nektar Öl anbieten

Passant – vorübergehend erscheinende Art, schnell verschwindend (Vagabund)

perenne Pflanze – ausdauernde Art, die sich durch Samen, aber vor allem durch Ausläufer über und unter der Erde ausbreiten kann

pfriemlig – sehr schmal in eine Spitze ausgezogen, vor allem bei Blättern

············ *Glossar* ············

planare Art – Art des Tieflands

Population – Bestandsgröße einer Pflanzenart an einem Wuchsort

Qualmwasser – bei Hochwasser *hinter* den Deichen aufsteigendes Wasser

quirlig – Blüten oder Blätter zu mehreren in einer Ebene um den Spross

Rhizom – wurzelartige Ausläufer wie bei Giersch, Quecke oder Huflattich

Rosette – mehr oder weniger kreisförmig auf dem Boden angeordnete Gruppe von Grundblättern

ruderal – stark vom Menschen geformte Standorte (Bahnhöfe, Häfen, Müllplätze etc.)

sauer – Böden mit hohem Säuregehalt, etwa Moor- und Sandböden

Scheinähre – Blüten- beziehungsweise Fruchtstand vor allem von Gräsern, der einer Ähre ähnelt

Sippen – Fachbegriff für alle Pflanzenarten inklusive der Unterarten (einer Art)

steril – unfruchtbar

stocken – wachsen (bei Bäumen!); bestockt – von Bäumen bewachsen

Teek – organisches Getreibsel nach Hochwässern an Küsten und in Stromtälern, lagert sich vor allem an Deichen an

thermophile Art – wärmeliebendes Gewächs

Trugdolde – mehrere Einzelblüten entspringen gestielt nur fast aus einem Punkt

unbeständig – nicht dauerhaft an einem Wuchsort wachsende Art

Umtriebszeit – so nennt der Förster den Zeitabschnitt des Holzeinschlags, wird auch Fäll- oder Hiebzeit genannt

Vakuole – Fangbläschen unter Wasser

Waldhase – gemeint ist der Feldhase, aber dem ist es auf gespritzten Feldern inzwischen viel zu ungemütlich

Literatur

Benkert, Dieter/Fukarek, Franz/Korsch, Heiko (1996): Verbreitungsatlas der Farn- und Blütenpflanzen Ostdeutschlands. Jena

Chamovitz, Daniel (2013): Was Pflanzen wissen. München

Cordes, Hermann/Feder, Jürgen/Hellberg, Frank/Metzing, Detlev/
Wittig, Burkhard (2006): Atlas der Farn- und Blütenpflanzen des
Weser-Elbe-Gebietes. Bremen

Düll, Ruprecht/Kutzelnigg, Herfried (2005): Taschenlexikon der
Pflanzen Deutschlands. Wiebelsheim

Garve, Eckhard (2007): Verbreitungsatlas der Farn- und Blütenpflanzen in Niedersachsen und Bremen. Hannover

Haeupler, Henning/Schönfelder, Peter (1989): Atlas der Farn- und
Blütenpflanzen der Bundesrepublik Deutschland. Stuttgart

Haeupler, Henning/Muer, Thomas (2005): Bildatlas der Farn- und
Blütenpflanzen Deutschlands. Stuttgart

Jäger, Eckehart J. (2011): Exkursionsflora von Deutschland. Jena

Rosenthal, David August (1862): Systematische Übersicht der Heil-,
Nutz- und Giftpflanzen aller Länder (Synopsis Plantarum dia-
phoricarum). Erlangen

Dank

Dieses Buch wäre ohne die nachfolgend genannten Personen nicht möglich gewesen, allen danke ich ganz herzlich.

Regina Carstensen (München) und Barbara Laugwitz (Reinbek), die mit mir sehr geduldig sein mussten. Thorsten Wulff (Lübeck) für die tollen Fotos.

Meinem Mentor Marc Stöckel (Essen).

Meinem Vater Heinz Feder (Bielefeld). Durch ihn kannte ich schon im Alter von zehn Jahren viele Baum- und alle Getreidearten. Ein Anfang war gemacht!

Rudolf Hufendiek (Bielefeld), der mich zum interessierten Landschaftsgärtner ausbildete und an Samstagen in seiner Freizeit – zwecks Horizonterweiterung – mit uns Azubis nach Dortmund oder Hannover in berühmte Gärten und Parks fuhr. Mit das Beste dabei waren die spendierten opulenten Mahlzeiten!

Meinen langjährigen Partnerinnen Barbara und Steffi (beide Bremen), die geduldig zuhörten, besser: zuhören mussten. Bei Spaziergängen waren sie oft unvorhergesehen allein auf den Wegen, oder es ging gleich querbeet. Nur selten kamen wir irgendwo pünktlich an, dann auch mal verschwitzt oder verschmutzt. Planen konnten sie mit mir selten, meist kam es sowieso ganz anders. Und ab und zu gelang es ihnen sogar, auch mich mal zu bremsen und zu beruhigen!

Meinen Kindern Janne, Felix und Tim. Sie alle haben schon in ganz jungen Jahren – plötzlich allein – mich irgendwo im Gelände suchen müssen. Wo sie mich aber auch immer fanden …

Eckhard Garve (Sarstedt), Josef Müller (Bremen), Georg Wilhelm (Hannover), Ernst Ziebell (Bremen, verstorben) und ganz besonders

······························· *Dank* ·······································

Hannes Langbehn (Celle), die mir in den letzten 25 Jahren viele schöne Pflanzenarten zeigten und von denen ich besonders viel gelernt habe. Zudem hat mich Eckhard Garve viele Jahre finanziell über Wasser gehalten und mir von Amts wegen, sozusagen Feder-führend, zahlreiche Kartieraufträge erteilt.

Stefan Raab (Köln), der mich 2013 für seine Sendung *TV total* entdeckte und deutschlandweit an zwei Abenden einem breiteren Publikum bekannt machte.

Und auch allen Ungenannten, die mir für diese schönen Dinge des Lebens immer so viel Zeit ließen.

Register

A

Acker-Feuerlilie 44

Acker-Gauchheil 50

Acker-Gelbstern 303

Acker-Haftdolde 54

Acker-Minze 47

Acker-Rittersporn 53

Acker-Wachtelweizen 55

Acker-Winde 48

Ähriger Ehrenpreis 199

Armenische Brombeere 288

Aromatischer Kälberkropf 215

Arznei-Haarstrang 33

Astlose Graslilie 201

Ausdauernder Knäuel 149

Australischer Gänsefuß 281

B

Bauernsenf 178

Behaartes Franzosenkraut 47

Berg-Gamander 226

Berg-Haarstrang 154

Berg-Johanniskraut 108

Berg-Klee 225

Berg-Sandglöckchen 181

Besenheide 176

Bienen-Ragwurz 160

Blauer Eisenhut 256

Blumenbinse 88

Blutrote Fingerhirse 302

Blut-Weiderich 122

Borstige Schuppensimse 184

Braunes Mönchskraut 230

Braunes Schnabelried 91

Braunes Zypergras 132

Braunstieliger Streifenfarn 296

Breitblättrige Kresse 268

Breitblättriges Knabenkraut 63

Breitblättriges Laserkraut 232

Buchenfarn 219

Bunter Hohlzahn 310

Busch-Windröschen 98

C

Chinesischer Götterbaum 171

D

Dänisches Löffelkraut 265

Deutscher Fransenenzian 252

Deutsches Filzkraut 17

Deutscher Ziest 230

Diptam 229

Doldige Spurre 283

Dornige Hauhechel 224

Dreifinger-Steinbrech 284

Dreiteiliger Ehrenpreis 41

·· *Register* ··

Drüsige Kugeldistel 269

Dünnschwanz 151

Durchwachsenblättriges
  Bitterkraut 290

Durchwachsenes Laichkraut 137

E

Echte Arnika 181

Echte Bärentraube 178

Echte Engelwurz 161

Echte Hundszunge 27

Echtes Tausendgüldenkraut 245

Efeu 295

Eichenfarn 219

Einbeere 313

Einjähriges Berufkraut 216

Elfen-Krokus 279

Englische Kratzdistel 61

Englischer Ginster 179

Erdbeer-Fingerkraut 102

Erdbeer-Klee 152

Erdbeerspinat 282

Europäischer Siebenstern 112

F

Färber-Scharte 69

Färber-Wau 266

Feld-Kresse 161

Feld-Mannstreu 200

Fetthennen-Steinbrech 252

Fieberklee 79

Flatter-Ulme 213

Floh-Segge 68

Flutende Moorbinse 92

Flutender Sellerie 130

Frauenschuh 106

Froschbiss 134

Frühlings-Adonisröschen 226

Frühlings-Hungerblümchen 41

Frühlings-Segge 191

Fuchs-Greiskraut 113

Fuchsrote Borstenhirse 274

G

Gamander-Ehrenpreis 15

Geflügelte Braunwurz 164

Gefleckte Gauklerblume 218

Gefleckter Schierling 162

Gefleckte Zwergwolfsmilch 267

Gehörnter Sauerklee 300

Gelbe Bartsie 20

Gelbe Teichrose 133

Gelbe Wiesenraute 206

Gelber Enzian 258

Gelber Fingerhut 105

Gelber Günsel 233

Gelber Hornmohn 145

Gelbroter Fuchsschwanz 311

Gemüse-Portulak 304

Geschlitztblättriger
  Löwenzahn 303

Gewöhnliche Esche 102

Gewöhnliche Eselsdistel 25

Gewöhnliche Natternzunge 81

328

Gewöhnliche Ochsenzunge 145

Gewöhnliche Osterluzei 280

Gewöhnliche Schachblume 62

Gewöhnlicher Andorn 291

Gewöhnlicher Augentrost 255

Gewöhnlicher Erdrauch 49

Gewöhnlicher Natternkopf 285

Gewöhnlicher Strandflieder 153

Gewöhnlicher Wundklee 223

Gewöhnliches Barbarakraut 264

Gewöhnliches Kreuzlabkraut 193

Gewöhnliches Leinkraut 26

Giersch 293

Glockenheide 89

Gottes-Gnadenkraut 119

Grasblättrige Goldrute 114

Grauer Alpendost 256

Grauscheidiges Federgras 233

Großblütiger Fingerhut 196

Große Klette 26

Große Sterndolde 261

Großer Algenfarn 137

Großer Bocksbart 286

Großer Knorpellattich 199

Großer Odermennig 16

Großer Wasserfenchel 197

Großer Wiesenknopf 66

Guter Heinrich 281

H

Hainbuche 99

Hain-Wachtelweizen 29

Haselwurz 103

Heidelbeere 114

Heide-Nelke 194

Heide-Wacholder 180

Heil-Ziest 69

Herzgespann 31

Hirschsprung 183

Hirschwurz 73

Hohe Schlüsselblume 102

Huflattich 20

Hügel-Klee 201

Hühnerbiss 198

Hunds-Rose 19

Hundswurz 71

Hundszahn 242

J

Japanisches Liebesgras 273

K

Kahle Gänsekresse 160

Kahles Bruchkraut 266

Kalkalpen-Frauenmantel 253

Kalmus 163

Kamm-Wachtelweizen 228

Kaschuben-Wicke 28

Keulen-Bärlapp 186

Klatsch-Mohn 51

Klebriger Alant 272

Klebriger Gänsefuß 168

Klebriger Salbei 260

Kleines Flohkraut 197

Kleines Habichtskraut 64

Kleines Liebesgras 288

Knöllchen-Steinbrech 192

Knollen-Platterbse 53

Knolliger Hahnenfuß 65

Knolliger Kälberkropf 18

Knorpelmiere 183

Knotiges Mastkraut 148

Königsfarn 91

Kornblume 42

Krähenfußblättrige
    Laugenblume 121

Krähenfuß-Wegerich 270

Kratzbeere 146

Krebsschere 209

Küsten-Sanddorn 147

L

Lämmersalat 43

Langblättriger Ehrenpreis 123

Laubholz-Mistel 31

Leberblümchen 99

Lungen-Enzian 91

M

Mähnen-Gerste 305

Mauer-Doppelsame 267

Mauerraute 297

Mauer-Zimbelkraut 299

Mäuseschwänzchen 60

Mäuseschwanz-Federschwingel
    289

Mehlige Königskerze 227

Mittlerer Wegerich 70

Mittleres Zittergras 68

Moor-Ährenlilie 90

Moor-Greiskraut 126

Mücken-Händelwurz 70

N

Nelken-Sommerwurz 228

Nickende Distel 196

Nickender Zweizahn 311

O

Orientalisches Zackenschötchen 20

P

Perücken-Flockenblume 259

Pfennigkraut 217

Pfirsichblättrige
    Glockenblume 105

Pillenfarn 132

Platterbsen-Wicke 192

Purpur-Knabenkraut 104

Purpurroter Hasenlattich 217

R

Rainfarn 29

Rauhaariger Alant 224

Rauschbeere 92

Riesen-Schachtelhalm 111

Rippenfarn 214

Rispiges Lieschgras 54

Roggen-Trespe 40
Rotbeerige Zaunrübe 162
Roter Fingerhut 218
Rote Schuppenmiere 24
Rühr-mich-nicht-an 110
Rundblättriger Sonnentau 89
Rundblättriges Hasenohr 233
Rundblättriges Wintergrün 148
Ruprechtsfarn 260

S

Saat-Wucherblume 45
Salzbunge 150
Samtpappel 49
Sand-Binse 120
Sand-Grasnelke 194
Sand-Lotwurz 240
Sand-Mohn 284
Sand-Nachtkerze 150
Sand-Segge 179
Sand-Silberscharte 239
Sand-Strohblume 236
Sand-Wegerich 171
Sardischer Hahnenfuß 59
Schabenkraut-Pippau 256
Scharfer Mauerpfeffer 287
Scheiden-Wollgras 88
Scheinzypergras-Segge 205
Scheuchzers Wollgras 258
Schlangen-Knöterich 64
Schlangen-Lauch 193
Schlitzblättriger Sonnenhut 124

Schlitzblättriger Stielsame 307
Schmalblättriger Doppelsame 21
Schmalblättriger Hohlzahn 286
Schmalblättriger Igelkolben 259
Schmalblättriges Greiskraut 273
Schmalblättriges
   Weidenröschen 25
Schmalflügeliger
   Wanzensame 169
Schöllkraut 158
Schönes Johanniskraut 246
Schwalbenwurz-Enzian 257
Schwanenblume 207
Schwarze Teufelskralle 312
Schwarzes Bilsenkraut 50
Schwarznessel 30
Sichelmöhre 246
Siebenbürger Perlgras 238
Silberdistel 72
Sparrige Flockenblume 244
Sprossende Felsennelke 170
Starkbehaartes Habichtskraut 254
Steifes Vergissmeinnicht 42
Steppen-Wolfsmilch 238
Stinkende Hundskamille 244
Stinkender Storchschnabel 106
Strahlenlose Kamille 22
Strand-Ampfer 125
Stranddistel 144
Strand-Platterbse 144
Strandroggen 143
Strand-Segge 151

······························ *Register* ························

Strand-Simse 123

Strand-Wegerich 152

Straußblütiger Ampfer 66

Straußblütiger Gilbweiderich 119

Stundenblume 291

Sumpf-Bärlapp 187

Sumpfblutauge 208

Sumpf-Calla 315

Sumpfdotterblume 76

Sumpffarn 82

Sumpf-Gänsedistel 163

Sumpf-Greiskraut 125

Sumpf-Herzblatt 255

Sumpf-Johanniskraut 81

Sumpf-Läusekraut 80

Sumpf-Stendelwurz 78

Sumpf-Veilchen 310

Sumpf-Wolfsmilch 79

T

Tataren-Lattich 154

Tauben-Skabiose 241

Tellerkraut 294

Teufelsabbiss 65

Teufelsklaue 113

Träufelspitzen-Brombeere 109

Trollblume 261

Türkenbund-Lilie 108

U

Übersehenes Knabenkraut 77

Unechter Gänsefuß 52

V

Verkannter Wasserschlauch 138

Vierblättriges Nagelkraut 242

W

Wald-Geißbart 216

Wald-Gelbstern 97

Wald-Kiefer 314

Wald-Sanikel 104

Wald-Witwenblume 257

Wasserfeder 205

Wasser-Lobelie 185

Wasserschierling 206

Wechselblättriges Milzkraut 118

Weg-Warte 195

Weiße Seerose 133

Weiße Silberwurz 253

Wiesen-Alant 243

Wiesen-Kerbel 159

Wiesen-Küchenschelle 200

Wilde Karde 23

Wilde Malve 28

Wilde Tulpe 304

Wildes Stiefmütterchen 192

Winter-Schachtelhalm 112

Wirbeldost 218

Wollköpfige Distel 72

Z

Zierliches Schillergras 194

Zittergras-Segge 215

Zottiger Klappertopf 71

Register

Zungen-Hahnenfuß 208
Zweiknotiger Krähenfuß 23
Zwerg-Holunder 269
Zwerg-Lein 184
Zwergwasserlinse 135
Zypressen-Flachbärlapp 186